Dreamweaver网页设计核心应用标准教程（微课视频版）

部分同步学习视频速览

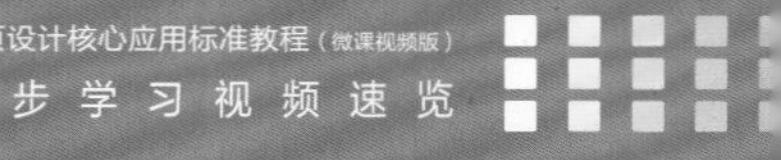

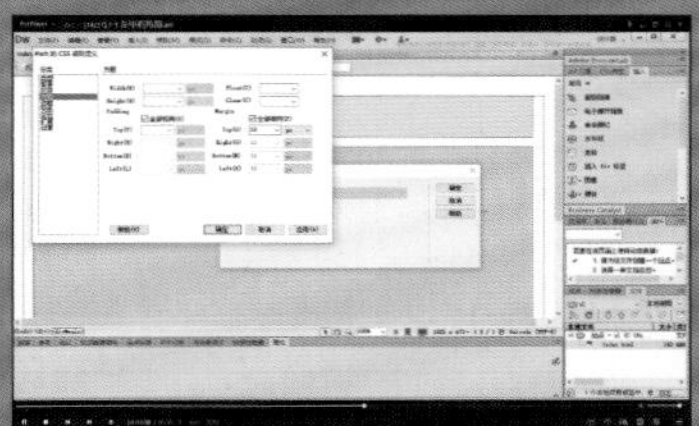

左中右布局

自动关闭网页

信息采集网页

西餐厅网页

模板的创建及应用

宠物店网页

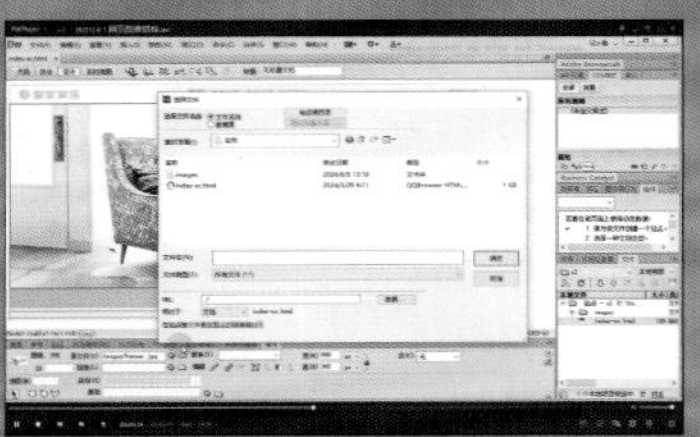

网页图像链接

设计茶具网页

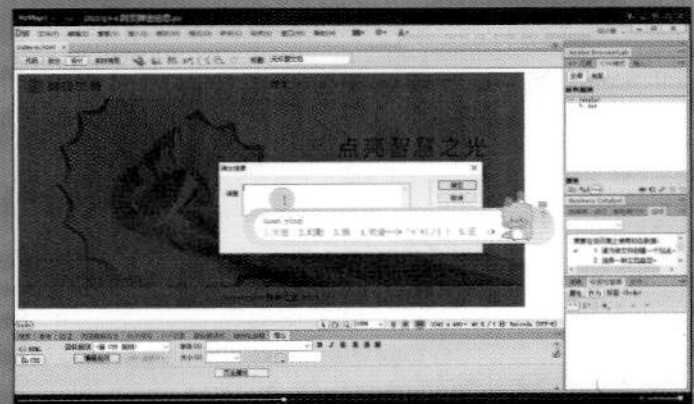

网页弹出信息

美食网站首页

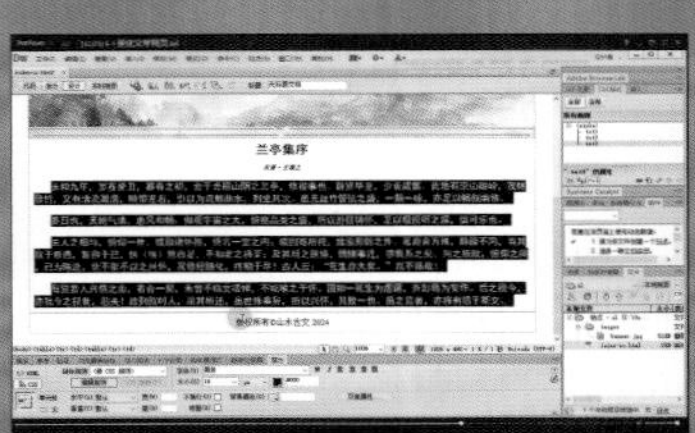

美化文学页面

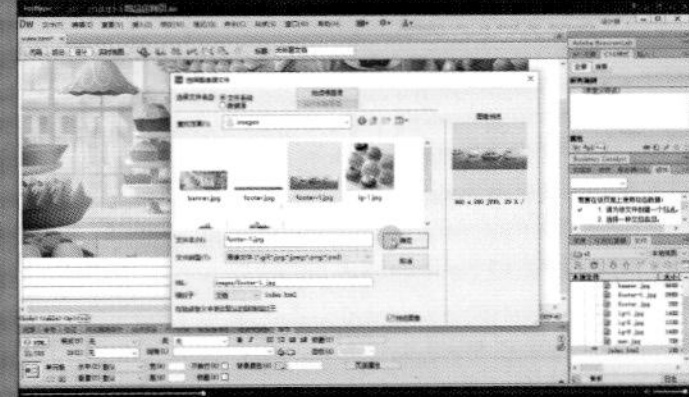

甜品店网页

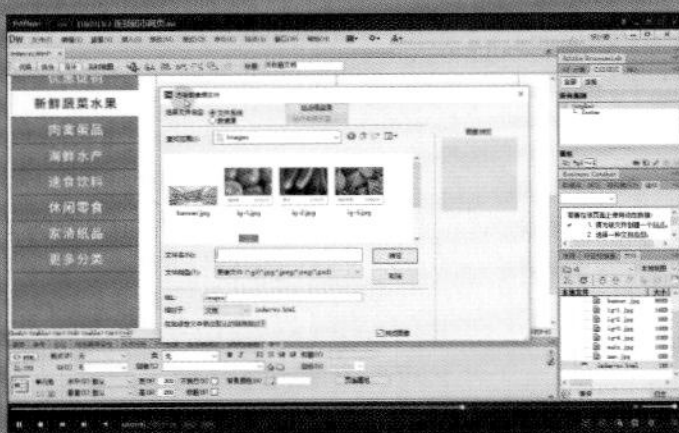

连锁超市网页

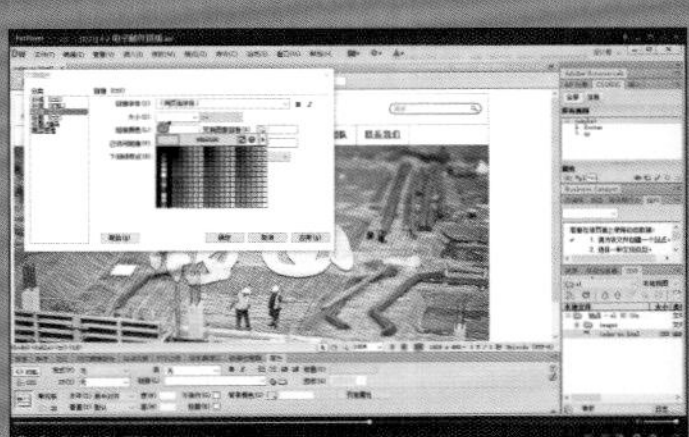

电子邮件链接

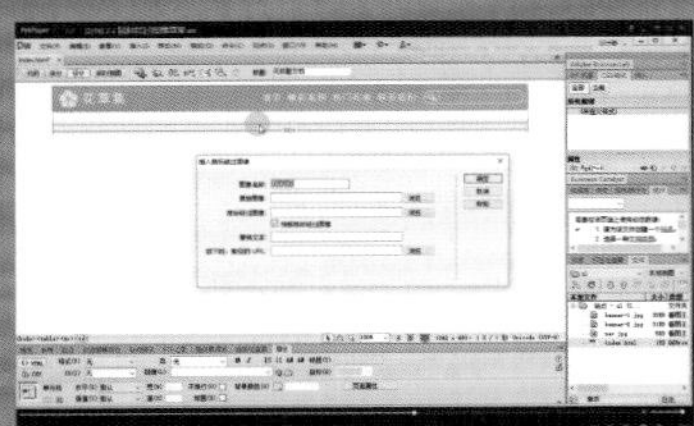

鼠标经过图像效果

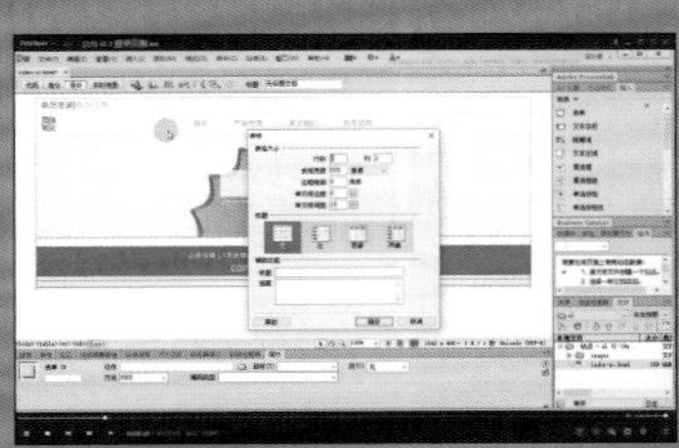

登录页面

部 分 案 例 效 果 预 览

创建一个简单网页

我的第一个站点

纯文字网页

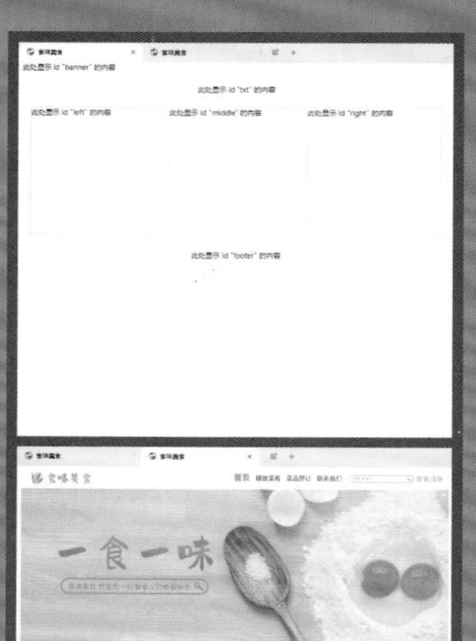

美食网站首页

鼠标经过图像效果

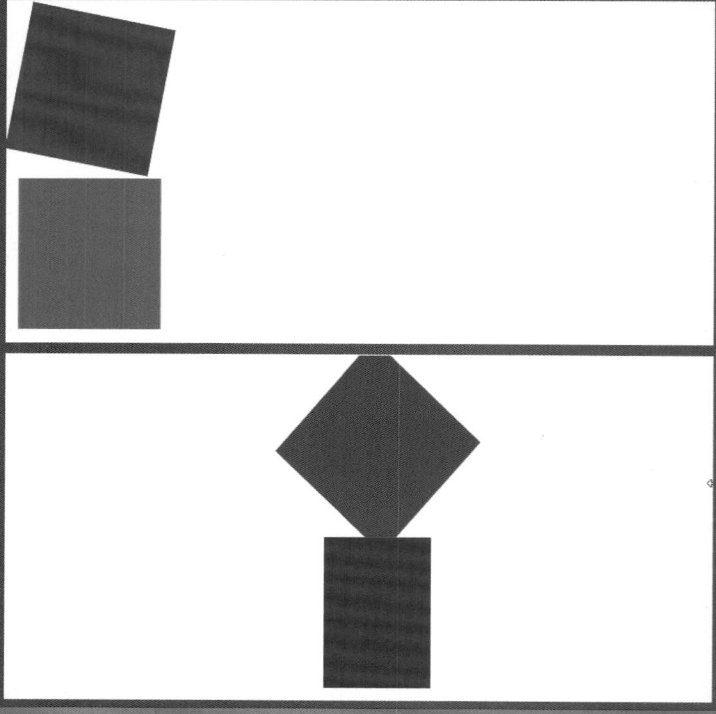

网页旋转动画效果

部分案例效果预览

甜品店网页

连锁超市网页

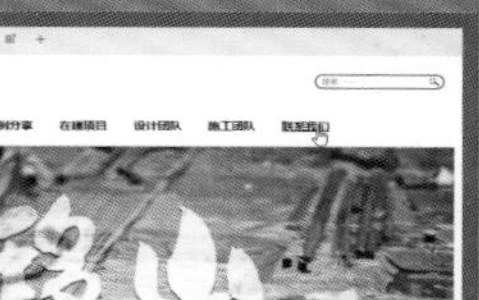

电子邮件链接

网页图像链接

宠物店网页

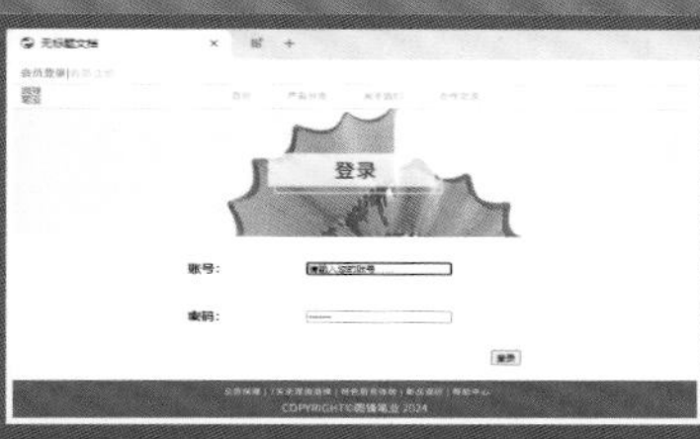

登录页面

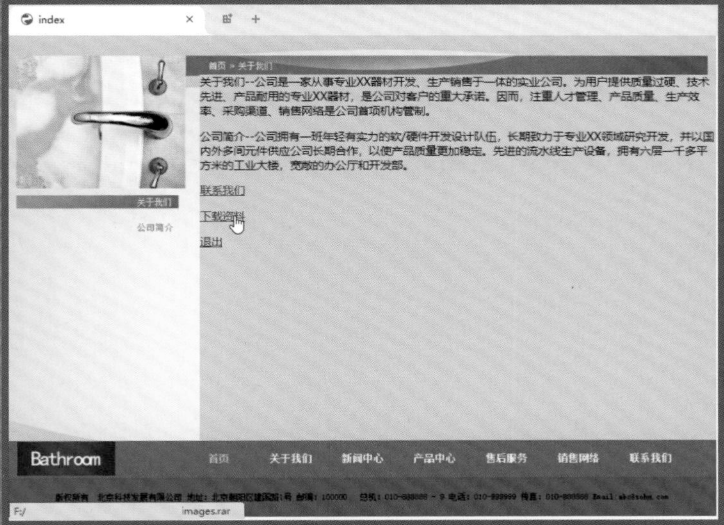

下载文件链接

下载文件链接

西餐厅网页

部分案例效果预览

模板的创建及应用

设计茶具网页

美化文学网页

制作次级页面

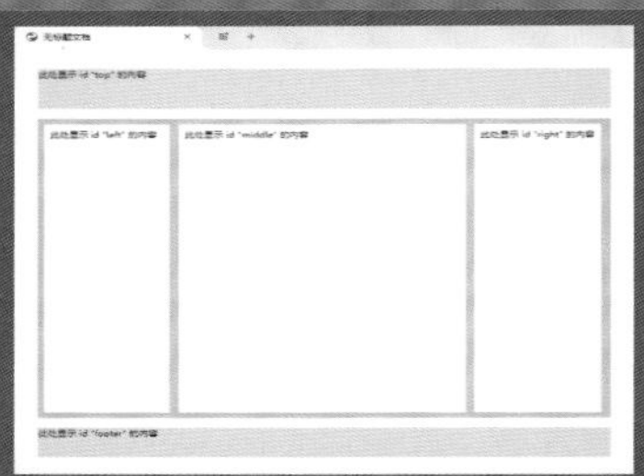

左中右布局

交换图像效果

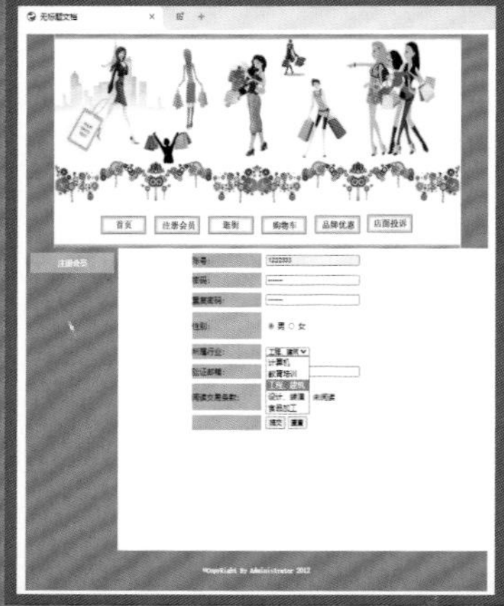

创建注册页面

信息采集网页

清华电脑学堂

CS6/CC

HTML WWW CSS

<src>

</>

掌握Dreamweaver核心技术，开启网页设计无限可能!

Dreamweaver 网页设计核心应用标准教程

微课视频版

徐绕山 徐晔 ◎ 编著

清華大学出版社
北 京

内 容 简 介

本书内容以理论为铺垫，以实操为指向，全面系统地讲解Dreamweaver的基本操作方法与核心应用功能。书中用通俗易懂的语言、图文并茂的形式对Dreamweaver网页设计与制作知识进行了全面细致的剖析。

全书共11章，遵循由浅入深，从基础知识到案例进阶的学习原则，对网页设计入门知识、网页基本元素的编辑、HTML基础知识、网页超链接的应用、表格的布局与应用、CSS样式应用、Div+CSS布局、模板和库、行为、表单、jQuery Mobile等内容进行逐一讲解，以帮助刚入行的新手了解网页制作的全过程，最后通过综合案例对所学习的知识进行巩固。

全书结构合理，内容丰富，易教易学，既有鲜明的基础性，也有很强的实用性。本书既可作为高等院校相关专业的教学用书，又可作为培训机构以及网页制作爱好者的参考用书。

图书在版编目（CIP）数据

Dreamweaver网页设计核心应用标准教程：微课视频版 / 徐绕山, 徐晔编著. -- 北京：清华大学出版社, 2024. 8. -- (清华电脑学堂). -- ISBN 978-7-302-66888-6

Ⅰ. TP393.092.2

中国国家版本馆CIP数据核字第20247817TE号

责任编辑： 袁金敏
封面设计： 阿南若
责任校对： 胡伟民
责任印制： 沈　露

出版发行： 清华大学出版社
网　　址： https://www.tup.com.cn，https://www.wqxuetang.com
地　　址： 北京清华大学学研大厦A座　　**邮　　编：** 100084
社 总 机： 010-83470000　　**邮　　购：** 010-62786544
投稿与读者服务： 010-62776969，c-service@tup.tsinghua.edu.cn
质 量 反 馈： 010-62772015，zhiliang@tup.tsinghua.edu.cn
课 件 下 载： https://www.tup.com.cn，010-83470236

印 装 者： 涿州汇美亿浓印刷有限公司
经　　销： 全国新华书店
开　　本： 185mm×260mm　　**印　　张：** 14.5　　**插　　页：** 2　　**字　　数：** 375千字
版　　次： 2024年8月第1版　　**印　　次：** 2024年8月第1次印刷
定　　价： 59.80元

产品编号：106546-01

Dw

前 言

对于网页设计行业的人来说，Dreamweaver是再熟悉不过的网页设计软件。它是一款“所见即所得”的网页设计工具，利用它可以轻松制作出各种类型的网页效果，可以说其现已成为网页设计领域的必备软件。

Dreamweaver软件除了在网页设计方面展现出它强大的功能性和优越性外，在软件协作性方面也体现出它的优势。根据制作者需求，可将Photoshop、Animate等软件设计的内容导入应用，从而节省用户网页元素制作的时间，提高设计效率。

随着软件版本的不断升级，目前网页设计软件的功能已逐步向智能化、人性化、实用化发展，旨在让制作者将更多的精力和时间都用在创造力上，以便给大家呈现出更完美的设计作品。

内容概述

本书按照**理论讲解+动手练+案例实战+课后练习**的结构编写，内容由浅入深、循序渐进，可让读者轻松学会并掌握，更能从实际应用中激发学习兴趣。全书共11章，各章内容见表1。

表1

章序	内容	难度指数
第1章	介绍网页设计入门知识，包括网页的基本概念、网页配色基础、网页设计元素、网页布局、网页标准化技术、网站制作流程、Dreamweaver工作界面、文档的基本操作、站点的创建和管理等内容	★☆☆
第2章	介绍网页基本元素的编辑，包括在网页中插入文本、图像，以及其他多媒体等内容	★★☆
第3章	介绍HTML基础知识，包括HTML语言、标签和属性，HTML文档结构，HTML的基本标签，页面动画效果，HTML 5的应用等内容	★★☆
第4章	介绍网页超链接的应用，包括超链接概念、在图像中应用链接、文本链接、锚记链接、电子邮件链接、空链接、下载文件链接等内容	★★★
第5章	介绍表格的布局与应用，包括插入表格、表格属性、选择表格、编辑表格等内容	★★☆
第6章	介绍CSS样式，包括CSS的特点、定义、设置，CSS样式面板，CSS的应用等内容	★★★
第7章	介绍Div+CSS布局，包括Div与CSS布局基础、创建Div、CSS布局方法、使用Div布局等内容	★★★
第8章	介绍模板和库，包括创建模板、管理和使用模板、创建和使用库等内容	★★☆

（续表）

章序	内容	难度指数
第9章	介绍行为，包括什么是行为、浏览器窗口行为、图像行为、文本行为、表单行为等内容	★★★
第10章	介绍表单和jQuery Mobile，包括表单基础知识、常用表单应用、jQuery简介、jQuery Mobile基础应用等内容	★★☆
第11章	介绍某科技公司网页的设计与制作，包括规划和建立站点、页面结构分析、制作网站首页、制作次级页面等	★★☆

读者对象

- 高等院校相关专业的师生。
- 培训班中学习网页设计的学员。
- 对网页制作有浓厚兴趣的爱好者。
- 希望掌握更多技能的办公室人员。
- 从事网页制作的工作人员。
- 想通过知识改变命运的有志青年。

本书的配套素材和教学课件可扫描下面的二维码获取。如果在下载过程中遇到问题，请联系袁老师，邮箱：yuanjm@tup.tsinghua.edu.cn。书中重要的知识点和关键操作均配备高清视频，读者可扫描书中二维码边看边学。

作者在编写过程中虽力求严谨细致，但由于时间与精力有限，书中疏漏之处在所难免。如果读者在阅读过程中有任何疑问，请扫描下面的技术支持二维码，联系相关技术人员解决。教师在教学过程中有任何疑问，请扫描下面的教学支持二维码，联系相关技术人员解决。

配套素材

教学课件

技术支持

教学支持

Dw

目录

第1章 网页设计入门知识

第2章 网页基本元素的编辑

第3章 HTML基础知识

第4章 网页超链接的应用

第5章 表格的布局与应用

第6章 CSS样式应用

悠然天地间
得此大自在

第7章 Div+CSS布局

第8章 模板和库

第9章 行为

第10章 表单和jQuery Mobile

第11章 制作科技公司网页

附录

第1章 网页设计入门知识

网页是互联网上的基本信息单元，可以包含文本、图像、音频、视频等多种元素，同时可以通过超链接与其他网页或资源相连，构成一个有机的整体。本章将对网页设计的基础知识进行介绍，包括网页的基本概念、网页色彩、Dreamweaver基础操作等。

要点难点

- 网页设计知识和标准化技术
- 网站制作流程
- 文档的基本操作
- 站点的创建

1.1 网页的基本概念

互联网技术的蓬勃发展，推动了网站与网页的快速发展。读者在正式学习网页设计之前，可以先了解网页、HTML、URL等基本概念，为后续的学习奠定坚实的基础。

1. 网页

网页是Internet的基本信息单位，一般网页上都会有文本和图片等信息，而复杂一些的网页还会有声音、视频、动画等多媒体内容。进入网站首先看到的是其主页，主页集成了指向二级页面以及其他网站的链接。浏览者进入主页后可以浏览相应消息并找到感兴趣的主题链接，通过单击该链接可跳转到其他网页。图1-1所示为人民网首页。

图 1-1

2. HTML

HTML（Hyper Text Markup Language，超文本标记语言）是构建和设计网页的基础技术之一。它是一种用于创建网页的结构和布局的标记语言，一般包括一系列标签，通过这些标签可以将网络上的文档格式统一，使分散的Internet资源连接为一个逻辑整体。HTML文本是由HTML命令组成的描述性文本，HTML命令可以是说明文字、图形、动画、声音、表格、链接等。

超文本是一种组织信息的方式，它通过超级链接方法将文本中的文字、图表与其他信息媒体相关联。这些相互关联的信息媒体可能在同一文本中，也可能是其他文件，或是地理位置相距遥远的某台计算机中的文件。这种组织信息方式将分布在不同位置的信息资源用随机的方式进行连接，为人们查找、检索信息提供方便。图1-2所示为一个HTML文本。

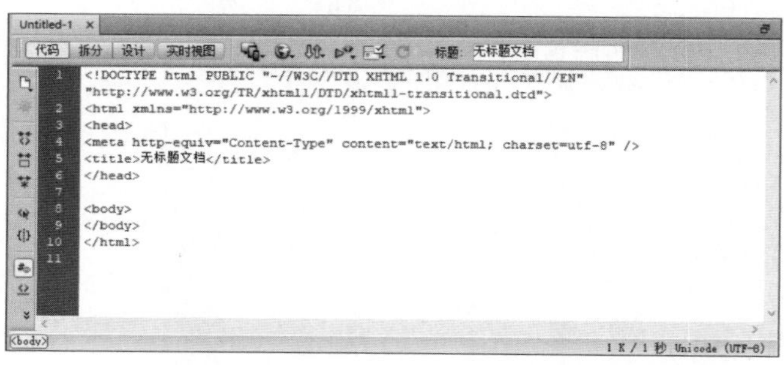

图 1-2

3. URL

URL（Uniform Resource Locator，统一资源定位符）是资源标识符最常见的形式，是因特网的万维网服务程序上用于指定信息位置的表示方法。

每个Web文件都有一个唯一的地址，一个完整的URL地址由协议、服务器名称（或IP地址）、路径和文件名4部分组成，如图1-3所示。

图 1-3

4. 静态网页

在网站设计中纯粹HTML格式的网页通常被称为"静态网页"，早期的网站一般都是由静态网页制作的。静态网页是相对于动态网页而言，是指没有后台数据库、不含程序和不可交互的网页。静态网页相对更新起来比较麻烦，适用于一般更新较少的展示型网站。静态网页是标准的HTML文件，它的文件扩展名是".htm"或".html"。在HTML格式的网页上，也可以出现各种动态的效果，如GIF格式的动画、Flash、滚动字母等，这些"动态效果"只是视觉上的，与动态网页是不同的概念。

静态网页具有以下几个特点。

- 静态网页的每个页面都有一个固定的URL。
- 静态网页的内容相对稳定，因此容易被搜索引擎检索到。
- 静态网页没有数据库的支持，当网站信息量很大时，完全依靠静态网页的制作方式比较困难。
- 静态网页交互性比较差，在功能方面有较大的限制。
- 页面浏览速度迅速，无须连接数据库，开启页面速度快于动态页面。

浏览器"阅读"静态网页的执行过程较为简单，如图1-4所示。首先浏览器向网络中的Web服务器发出请求，指向某一个普通网页。Web服务器接受请求信号后，将该网页传回浏览器，此时传送的只是文本文件。浏览器接到Web服务器送来的信号后开始解读HTML标签，然后进行转换，将结果显示出来。

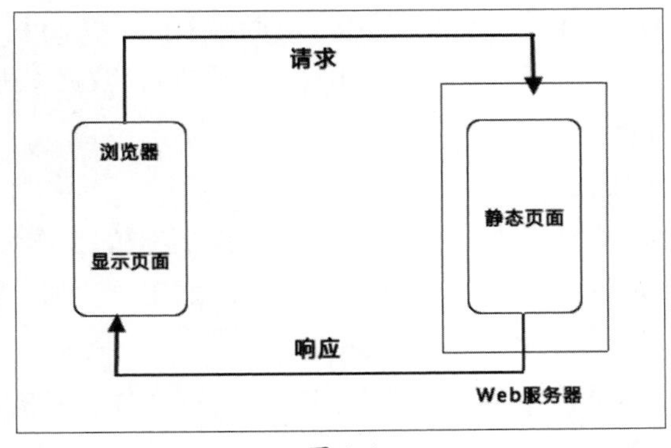

图 1-4

5. 动态网页

动态网页是与静态网页相对的一种网页编程技术。与网页上的各种动画、滚动字幕等视觉上的“动态效果”没有直接关系，动态网页可以是纯文字内容的，也可以是包含各种动画的内容，这些只是网页具体内容的表现形式，无论网页是否具有动态效果，采用动态网站技术生成的网页都称为动态网页。图1-5所示为某网站动态网页。

图 1-5

应用程序服务器读取网页上的代码，根据代码中的指令形成发给客户端的网页，然后将代码从网页上去掉，所得的结果就是一个静态网页。应用程序服务器将该网页传递回Web服务器，然后再由Web服务器将该网页传回浏览器，当该网页到达客户端时，浏览器得到的内容是HTML格式，如图1-6所示。

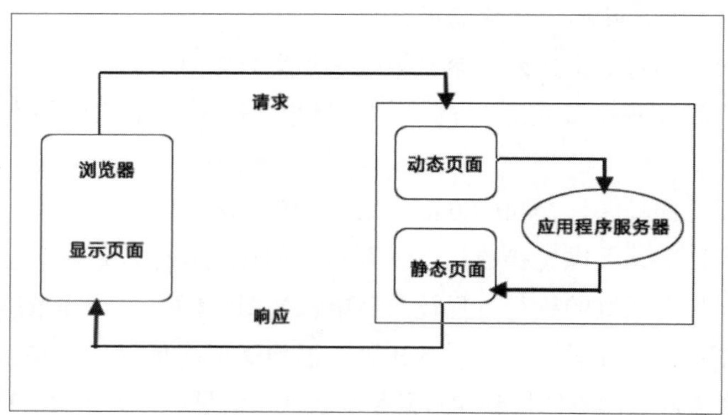

图 1-6

动态网页URL的后缀为“.aspx”“.asp”“.jsp”“.php”“.perl”“.cgi”等形式，且在动态网页网址中有一个标志性的符号——“?”。通过动态网页可以与后台数据库进行交互，传递数据。动态网页具有以下4个主要特点。

- 动态网页没有固定的URL。
- 动态网页以数据库技术为基础，可以大大降低网站维护的工作量。
- 采用动态网页技术的网站可以实现更多的功能，如用户注册、用户登录、用户管理、在线调查等。
- 动态网页实际上并不是独立存在于服务器上的网页文件，只有当用户请求时服务器才返回一个完整的网页。

1.2 网页设计知识

色彩是最具视觉冲击力的元素之一，影响着网页效果和用户体验。在设计网页时，应高度重视色彩的搭配，下面对此进行介绍。

1.2.1 网页配色基础

色彩是最具表现力的视觉元素之一，具有信息传达、情感传递、增强视觉表现力等作用。下面对色彩的基础知识进行介绍。

1. 色彩三要素

色彩分为无彩色系和有彩色系两大类，其中黑、白、灰属于无彩色系，其他色彩属于有彩色系。有彩色系中的色彩都具有色相、明度和纯度3个属性。

（1）色相

色相即色彩的相貌称谓，是色彩的首要特征，主要用于区别不同的色彩，如红、黄、蓝等，如图1-7所示。

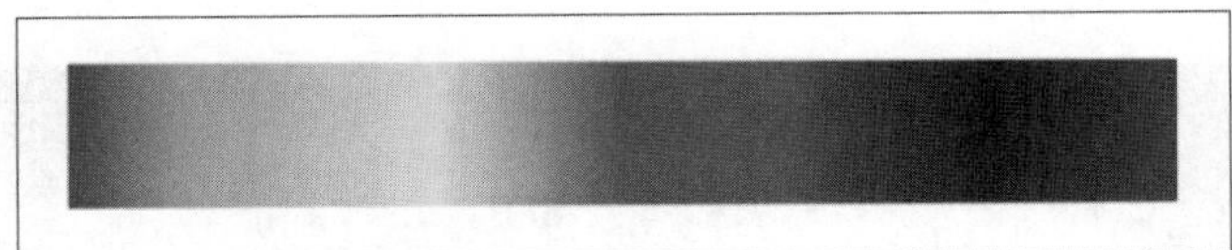

图 1-7

（2）明度

明度是指色彩的明暗程度，色度学上又称光度、深浅度，一般包括两方面：一是指同一色相的明暗变化，如图1-8所示。二是指不同色相间的明暗变化，如有彩色系中黄色明度最高，紫色明度最低，红、橙、蓝、绿明度相近。要提高色彩的明度，可加入白色或浅色，反之则加入黑色或深色。

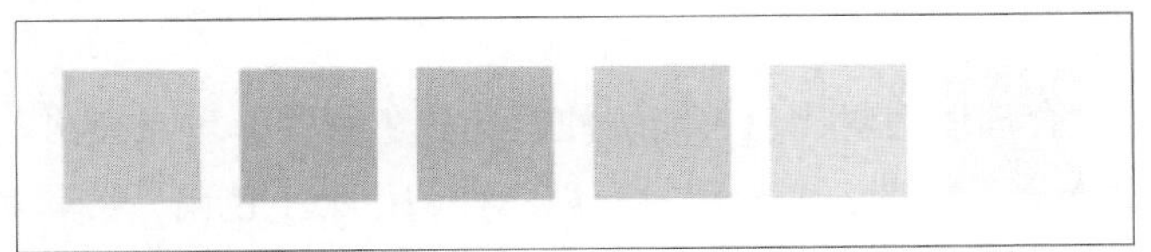

图 1-8

（3）纯度

纯度是指色彩的饱和程度、鲜艳程度。饱和度越高色彩越纯越艳，反之色彩纯色就越低，颜色也越浑浊。有彩色系中红、橙、黄、绿、蓝、紫等基本色相的纯度最高，如图1-9所示。无彩色系的黑、白、灰纯度几乎为0。

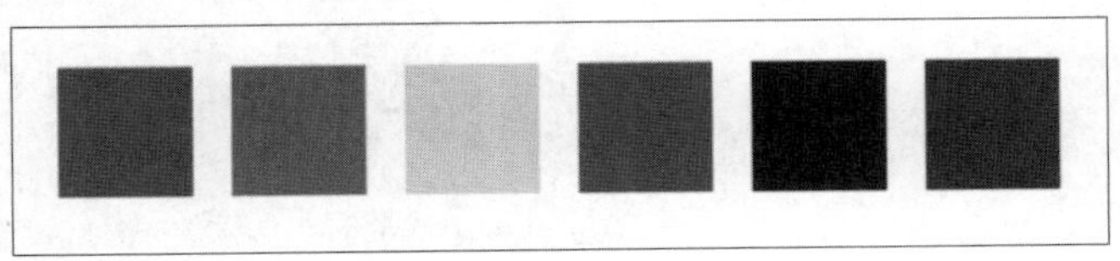

图 1-9

2. Web 安全色

Web安全色是指在不同硬件环境、不同操作系统、不同浏览器中具有一致显示效果的颜色，共包括216种。当涉及Web安全色时，这些颜色通常以十六进制码表示。每种颜色都可以用一个六位的十六进制数字表示，由三个两位的十六进制数值组成，分别代表红、绿和蓝通道的颜色值。

例如，Web安全色中的纯红色可以用十六进制码“#FF0000”来表示。在这个表示法中，前两位表示红色通道的值（FF），接着两位表示绿色通道的值（00），最后两位表示蓝色通道的值（00）。这种表示方法可以确保在不同设备和浏览器上正确地显示颜色。

3. 网页配色常见方案

每种色彩都有不同的特性，搭配起来就呈现出不同的效果。下面对常见的色彩搭配方式进行介绍。

（1）同种色彩搭配

同种色彩搭配是指先选定一种主色，然后再以这款颜色为基础进行透明度和饱和度的调整，通过对颜色进行变淡或加深得到其他新的颜色。该种配色方法可以使网页的整个页面看起来色彩统一，且具有层次感，如图1-10所示。

图 1-10

（2）对比色彩搭配

在网页设计中通过合理使用对比色，能够使网站特色鲜明、重点突出。对比色指的是色相环夹角为120° 左右的色彩，如紫色和橙色等，以一种颜色为主色调，将其对比色作为点缀，可以起到画龙点睛的作用，如图1-11所示。

图 1-11

（3）邻近色彩搭配

采用邻近色搭配的网页可以避免色彩杂乱，容易达到页面和谐统一的效果。邻近色又称为相邻色或邻接色，是指在色轮上相邻或靠近的颜色。这些颜色在色轮上彼此之间的距离很近，因此在视觉上有较强的和谐感和统一感，如图1-12所示。

图 1-12

（4）冷、暖色调色彩搭配

冷色调色彩搭配的网页可以为用户营造宁静、清凉和高雅的氛围，冷色调色彩与白色搭配一般会获得较好的视觉效果。暖色调色彩搭配可为网页营造出稳定、和谐和热情的氛围。冷色调色彩搭配指的是使用绿色、蓝色及紫色等冷色系色彩进行搭配，如图1-13所示。暖色调色彩搭配是指使用红色、橙色、黄色等暖色系颜色进行搭配。

图 1-13

1.2.2　网页设计元素

网页类型千差万别，但基本构成元素是不变的，如网站标识、网站横幅、导航条、图像、动画、背景等。

1. 网站标识

网站标识（Logo）是网站品牌的视觉代表，通常位于网页的顶部、导航条的左侧，这是人们最先注意到的位置。Logo的设计应该简洁明了，能够传达品牌的核心价值和品牌形象。

2. 横幅

横幅（Banner）一般位于网站首页的最上方，是展示品牌核心信息、促销活动或重要公告的核心位置。Banner可以是静态图像，也可以是轮播图，或动态视频。设计Banner时，首先需要确保它的内容与网站的目标受众和网站目的相匹配，同时，在设计上要吸引人，能够引起访问者的兴趣和好奇心。图1-14所示为某网站横幅。

图 1-14

3. 导航条

导航条是网站极其重要的组成部分，它可以帮助用户理解网站结构，指引用户顺利浏览网站，如图1-15所示。导航条多位于网页的顶部，也可以在较小的屏幕上通过汉堡菜单（Hamburger Menu）来展示。一个有效的导航条应该简洁明了，列出关键的导航内容即可。

图 1-15

4. 图像

图像是网页设计中不可或缺的元素，可以用于增强内容、展示产品或创造情感联系。选择合适的图像对于吸引用户、提高网站可信度和增加用户参与度至关重要。图像应该与网站的整体风格和信息保持一致。

5. 动画

常用的动画格式有GIF动画和Flash动画。动画可以增强网站的吸引力，提供动态的视觉体验，但应谨慎使用动画，避免过度使用以导致加载时间过长。

6. 背景

背景为网站的整个布局提供视觉基础，可以是纯色、渐变色、图像甚至视频。正确选择背景可以增强网站的整体美感，帮助其他元素（如文本、按钮）突出显示。背景设计应考虑到易读性和品牌一致性。

1.2.3 网页布局

网页设计是将信息结构化和视觉化的艺术，它通过结构布局和艺术布局两个维度创造更具吸引力且易于使用的网页。

1. 结构布局

结构布局的重点在于网页的基础框架和内容组织，其目的是确保用户能够直观地找到所需信息并与之互动，这涉及页面元素的逻辑排列和导航流程的设计。常见的结构布局模式包括如下几种。

- **Z形布局：**适合简洁的推广页，通过模拟人眼的自然扫视路径（形成Z字形）来引导用户注意力。
- **F形布局：**基于用户的阅读习惯，将重点内容放在页面左上角，以及水平和垂直方向的视线路径上。
- **格栅系统：**通过划分页面为行和列，形成一个灵活的布局框架，有助于内容的有序排列和对齐。
- **单列布局：**多用于移动设备，通过紧凑的垂直布局，使用户能够通过简单的上下滚动来查看所有内容。

2. 艺术布局

艺术布局则更多关注网页的视觉呈现和审美感受，它通过色彩、图形、文字以及动效等元素的艺术运用，赋予网站独特的风格和情感。艺术布局的关键要素包括以下内容。

- **色彩搭配：**色彩不仅能传达情感和氛围，还能吸引用户注意，良好的色彩策略是打造醒目网站的关键。
- **排版和字体：**字体的选择和排版的布局不仅影响阅读体验，也是网站设计风格的重要组成部分。
- **图像和图标：**高质量的图片和自定义图标能够提升网站的专业度和视觉吸引力，同时帮助用户直观理解内容。
- **动画和交互：**合理的动画效果和交互反馈可以让用户体验更加生动，提升用户的参与度和满意度。

在网页设计中，应坚持以用户需求为核心，平衡实用性和美观性，创作出结构布局合理、页面精美的网页。

1.2.4 网页标准化技术

网页标准化技术是由全球性的标准化组织指定的一系列规范和指导原则，这些技术标准可以确保网页内容在不同的浏览器、设备上保持一致性和可访问性。其主要内容包括以下4点。

1. 超文本标记语言

超文本标记语言（HTML）由万维网联盟制定和发布。作为网页内容的骨架，HTML定义了网页的结构和内容。HTML 5是HTML的最新修订版本，它引入了新的元素和API，提升了多媒体处理能力和互动性，且得到了大多数浏览器的支持。

2. 层叠样式表

层叠样式表（CSS）同样由万维网联盟制定和发布，其主要功能是负责网页的视觉表现和布局，包括字体、颜色、间距等。CSS 3引入了更多的样式选项和动画特性，增强了设计的灵活性和动态效果。

3. JavaScript

JavaScript是一种脚本语言，通过它可以实现网页的动态行为和用户交互。JavaScript的生态系统非常丰富，包括许多库和框架，极大地扩展了Web开发的可能性。

4. PHP 技术

PHP（Page Hypertext Preprocessor）技术是一种应用广泛的开源服务器端脚本语言，具有良好的安全性和跨平台特性，支持许多数据库，特别适用于网页开发，可以嵌入HTML中使用。

1.3 网站制作流程

网站制作流程涵盖了多个阶段，具体如下。

1.3.1 前期准备工作

在建设网站平台之前，需要先进行网站策划，即在建立网站前应明确建设网站的目的、网站的功能、网站规模、投入费用等。只有详细的规划，才能避免在网站建设中出现很多问题。

1. 需求分析与策划

需求分析与策划是网站开发过程的关键步骤，指引了网站的设计与开发方向。在进行该步骤时，需要考虑以下方面。

- **明确网站目标：**在开始工作之前，首先需要明确网站的目标，如提高品牌知名度、促进产品销售、提供客户服务或构建社区交流平台等。清晰的目标将决定网站的整体风格、功能需求和内容布局。
- **确定目标受众：**了解网站的目标受众至关重要。不同的受众群体可能对设计风格、内容呈现和互动功能有不同的偏好。通过创建受众画像，可以帮助设计和开发团队更好地满足用户需求。
- **功能需求：**基于网站目标和受众需求，明确网站需要哪些功能，包括电子商务功能、用户注册和登录、互动论坛、多语言支持等。功能需求将直接影响网站的结构设计和开发工作量。
- **内容策划：**内容是网站的核心。策划高质量、针对性强的内容不仅能吸引用户，还能提高网站在搜索引擎中的排名。内容规划包括确定网站的主要信息、文章、视频、图像等内容的类型和布局。
- **技术选型：**根据功能需求和预算制定，选择合适的技术和平台。技术选型将影响网站的可扩展性、维护成本和安全性。
- **预算与时间线：**明确项目的预算范围和时间线，包括设计、开发、测试、上线和后续维护的成本和时间估算。合理的预算和时间规划可以确保项目顺利完成。

2. 资料收集

内容是网站吸引访问者的核心，因此，收集和整理高质量的文字、图片、视频等多媒体素材显得尤为重要。这些素材不仅需要与网站的整体风格和主题保持一致，还要能够有效地传达企业想要传递的信息，与目标受众产生共鸣。精心准备的内容素材能够极大地提升网站的专业度和吸引力，从而吸引更多的用户停留和互动。

3. 网站定位与设计

网站定位与设计为网站的开发和后续运营奠定基础，主要包括以下两方面。

- **网站主题与风格设定：**依据企业形象和目标受众偏好，确定网站的整体风格和色彩搭配。
- **UI/UX设计：**设计网站架构和页面布局，制作网站地图，确保用户体验良好。

1.3.2 方案实施

方案实施阶段是将前期准备工作中制订的计划转换为现实的过程，一般包括以下步骤。

1. 网站规划

网站规划实质上是对网站定位进行细化和落实的过程，它要求开发团队对网站的方向和目标有着清晰而具体的理解。这一阶段的工作内容丰富，包括但不限于确定网站的软硬件环境、明确内容栏目及其布局、规划栏目间的链接关系等。在这个过程中，网站规划的详尽程度直接影响到方案实施的规范性和网站最终的运行效果。

对于静态网站和动态网站，尽管它们在技术实现上有所不同，但都需要进行仔细规划。静态网站较为简单，主要关注内容的展示和布局；动态网站则更为复杂，它不仅涉及内容的动态管理和展示，还包括数据库的设计、Web应用技术的选用，以及脚本语言的应用等方面。

此外，无论是静态网站还是动态网站，网站的用户体验始终是不可忽视的重点。这要求开发团队在规划阶段就要充分考虑网站的可用性、可访问性和交互设计，确保网站既能满足目标用户的需求，又能提供流畅和愉悦的浏览体验。

因此，网站规划不仅是技术层面的工作，也是一项综合性的策划活动，需要团队成员之间的密切协作和通力合作。通过细致的规划和优化，可以大大提升网站项目的成功率和效益。

2. 页面设计

完成网站策划和设计工作后，就可以着手网页制作。网页即为网站中的页面，它是一个包含HTML标签的纯文本文件，是向浏览者传递信息的载体。网页采用HTML、CSS、XML等多种语言对页面中的各种元素（如文字、图像、音乐等）进行描述，并通过客户端浏览器进行解析，从而向浏览者呈现网页的各种内容。

（1）设计网页图像

网页图像设计包括Logo、标准色彩、标准字、导航条和首页布局等。用户可以使用Photoshop等软件来设计网站的图像。有经验的网页设计者，通常会在使用网页制作工具之前，设计好网页的整体布局，这样在设计过程中将会大大节省工作时间。

（2）制作网页

网页制作要按照先大后小、先简单后复杂的顺序进行制作。先大后小即是指在制作网页时，先把大的结构设计好，然后再逐步完善小的结构设计。先简单后复杂即是指先设计出简单的内容，然后再设计复杂的内容，以便出现问题时好修改。在制作网页时要多灵活运用模板，这样可以大大提高制作效率。

1.3.3 后期维护

网站制作完成之后，就可以上传到服务器中供他人使用浏览。在上传到服务器之前，需要先进行本地测试，以保证页面的浏览效果、网页链接等与设计要求相吻合，然后再发布到网站。进行网站测试可以发现设计中的各种错误，从而为网站的管理和维护提供方便。

1. 测试网站

网站测试是指一个网站制作完成上传到服务器之后针对网站的各项性能情况的一项检测工作。它与软件测试有一定的区别，除了要求外观的一致性以外，还要求其在各浏览器下的兼容性。测试网站一般包括以下四方面。

- **性能测试：** 网站的性能测试主要从连接速度测试、负荷测试和压力测试方面进行的。连接速度测试是指打开网页的响应速度测试。负荷测试是在某一负载级别下，检测网站系统的实际性能，可以通过相应的软件在一台客户机上模拟多个用户来测试负载。压力测试是测试系统的限制和故障恢复能力。
- **安全性测试：** 安全性测试是对网站的安全性（服务器安全、脚本安全）测试、可能有的漏洞测试、攻击性测试以及错误性测试。
- **基本测试：** 基本测试包括色彩的搭配、连接的正确性、导航的方便和正确、CSS应用的统一性的测试。
- **稳定性测试：** 稳定性测试是指测试网站运行中整个系统是否运行正常。

2. 发布网站

完成网站的创建和测试之后，将文件上传到远程文件夹即可发布站点。这些文件用于网站的测试、生产、协作和发布，具体取决于用户的环境。在文件面板中可以很方便地实现文件上传功能。

3. 维护网站

在实际应用过程中，需要根据需要，对网站进行维护和更新内容，以保持网站的活力。只有不断地给网站补充新的内容，才能够吸引住浏览者。网站的维护是指对网站的运行状况进行监控，发现问题及时解决，并将其运行的实时信息进行统计。网站维护的内容主要包括以下几方面。

- **基础设施的维护。** 主要有网站域名维护、网站空间维护、企业邮局维护、网站流量报告、域名续费等。
- **应用软件的维护。** 即业务活动的变化、测试时未发现的错误、新技术的应用、访问者需求的变化和提升等方面。
- 内容和链接的维护。
- **安全的维护。** 即数据库导入导出的维护、数据库备份、数据库后台维护、网站紧急恢复等。
- 做好网站安全管理，定期定制杀毒，防范黑客入侵网站，检查网站各功能。

1.4 初识Dreamweaver

Dreamweaver是一款“所见即所得”的网页设计工具。它不仅支持最新的HTML和CSS标准，还能将网页与数据库连接，实现动态内容的管理。该工具适用于设计、编码及开发Web站点、页面和应用程序，提供了一系列强大的功能，以优化用户的Web开发流程。

1.4.1 Dreamweaver工作界面

Dreamweaver工作界面与Adobe系列软件相一致，如图1-16所示。

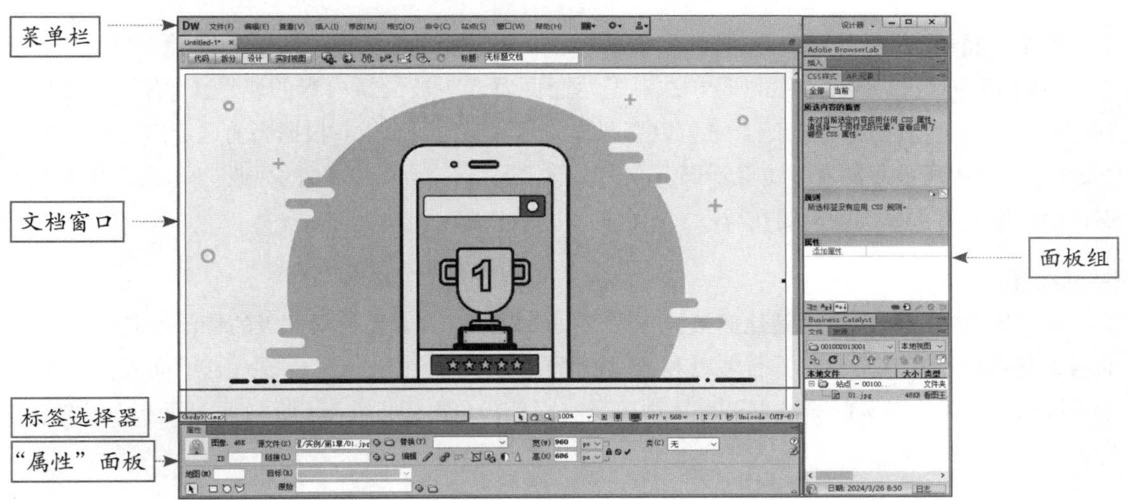

图 1-16

1．菜单栏

标题栏主要包括“文件”“编辑”“查看”“插入”“修改”“格式”“命令”“站点”“窗口”和“帮助”菜单项。

- **文件：**用于查看当前文档或对当前文档进行操作。
- **编辑：**包括用于基本编辑操作的标准菜单命令。
- **查看：**用于设置文档的各种视图，还可显示与隐藏不同类型的页面元素和工具栏。
- **插入：**用于提供插入栏的扩充选项，用于将合适的对象插入到当前的文档中。
- **修改：**用于更改选定页面元素或项的属性。使用此菜单，可以编辑标签属性，更改表格和表格元素，并且为库和模板执行不同的操作。
- **格式：**用于设置文本的格式。
- **命令：**用于对各种命令的浏览。
- **站点：**用于创建与管理站点。
- **窗口：**用于打开与切换所有的面板和窗口。
- **帮助：**内含Dreamweaver帮助、技术中心和Dreamweaver的版本说明等内容。

2．文档窗口

文档窗口主要用于显示当前创建和编辑的网页文档。用户可以在设计视图、代码视图、拆分视图和实时视图中分别查看文档。

- **代码视图：** 选择该视图模式，文档窗口中将仅显示HTML源代码。
- **拆分视图：** 选择该视图模式，可以在文档窗口中同时看到文档的代码和设计效果。
- **实时视图：** 选择该视图模式，可以更逼真地显示文档在浏览器中的表示形式。
- **设计视图：** 选择该视图模式，文档窗口中将仅显示页面设计效果。

3. 标签选择器

标签选择器位于“文档”窗口底部的状态栏中，显示环绕当前选定内容的标签的层次结构。单击该层次结构中的任何标签即可选择该标签及其全部内容。

4.“属性”面板

“属性”面板位于状态栏的下方，用于设置页面上正被编辑内容的属性。执行“窗口”|“属性”命令，或者按Ctrl+F3组合键可以打开或关闭“属性”面板。根据当前选定内容的不同，“属性”面板中所显示的属性也会不同。在大多数情况下，对属性所做的更改会立刻应用到文档窗口中，但是有些属性则需要在属性文本框外单击或按Enter键才会有效。

5. 面板组

除“属性”面板以外的其他面板统称为浮动面板，这主要是根据面板的特征命名的。每个面板组都可以展开和折叠，并且可以和其他面板组停靠在一起或取消停靠。这些面板都是浮动于编辑窗口之外。若要折叠或展开停放中的所有面板，单击面板右上角的“展开面板”按钮◀◀即可。

1.4.2 文档的基本操作

Dreamweaver为处理各种网页设计和开发文档提供了灵活的环境，除了HTML文档以外，还可以创建和打开各种基于文本的文档。

1. 创建空白文档网页

创建空白文档很简单，具体操作步骤如下。

步骤 01 启动Dreamweaver软件，执行“文件”|“新建”命令，打开“新建文档”对话框，如图1-17所示。

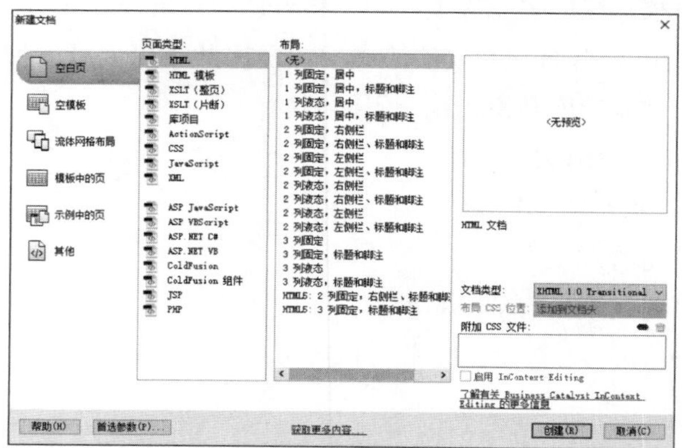

图 1-17

步骤 02 选择“空白页”选项卡，然后在“页面类型”列表框中选择HTML选项，单击“创建”按钮，即可创建一个空白文档，如图1-18所示。

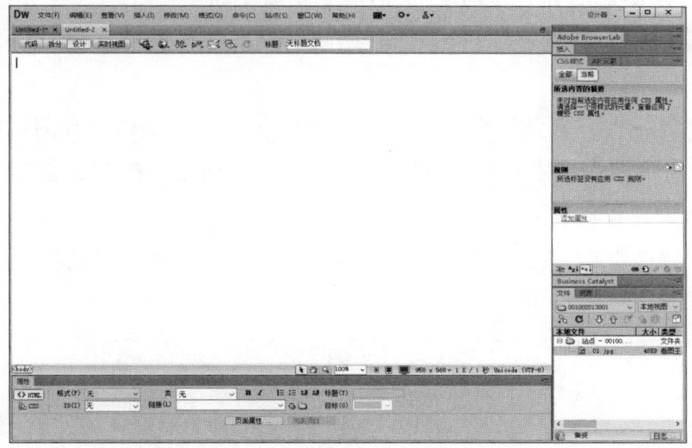

图 1-18

2. 设置页面属性

网页的页面属性包括网页的“外观”“链接”“标题”“标题/编码”“跟踪图像”等属性信息，用户可以通过Dreamweaver中的“页面属性”面板对这些属性进行设置。执行“修改”|“页面属性”命令或单击“属性”面板中的“页面属性”按钮，打开“页面属性”对话框，如图1-19所示。

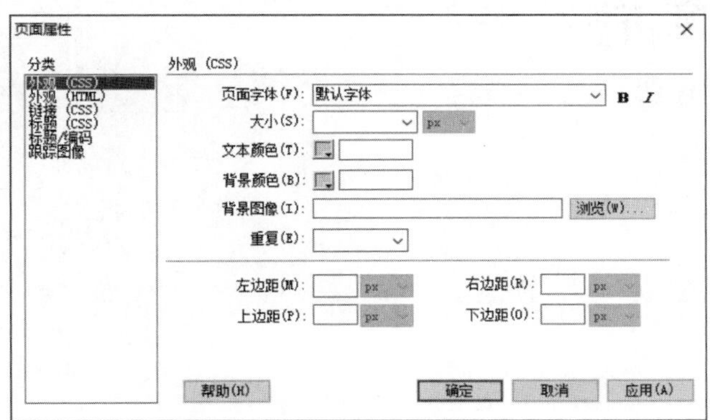

图 1-19

该对话框中部分常用选项卡作用如下。

- **外观（CSS）**：用于设置页面的基本布局选项，包括字体、背景颜色、背景图像等，与“外观（HTML）”选项卡不同的是，该选项卡将采用CSS格式设置页面。
- **链接（CSS）**：用于设置链接的相关参数，如链接字体、大小、链接颜色等。
- **标题（CSS）**：用于设置标题的相关参数，包括标题字体、大小、颜色等。
- **标题/编码**：指定用于创作网页的语言专用的文档编码类型，及与该编码类型配合使用的Unicode范式。
- **跟踪图像**：用于设置跟踪图像的属性。跟踪图像一般在设计网页时作为网页背景使用，用于引导网页的设计。

1.4.3 动手练：创建一个简单网页

案例素材：本书实例/第1章/动手练/创建一个简单网页

本章将以网页的创建为例，对网页文档的创建、页面属性的设置等进行介绍，具体操作步骤如下。

步骤01 执行“文件”|“新建”命令，打开“新建文档”对话框，在对话框的“空白页”选项面板的“页面类型”列表框中选择HTML选项，单击“创建”按钮，创建一个空白文档，如图1-20所示。

步骤02 执行“修改”|“页面属性”命令，打开“页面属性”对话框，从中设置参数，如图1-21所示。

图 1-20

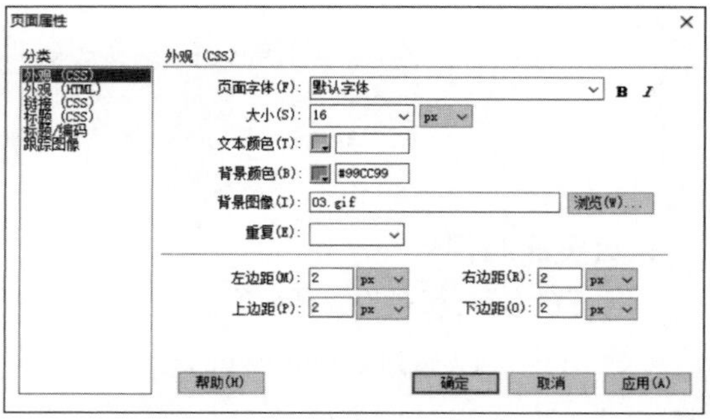

图 1-21

步骤03 单击“确定”按钮，效果如图1-22所示。

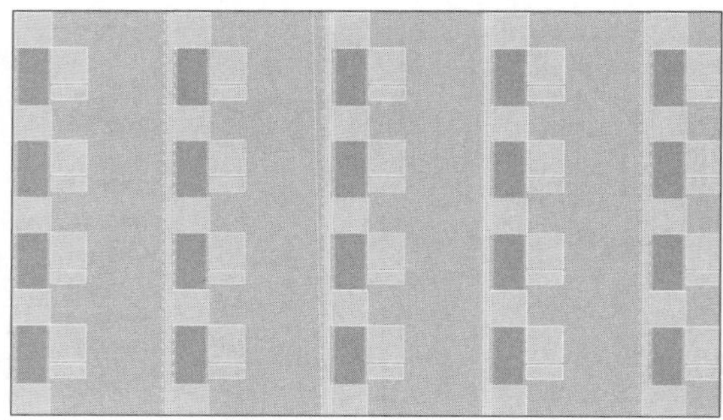

图 1-22

步骤04 将插入点置于页面中，执行“插入”|“表格”命令，打开“表格”对话框，设置参数，如图1-23所示。

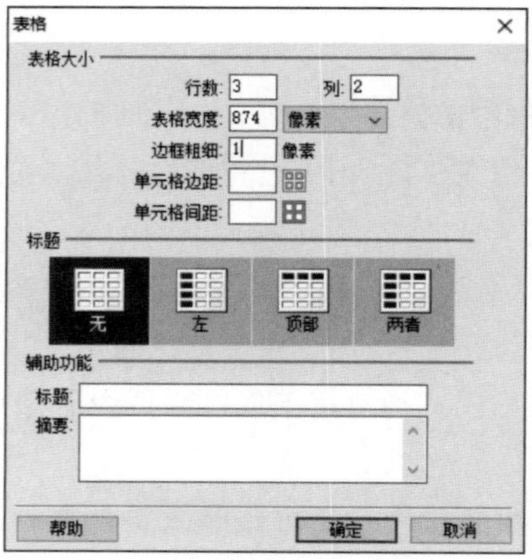

图 1-23

步骤05 单击“确定”按钮，插入表格，效果如图1-24所示。

步骤06 将插入点置于表格的第1行第1个单元格中，执行“插入”|“图像”命令，打开“选择图像源文件”对话框，从中选择素材图像，如图1-25所示。

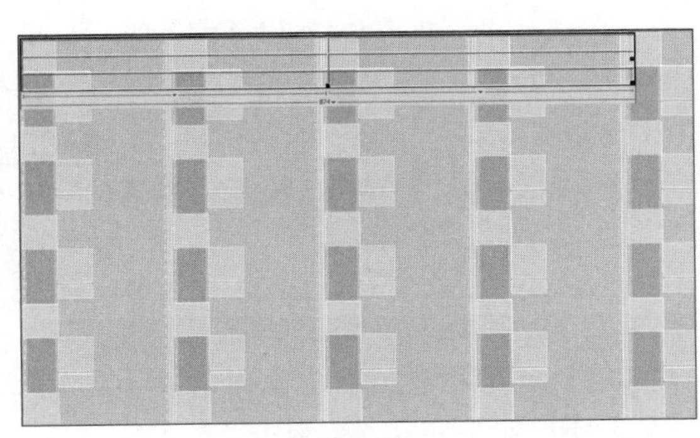

图 1-24

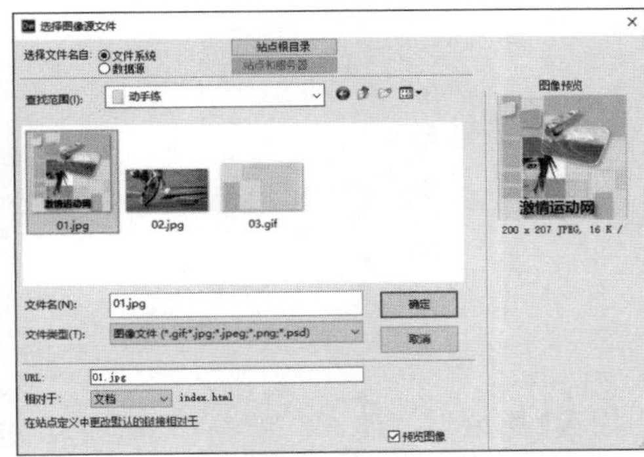

图 1-25

步骤07 单击“确定”按钮，插入图像，并调整单元格宽度，效果如图1-26所示。

步骤08 将插入点置于表格的第2行第1个单元格中，在“属性”面板中设置单元格为垂直顶端对齐。执行“插入”|“表格”命令，插入一个8行1列、宽度为200像素、边框粗细为1像素的表格，在表格中输入文字，并在“属性”面板中设置单元格水平居中对齐，效果如图1-27所示。

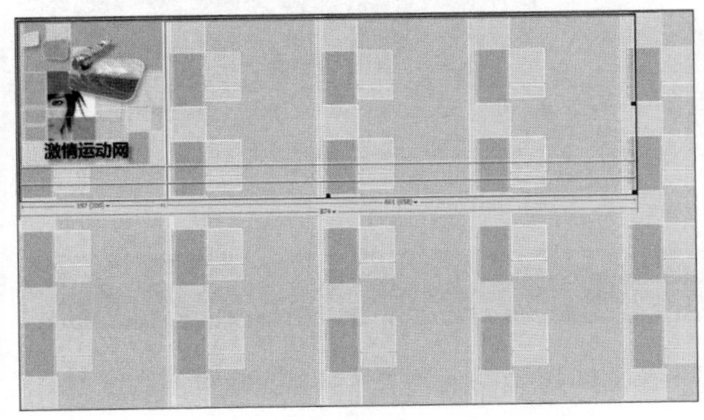

图 1-26

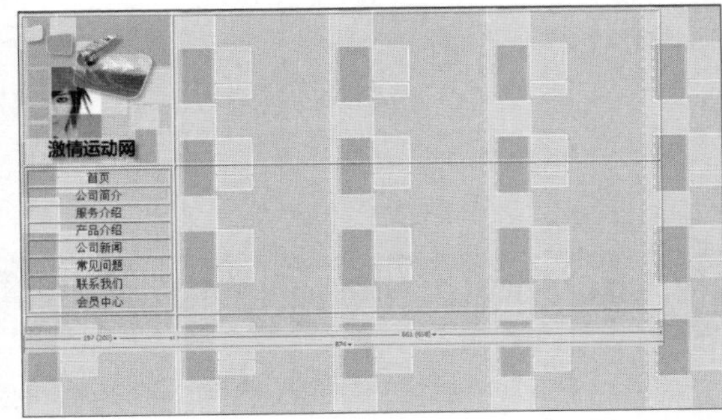

图 1-27

步骤09 将插入点置于主表格的第2行第2列单元格中，执行“插入”|“图像”命令，插入图像，如图1-28所示。

步骤10 将插入点置于表格的第3行第2列单元格中，输入相应的文字，在“属性”面板中设置单元格水平右对齐，效果如图1-29所示。

图 1-28

图 1-29

步骤 11 执行“文件”|“保存”命令，打开“另存为”对话框，从中设置保存名称及路径，如图1-30所示。

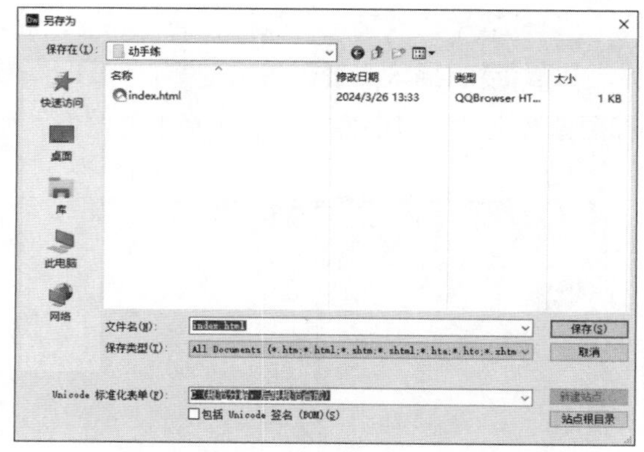

图 1-30

步骤 12 单击“保存”按钮保存文档，按F12键在主浏览器中预览效果，如图1-31所示。

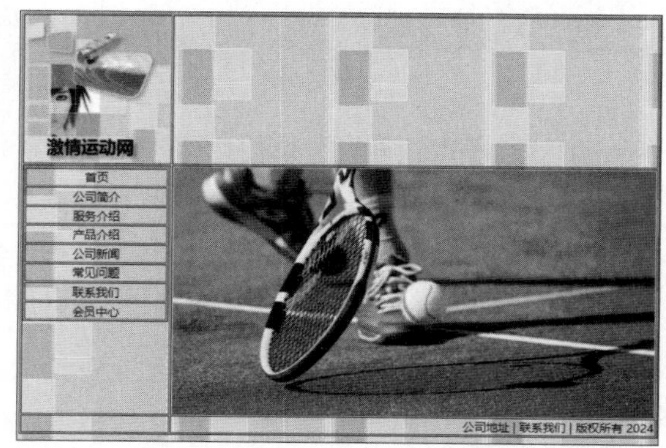

图 1-31

1.5 站点的创建和管理

站点是网页设计中的核心概念，它是与特定网站项目相关的所有文件和资源的集合。本节将对站点的创建和管理进行介绍。

1.5.1 站点的创建

Dreamweaver软件支持创建本地站点和远程站点两种站点，这两种站点的作用是存储网站中使用的文件和资源。

1. 创建本地站点

本地站点主要用于存储和处理本地文件。打开Dreamweaver软件，执行“站点”|“新建站点”命令，打开“站点设置对象”对话框，如图1-32所示。在“站点名称”文本框中输入站点名称；单击“本地站点文件夹”文本框右侧的“浏览文件夹”按钮，打开“选择根文件夹”对话框，设置本地站点文件夹的路径和名称。

完成后单击“选择”按钮，返回“站点设置对象”对话框。单击“保存”按钮，完成本地站点的创建，在“文件”面板中将显示新创建的站点，如图1-33所示。

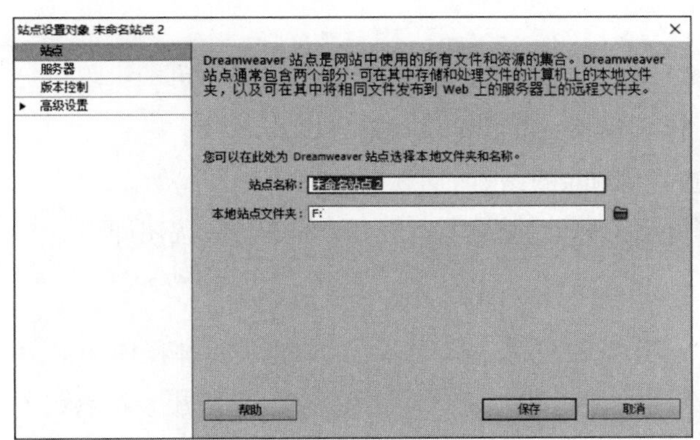

图 1-32

图 1-33

2. 创建远程站点

远程站点和本地站点的创建方法类似，只是多了设置远程文件夹的步骤。设置远程站点名称和本地站点文件夹后，选择“服务器”选项卡，如图1-34所示。在该选项卡中添加新服务器即可。

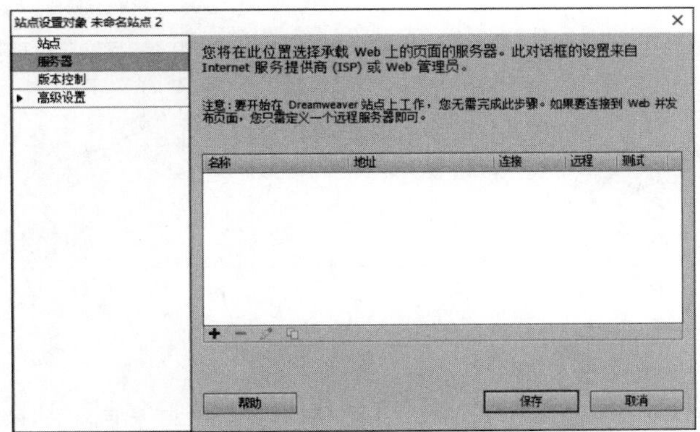

图 1-34

1.5.2　站点的管理

Dreamweaver中可以通过“管理站点”对话框实现站点的编辑、删除、复制等操作。执行“站点”|“管理站点”命令，打开“管理站点”对话框，如图1-35所示。

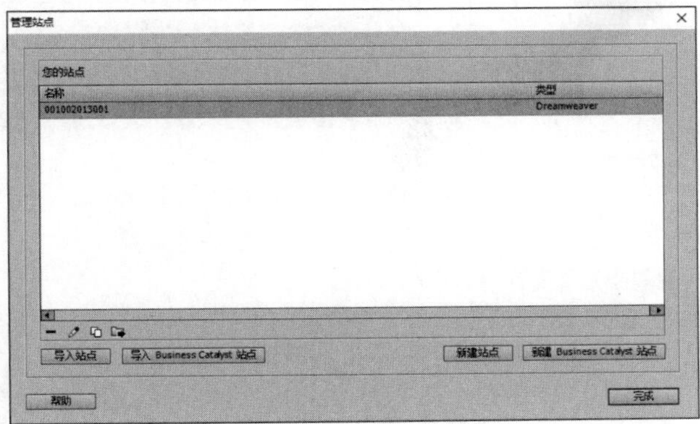

图 1-35

1. 删除站点

在“管理站点”对话框中，单击按钮可删除选中的站点。该操作仅在Dreamweaver中清除站点信息，并不会删除站点实际文件。删除站点的操作如下。

- 在“管理站点”对话框中选中要删除的站点名称。
- 单击按钮，弹出如图1-36所示的删除确认对话框，单击“是”按钮即可。

2. 编辑站点

在“管理站点”对话框中，单击按钮可重新编辑选中的站点，具体操作如下。

- 在“管理站点”对话框中选中要编辑的站点，单击按钮，打开“站点设置对象”对话框，可以重新设置站点信息，如图1-37所示。
- 设置完站点属性后，单击“保存”按钮，返回“管理站点”对话框，单击“完成”按钮即可。

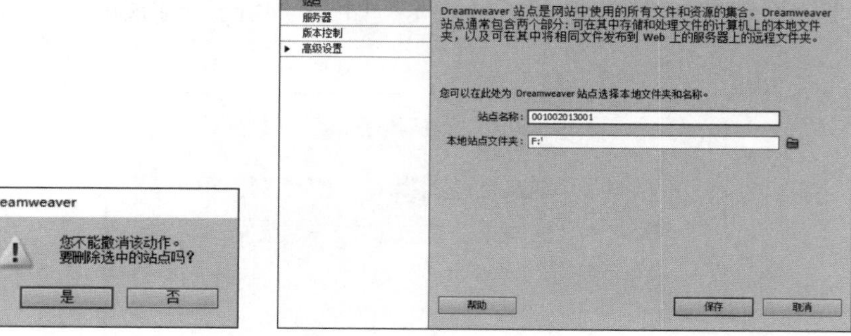

图 1-36　　图 1-37

3. 复制站点

在“管理站点”对话框中，单击按钮可对选中站点进行复制，从而创建多个结构相同的站点。复制站点操作如下。

- 在“管理站点”对话框中选中要复制的站点名称。单击按钮，复制的站点名称会在源站点名称后附加“复制”字样，同时出现在“管理站点”对话框的列表项中，如图1-38所示。
- 默认情况下，复制的站点存储路径会和源站点路径一致。也可以修改复制站点的存储路径，只需要在“管理站点”对话框中双击复制站点名称，打开“站点设置对象”对话框，在“本地站点文件夹”重新设置存储路径即可。

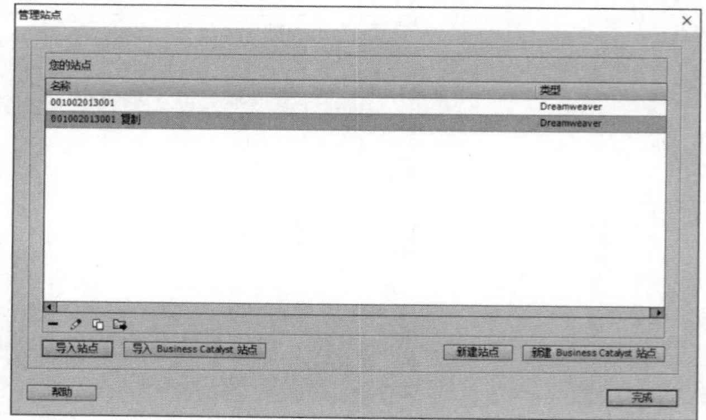

图 1-38

知识点拨 如果重新设置复制站点的存储路径，则新路径所在文件夹是空的。要想真正复制源站点的内容需要手动将源站点的文件夹复制到复制站点的文件夹下。

1.5.3 站点的导入和导出

在“管理站点”对话框中，可以通过“导入站点”按钮 导入站点 和“导出当前选定的站点”按钮实现Internet网络中各计算机之间站点的移动，或者与其他用户共享站点的设置。打开“管理站点”对话框，选择要导出的站点名称，单击“导出当前选定的站点”按钮打开“导出站点”对话框，在该对话框中设置保存路径等参数，如图1-39所示。

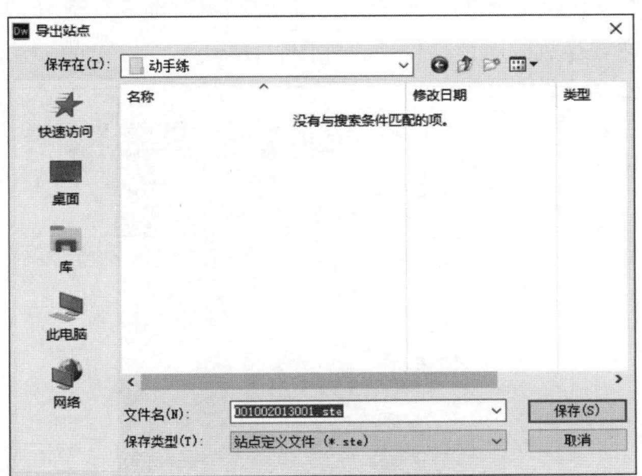

图 1-39

设置完成后单击“保存”按钮，返回“管理站点”对话框，单击“完成”按钮即可。使用相同的方法，在“管理站点”对话框中单击“导入站点”按钮 导入站点 ，可以将STE文件重新导入“管理站点”对话框中，如图1-40所示。

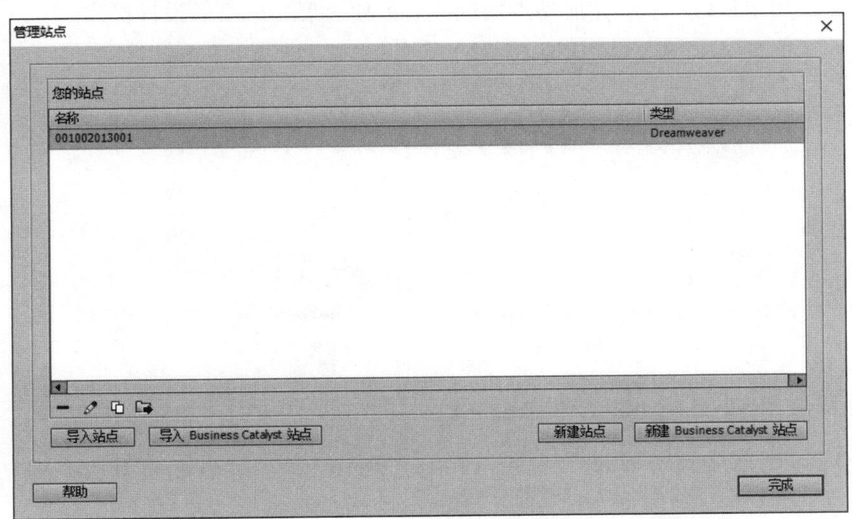

图 1-40

知识点拨 通过导入/导出站点设置文件，可实现同一站点在多台计算机中的Dreamweaver软件中打开、编辑修改以及站点调试等操作。

1.6 案例实战：我的第一个站点

案例素材：本书实例/第1章/案例实战/我的第一个站点

本案例将以站点的创建为例，对站点的新建、文档的基本操作等进行介绍，具体操作步骤如下。

步骤 01 启动Dreamweaver，执行“站点”|“新建站点”命令，打开“站点设置对象”对话框，设置站点名称和站点存放的本地文件夹，如图1-41所示。

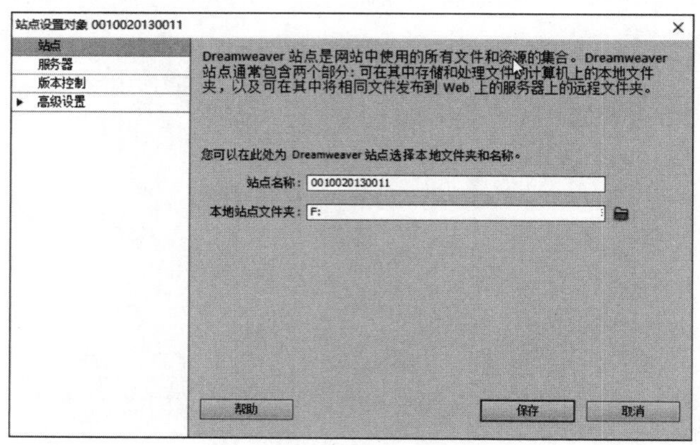

图 1-41

步骤 02 设置完成后单击“保存”按钮。执行“窗口”|“文件”命令，打开“文件”面板。此时，站点文件夹将显示本地文件夹中的内容，如图1-42所示。

步骤 03 选中“案例实战”文件夹，右击，在弹出的快捷菜单中执行“新建文件”命令，新建文件并命名，如图1-43所示。完成站点的创建后，便可展开网页的设计操作。

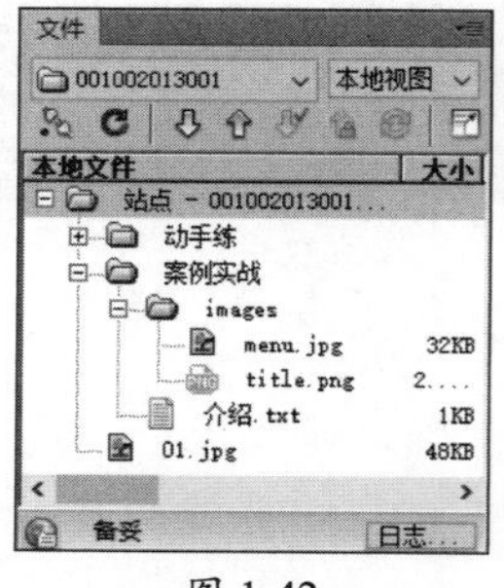

图 1-42

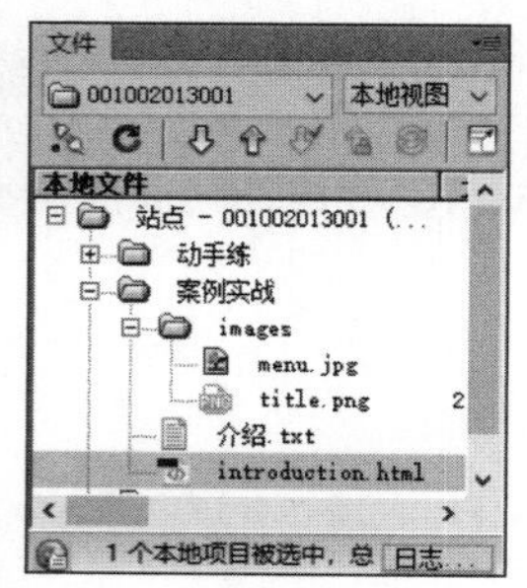

图 1-43

步骤 04 双击“introduction.html”文件将其打开，执行“插入”|“表格”命令，在网页中插入一个3行1列、宽度为710像素的表格，如图1-44所示。

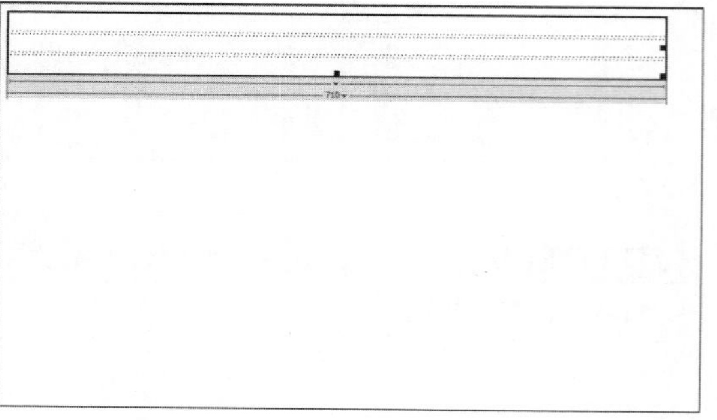

图 1-44

步骤05 选中表格，在“属性”面板中设置“填充”“间距”和“边框”参数均为0。将光标移到表格第1行单元格中，执行“插入”|“图像”命令，插入图像文件“title.png”，效果如图1-45所示。

图 1-45

步骤06 将光标移到表格第2行单元格中，执行“插入”|“表格”命令，插入一个1行2列、宽度为710像素的表格，如图1-46所示。

图 1-46

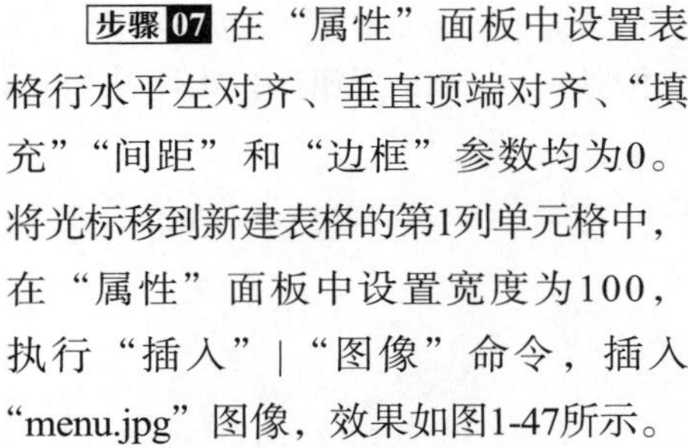

步骤07 在“属性”面板中设置表格行水平左对齐、垂直顶端对齐、“填充”“间距”和“边框”参数均为0。将光标移到新建表格的第1列单元格中，在“属性”面板中设置宽度为100，执行“插入”|“图像”命令，插入“menu.jpg”图像，效果如图1-47所示。

图 1-47

随后，用户可根据自己的页面规划，逐步完成网页的设计，或参照图1-48所示的效果自行完成后续设计。关于网页元素的编辑操作将在后面章节中详细介绍。

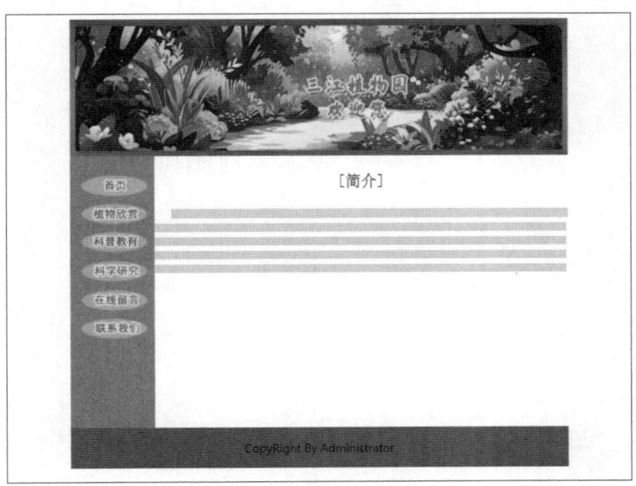

图 1-48

1.7 课后练习

1. 填空题

（1）网站是指因特网上一块固定的面向全世界发布消息的地方，由____________、网站源程序和____________构成，通常包括主页和其他具有超链接文件的页面。

（2）____________是构成网站的基本元素，是承载各种网站应用的平台。

（3）彩色具有三个属性，包括____________、____________和明度。

（4）网站标志是网站独有的传媒符号，主要作用是传递____________，表达____________，便于人们识别。

2. 选择题

（1）根据不同的标准可将网站进行不同的分类，下列网站不属于根据网站的持有者分类的是（　　）。

A. 个人网站　　B. 政府网站　　C. 教育网站　　D. 门户网站

（2）常见的网页布局类型是（　　）。

A. 企业品牌类网站　　B. 交易类网站　　C. 分栏型网站　　D. 资讯门户类网站

（3）下列网页色彩搭配不属于近似色搭配的是（　　）。

A. 红色——橙色　　B. 紫色——红色　　C. 黄色——草绿色　　D. 黄色——蓝色

（4）下列说法错误的一项是（　　）。

A. 网站的性能测试主要从连接速度测试、负荷测试进行的

B. 连接速度测试是指打开网页的响应速度测试

C. 安全性测试是对客户服务器应用程序、数据、服务器、网络、防火墙等进行测试

D. 稳定性测试是指测试网站运行中整个系统是否运行正常

3. 操作题

1. 启动网页设计应用程序并熟悉其操作界面。
2. 借助人工智能工具，了解更多网页设计的知识。

第2章 网页基本元素的编辑

早期网页中的基本元素只有文本，随着技术的发展，网页中的元素也更加丰富，如图像、动画等，这些元素共同组成了精美的网页。本章将对网页中基本元素的编辑进行介绍，包括图像、动画等。

要点难点

- 文本的插入与设置
- 图像的常见格式
- 图像的插入与编辑
- 其他多媒体插入方式

2.1 在网页中插入文本

文本在网页中扮演着至关重要的角色，它不仅是构成网页最基本的元素，更是承载和传递信息的核心。通过优化文本的表现形式和内容，可以极大地提升网站的吸引力、易用性和有效性，从而提升用户体验。

2.1.1 插入文本

Dreamweaver支持用户直接在文档中输入文本，移动光标至需要输入文本的位置，即可输入文字，如图2-1所示。

在数字时代的舞台上，网页设计不仅仅是艺术的展现，它还是品牌故事的讲述者，用户体验的塑造者。一个优秀的网页设计，能够在第一时间捕捉访问者的注意力，引导他们在信息的海洋畅游。

图 2-1

2.1.2 文本的属性设置

设置文本属性的方式有很多种，常用的方法包括通过“属性”面板和菜单命令进行设置，下面对此进行介绍。

1.“属性”面板

选中输入的文字，在“属性”面板中可对其属性进行设置，如图2-2所示。该面板包括HTML属性检查器和CSS属性检查器两部分内容。HTML属性检查器中可以设置文本的字体、大小、颜色、边距等；CSS属性检查器中可以通过层叠样式表（CSS）设置文本格式。

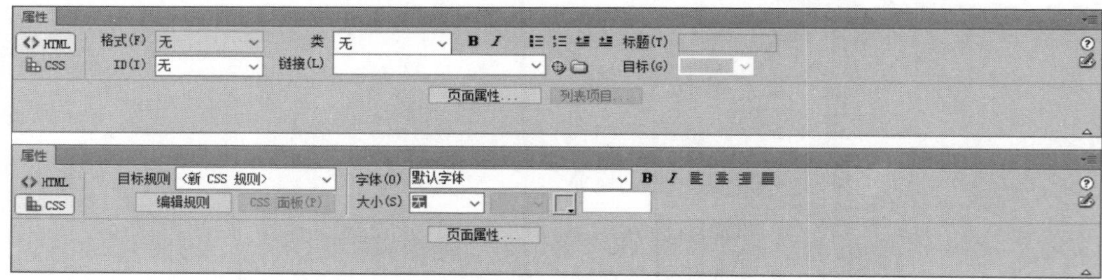

图 2-2

其中部分常用选项作用如下。

- **字体：** 用于设置文字字体。要注意的是，在制作网页时，一般使用宋体或黑体这两种字体。宋体和黑体是大多数计算机系统中默认安装的字体，采用这两种字体，可以避免浏览网页的计算机中因为没有安装特殊字体，而导致网页页面不美观的问题。
- **文本颜色：** 用于设置文本颜色。单击该按钮，在弹出的颜色选择器中选取颜色，或直接输入十六进制颜色数值即可。
- **大小：** 用于设置文字字号。一般网页中的正文字体不要太大，12～14px即可。
- **格式：** 用于设置段落格式，包括段落、标题1～6、预先格式化的等选项。
- **对齐：** 用于设置段落相对于文件窗口（或浏览器窗口）在水平位置的对齐方

式，包括左对齐、居中对齐、右对齐和两端对齐4种选项。

- **缩进**：用于设置文档内容相对于文档窗口（或浏览器窗口）左端产生的间距。
- **粗体**：用于设置文本加粗显示。用户也可以执行“格式”|“样式”|“粗体”命令进行设置。
- **斜体**：用于设置文本倾斜显示。用户也可以执行“格式”|“样式”|“斜体”命令进行设置。

知识点拨 在Dreamweaver中，段落换行或不换行可以通过代码实现。换行标签
可以设置一段很长的文字换行，便于浏览和阅读。

语法描述如下：

```
<br/>
```

写为
标签也可以起到换行的效果。

与之相对的，用户可以通过<nobr>标签解决浏览器的限制，避免自动换行。

语法描述如下：

```
<nobr> 不需换行文字 </nobr>
```

2. 菜单命令

“格式”菜单中包含多种设置文本格式的子命令，如图2-3所示。这些子命令的作用如下。

- **缩进**：用于设置文字缩进，作用相当于“属性”面板中的“内缩区块”按钮。
- **凸出**：与“缩进”命令相对，可删除缩进效果。
- **段落格式**：用于设置段落格式，包括段落、标题1～6、已编排格式等选项。
- **对齐**：用于设置段落相对于文件窗口（或浏览器窗口）在水平位置的对齐方式。
- **列表**：用于将文本转换为列表形式。
- **样式**：用于设置文本样式，包括粗体、下画线、删除线等，如图2-4所示。
- **CSS样式**：用于为选中的文本附加CSS样式。
- **颜色**：执行该命令将打开“颜色”面板设置文本颜色，如图2-5所示。完成后单击“确定”按钮将打开“新建CSS规则”对话框，新建CSS规则以设置文本颜色。

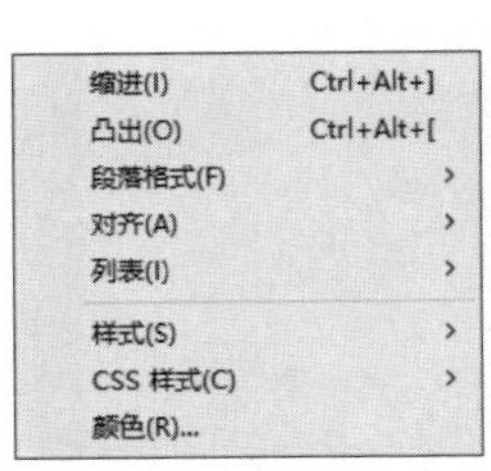

图 2-3

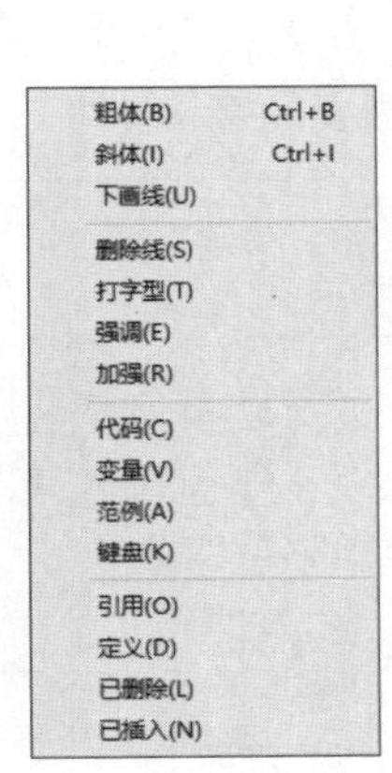

图 2-4

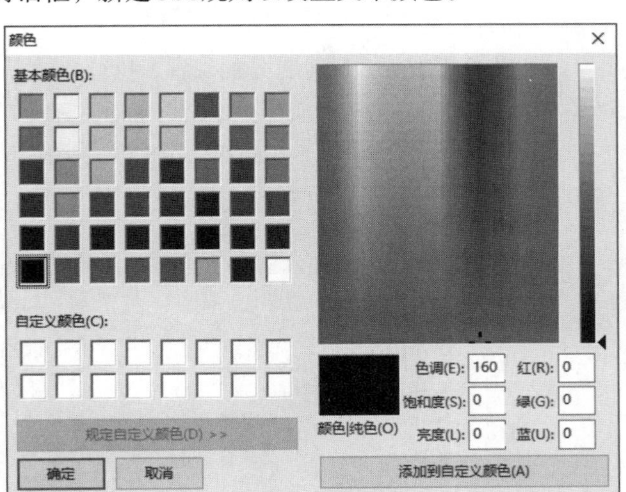

图 2-5

2.1.3 使用列表

在文档中使用列表可以使文本结构更加清晰。用户可以用现有文本或新文本创建编号列表、项目列表和定义列表。本节将针对这3种列表进行介绍。

1. 项目列表

无序列表常应用于列举类型的文本中。将光标移动至需要设置项目列表的文档中，执行“格式”|“列表”|“项目列表”命令，调整该段落为无序列表，如图2-6所示。

2. 编号列表

有序列表常应用于条款类型的文本中。将光标移动至需要设置项目列表的文档中，执行“格式”|“列表”|“编号列表”命令，调整该段落为有序列表，如图2-7所示。

3. 定义列表

定义列表不使用项目符号或数字等的前缀符，通常用于词汇表或说明中。将光标移动至需要设置项目列表的文档中，执行“格式”|“列表”|“定义列表”命令，调整该段落为有序列表，如图2-8所示。

• 项目列表
• 编号列表
• 定义列表

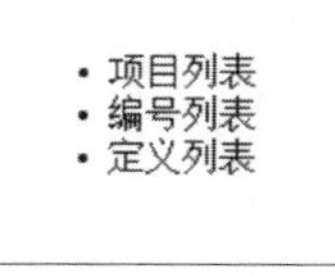

图 2-6

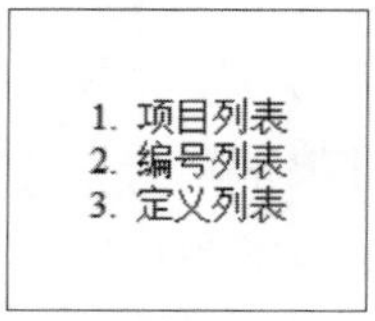

1. 项目列表
2. 编号列表
3. 定义列表

图 2-7

HTML
用于创建网页的标准标记语言。
CSS
用于描述网页布局的样式表语言。

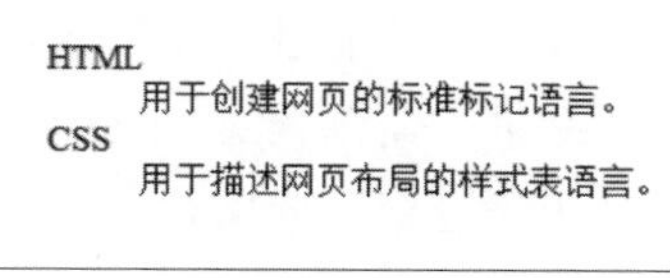

图 2-8

2.1.4 插入特殊元素

水平线、空格、注册商标等符号是网页中常见的元素，用户可以通过“插入”命令插入这些特殊的元素。

1. 插入特殊符号

移动光标至要插入特殊符号的位置，执行“插入”| HTML |“特殊字符”命令，在其子菜单中执行命令即可，图2-9所示为“字符”命令的子菜单。若执行其中的“其他字符”命令，将打开“插入其他字符”对话框，如图2-10所示。从中选择需要的字符即可。

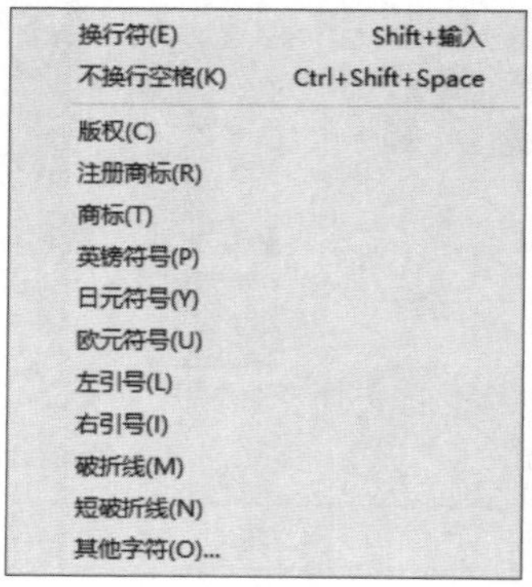

换行符(E) Shift+输入
不换行空格(K) Ctrl+Shift+Space
版权(C)
注册商标(R)
商标(T)
英镑符号(P)
日元符号(Y)
欧元符号(U)
左引号(L)
右引号(I)
破折线(M)
短破折线(N)
其他字符(O)...

图 2-9

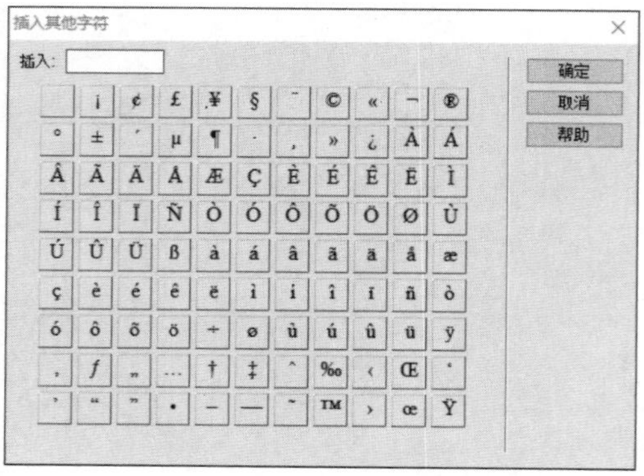

插入其他字符
插入:
确定
取消
帮助

图 2-10

2. 插入水平线

水平线可以在内容上建立视觉上的分割和区分，使页面结构更加清晰，执行“插入”| HTML |“水平线”命令即可。插入水平线后，用户可以通过代码更改水平线的样式属性，如设置水平线颜色、线条样式等。

3. 插入日期

执行“插入”|“日期”命令，打开“插入日期”对话框，如图2-11所示。在该对话框中设置“星期格式”“日期格式”“时间格式”等参数后，单击“确定”按钮，将插入日期，如图2-12所示。在“插入日期”对话框中勾选“储存时自动更新”复选框，日期将自动更新。

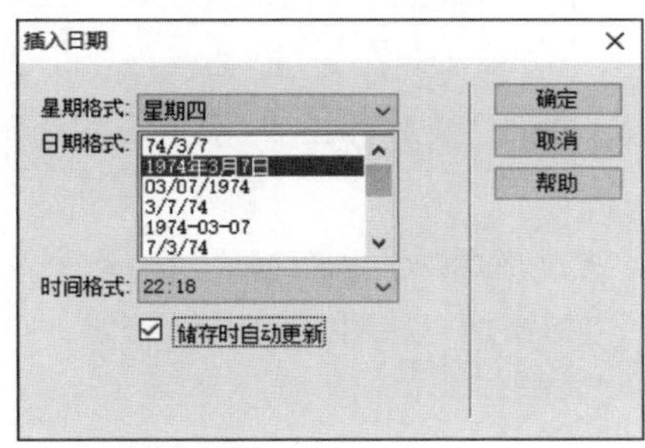

图 2-11

2024年4月6日 星期六 11:19

图 2-12

2.1.5　动手练：纯文字网页

案例素材：本书实例/第2章/动手练/纯文字网页

本案例将以纯文字网页的制作为例，介绍网页中文本的添加与编辑。具体操作步骤如下。

步骤 01 新建站点，在站点文件夹中新建“index.html”文档，如图2-13所示。

步骤 02 双击网页文档将其打开，并输入文本内容，如图2-14所示。

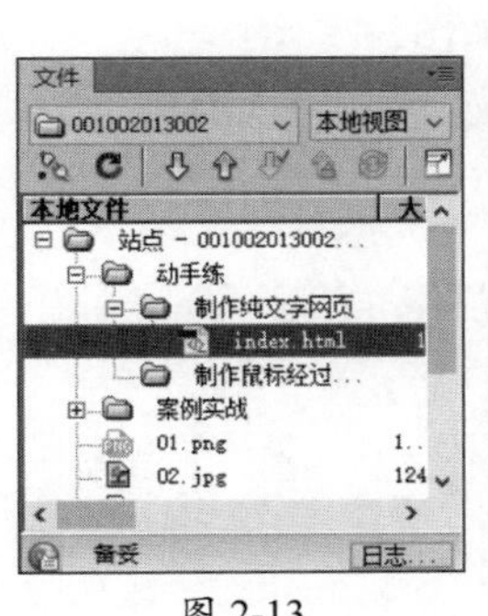

图 2-13

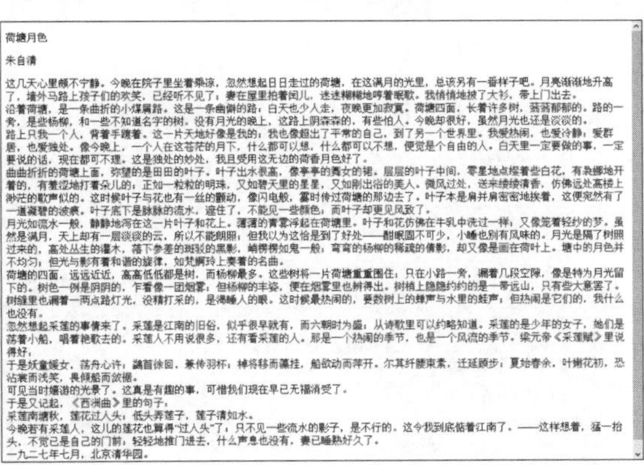

图 2-14

步骤 03 选中标题文字，在“属性”面板HTML属性检查器中选择格式为“标题3”，执行“格式”|“对齐”|“居中对齐”命令，设置文字居中，效果如图2-15所示。

步骤 04 选中作者姓名，在“属性”面板HTML属性检查器中选择格式为“段落”，并选中“斜体”按钮 *I*，设置文字为倾斜，执行“格式”|“对齐”|“居中对齐”命令，设置文字居中，效果如图2-16所示。

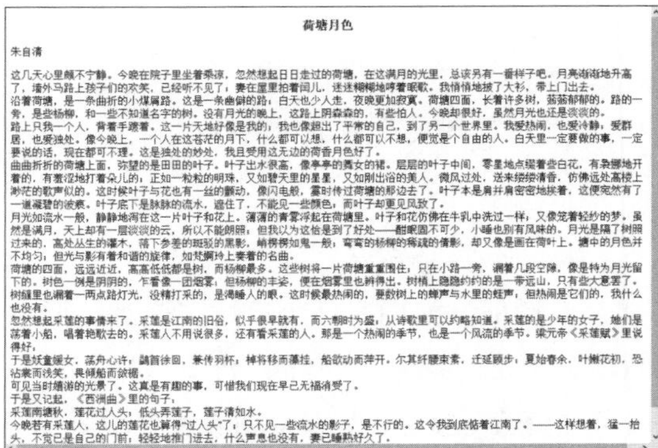

图 2-15

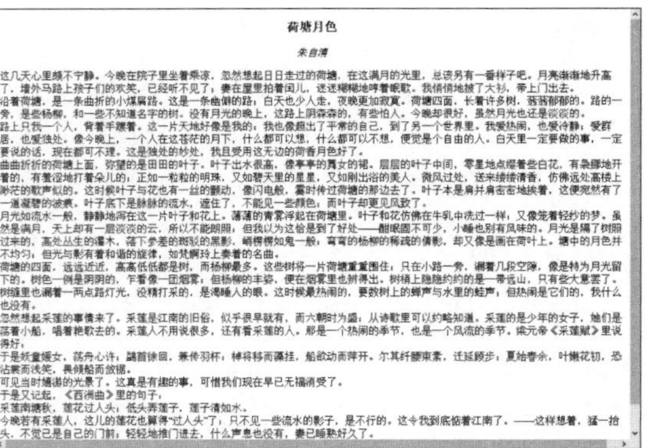

图 2-16

步骤 05 移动光标至作者姓名右侧，执行“插入” | HTML | “水平线”命令插入水平线，如图2-17所示。

步骤 06 移动光标至正文第一段开头处，执行“插入” | HTML | “特殊字符” | “其他字符”命令，打开“插入其他字符”对话框，选择空格添加，如图2-18所示。

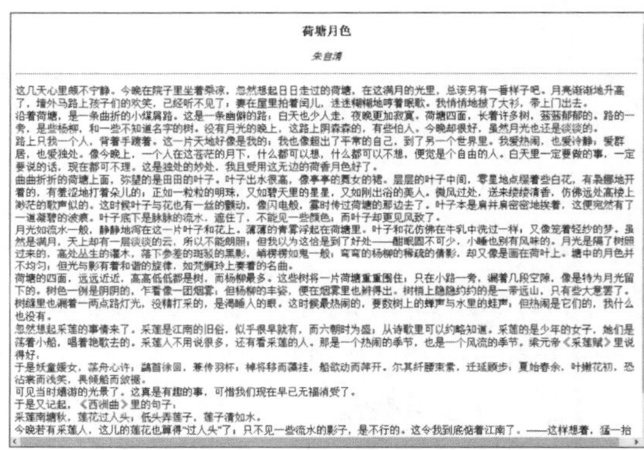

图 2-17

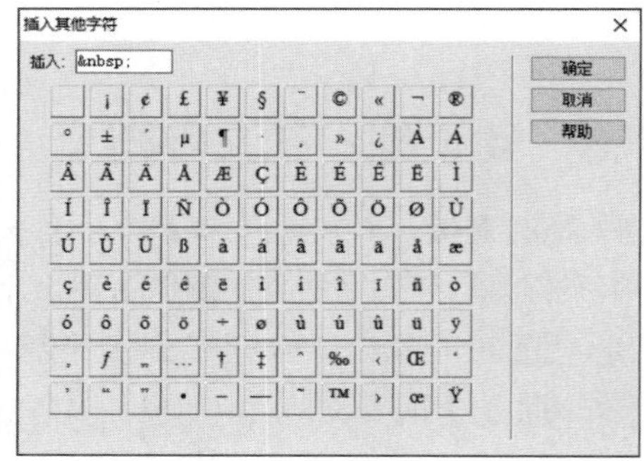

图 2-18

步骤 07 完成后单击“确定”按钮，重复操作七次，效果如图2-19所示。

步骤 08 使用相同的方法，在其他段落前添加两个空格，效果如图2-20所示。

图 2-19

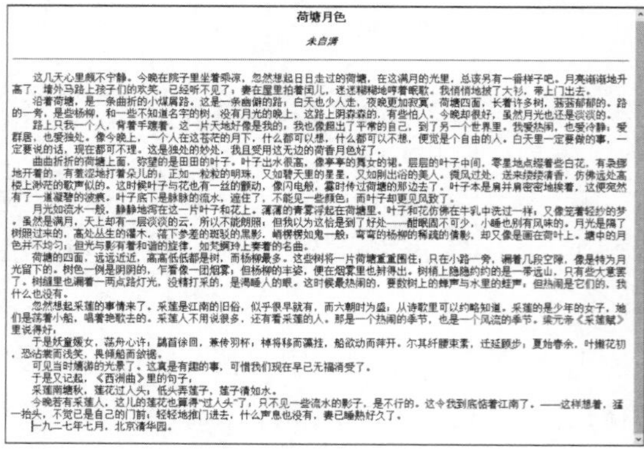

图 2-20

至此完成纯文字网页的制作。

2.2 在网页中插入图像

我们在网上浏览时经常会遇到各种图像。虽然过度使用图像不是好做法，但合理使用图像能提高网页吸引力和用户接受度。本节将对网页中插入图像的操作进行介绍。

2.2.1 网页中图像的常见格式

网页中图像的格式通常有3种，即GIF、JPEG和PNG。但是Microsoft Internet Explorer和Netscape Navigator只能部分支持PNG图像的显示，因此建议使用GIF或JPEG格式，以满足更多人的需求。

1. GIF 格式

GIF（Graphic Interchange Format，图像交换格式）是一种最多支持256种颜色的图像格式，非常适合用于展示色彩简单且色调不连续的图像，如导航条、按钮、图标和徽标等。GIF的主要优势之一是能制作动态图像，通过将多张静态图像作为动画帧连续播放，形成动画效果。另一个优点是支持交错显示，即在图像完全加载前，以逐步清晰的马赛克形式展示，让用户可以初步预览图像内容。

2. JPEG 格式

JPEG（Joint Photographic Experts Group，联合图像专家组）格式主要用于处理照片类图像。JPEG能为每个像素提供24位的颜色信息，支持上百万种颜色。为了方便使用，JPEG图像通常会进行压缩，这个过程涉及去除一些被算法认为非必要的信息，属于有损压缩方式。这意味着图像质量会随着文件大小的减小而降低。JPEG格式允许用户在保存图像时选择压缩比例，以平衡图像质量和文件大小。

3. PNG 格式

PNG（Portable Network Graphic，便携网络图像）是一种开放格式，无须专利授权，旨在替代GIF格式。它支持索引色、灰度、真彩以及Alpha透明通道等多种图像类型。PNG最初是Macromedia Fireworks的默认文件格式。其特点是能够完整保留图像的所有原始信息，包括层级、矢量图形、颜色和效果，并且图像元素随时可编辑。为了被Dreamweaver等软件识别，PNG文件需要使用“.png”作为文件扩展名。

2.2.2 插入图像

图像是网页构成中最重要的元素之一，美观的图像会为网站增添生命力，同时也能加深用户对网站的良好印象。因此网页设计者要掌握好图像的使用方法。

打开网页文档，执行“插入”|“图像”命令，或按Ctrl+Alt+I组合键，打开如图2-21所示的“选择图像源文件”对话框，从中选择要插入的图像，单击“确定”按钮即可，如图2-22所示。

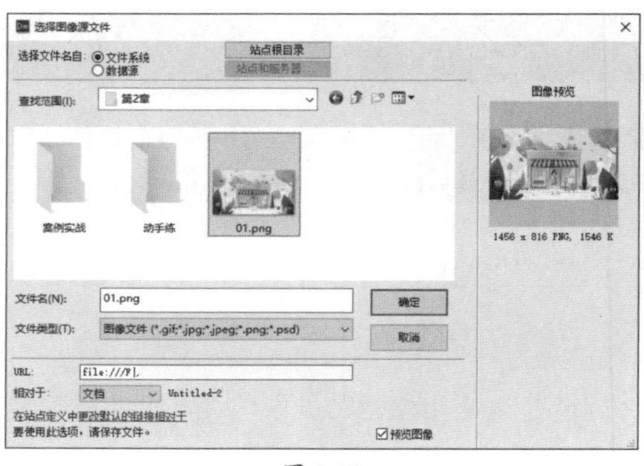

图 2-21

图 2-22

将图像插入Dreamweaver文档时，HTML源代码中会生成对该图像文件的引用。为了确保此引用的正确性，该图像文件必须位于当前站点中。如果图像文件不在当前站点中，Dreamweaver会询问是否要将此文件复制到当前站点中。

2.2.3 图像的属性设置

“属性”面板中可以设置图像的属性。选中图像，执行“窗口”|“属性”命令或按Ctrl+F3组合键，打开“属性”面板。单击右下角的展开箭头可以看到所有的图像属性，如图2-23所示。

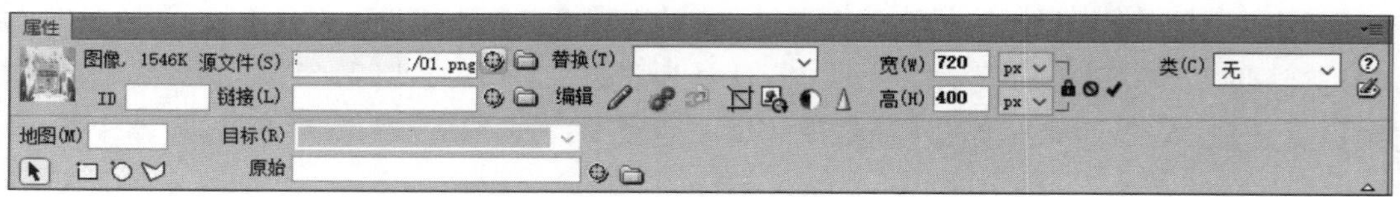

图 2-23

其中常用属性作用如下。

1. 宽和高

宽和高表示图像的宽度和高度，默认单位为像素。在页面中插入图像时，Dreamweaver会自动用图像的原始尺寸更新这些文本框。

如果设置的“宽”和“高”值与图像的实际宽度和高度不相符，则该图像在浏览器中可能不会正确显示。若要恢复原始值，请单击“宽”和“高”文本框标签，或单击用于输入新值的“宽”和“高”文本框右侧的“重置为原始大小”按钮。

2. 源文件

源文件指定图像的原始文件。单击“浏览文件”按钮将打开“选择图像源文件”对话框以选择文件，用户也可以在文本框中输入路径。

3. 链接

链接指定图像的超链接。将“指向文件”按钮拖曳到“文件”面板中的某个文件上，或单击“浏览文件”按钮，打开“选择文件”对话框，选择站点上的某个文档或手动输入

URL，均可以创建超链接。

4. 替换

替换指定在只显示文本的浏览器或已设置为手动下载图像的浏览器中代替图像显示的替代文本。如果用户的浏览器不能正常显示图像，替换文字代替图像给用户以提示。对于使用语音合成器（用于只显示文本的浏览器）的有视觉障碍的用户，将大声读出该文本。在某些浏览器中，当光标滑过图像时也会显示该文本。

5. 地图名称和热点工具

地图名称和热点工具允许标注和创建客户端图像地图。

6. 目标

目标用于设置链接在浏览器中的打开方式，包括“_blank”“new”“_parent”“_self”和“_top”5种选项，其作用分别如下。

- _blank：在新窗口打开目标链接。
- new：在名为链接文件名称的窗口中打开目标链接。
- _parent：将链接的文件加载到含有该链接的框架的父框架集或父窗口中。如果包含链接的框架不是嵌套的，则链接文件加载到整个浏览器窗口中。
- _self：将链接的文件加载到该链接所在的同一框架或窗口中。此目标是默认的，所以通常不需要指定它。
- _top：在浏览器整个窗口中打开目标链接。

7. 编辑

启动在“首选参数”对话框中指定的图像编辑器并打开选定的图像，从而进行编辑。

8. 从源文件更新

如果该Web图像（Dreamweaver页面上的图像）与原始Photoshop文件不同步，则表明Dreamweaver检测到原始文件已经更新，并以红色显示智能对象图标的一个箭头。当在“设计视图”中选择该图像并在“属性”面板中单击“从源文件更新”按钮时，该图像将自动更新。

9. 编辑图像设置

打开“图像优化”对话框并优化图像，如图2-24所示。

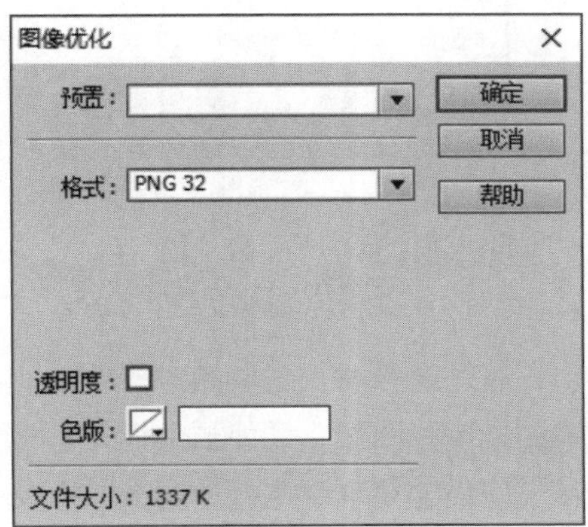

图 2-24

10. 裁剪

裁切图像的大小，从所选图像中删除不需要的区域。单击该工具后，在图像上选择适合的大小并双击即可，如图2-25所示。

图 2-25

注意事项 使用Dreamweaver裁剪图像时，会一并更改磁盘上的源图像文件大小，因此需要备份图像文件，以便在需要恢复到原始图像时使用。

11. 重新取样

对已调整大小的图像进行重新取样，提高图片在新的大小和形状下的品质。

12. 亮度和对比度

调整图像的亮度和对比度设置，以修正过暗或过亮的图像。单击该按钮，打开“亮度/对比度”对话框进行设置即可，如图2-26所示。

13. 锐化

通过增加对象边缘像素的对比度增加图像的清晰度或锐度。单击该按钮，打开“锐化”对话框进行设置即可，如图2-27所示。

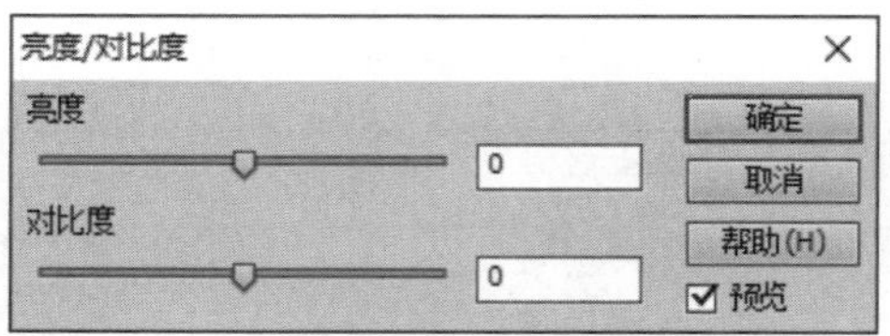

图 2-26

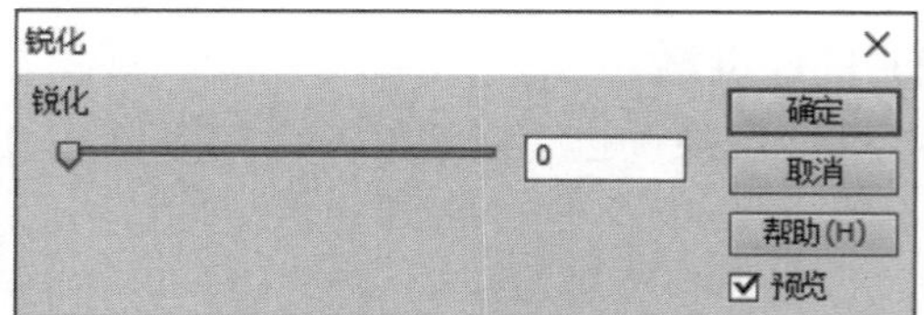

图 2-27

2.2.4 图像的对齐方式

通过设置插入图像的对齐方式，可以使页面整齐且具有条理。用户可以设置图像与同一行中的文本、图像、插件或其他元素对齐，也可以设置图像的水平对齐方式。选中图像右击，在弹出的快捷菜单中执行“对齐”命令，在弹出的子命令菜单中执行相应命令设置对齐方式，如图2-28所示。

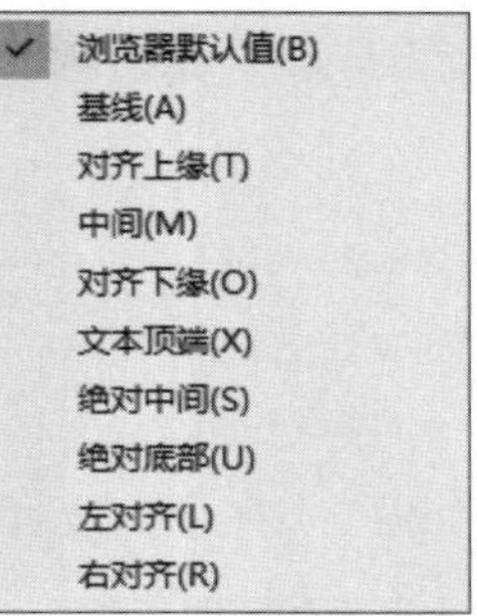

图 2-28

Dreamweaver中包括10种图像和文字的对齐方式，下面分别对其进行介绍。

- **浏览器默认值：**设置图像与文本的默认对齐方式。
- **基线：**将文本的基线与选定对象的底部对齐，其效果与“浏览器默认值”基本相同。
- **对齐上缘：**将页面第1行中的文字与图像的上边缘对齐，其他行不变。
- **中间：**将第1行中的文字与图像的中间位置对齐，其他行不变。
- **对齐下缘：**将文本（或同一段落中的其他元素）的基线与选定对象的底部对齐，与“浏览器默认值”的效果类似。
- **文本顶端：**将图像的顶端与文本行中最高字符的顶端对齐，与“顶端”的效果类似。
- **绝对中间：**将图像的中部与当前行中文本的中部对齐，与“居中”的效果类似。
- **绝对底部：**将图像的底部与文本行的底部对齐，与“底部”的效果类似。
- **左对齐：**图片将基于全部文本的左边对齐，如果文本内容的行数超过了图片的高度，则超出的内容再次基于页面的左边对齐。
- **右对齐：**与“左对齐”相对应，图片将基于全部文本的右边对齐。

2.3 插入其他图像文件

用户可以插入其他图像对象，如图像占位符、光标经过图像等，以实现不同的效果，下面对此进行介绍。

2.3.1 图像占位符

图像占位符在设计的早期阶段非常实用，它可以帮助设计师高效地规划布局和结构，同时也为后续的内容填充提供了灵活性。

打开网页文档，将插入点置于要插入图像占位符的位置，执行“插入”|“图像对象”|“图像占位符”命令，打开“图像占位符”对话框，设置参数，如图2-29所示。完成后单击“确定”按钮，将在文档中插入一个图像占位符，如图2-30所示。

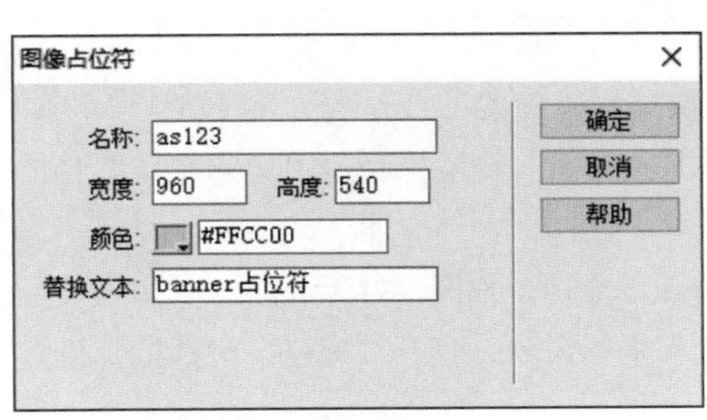

图 2-29

图 2-30

2.3.2 鼠标经过图像

创建鼠标经过图像效果必须提供“原始图像”和“鼠标经过图像”两个图像。在浏览器中浏览网页时，当光标移至原始图像上时会显示“鼠标经过图像”，当光标移出图像范围时则显示“原始图像”。

执行“插入”|“图像对象”|“鼠标经过图像”命令，打开“插入鼠标经过图像”对话框，如图2-31所示。该对话框中各选项介绍如下。

- **图像名称：** 输入光标经过时图像的名称。
- **原始图像：** 单击“浏览”按钮选择图像源文件或直接输入图像路径。
- **鼠标经过图像：** 单击“浏览”按钮，选择图像文件或直接输入图像路径，设置光标经过时显示的图像。

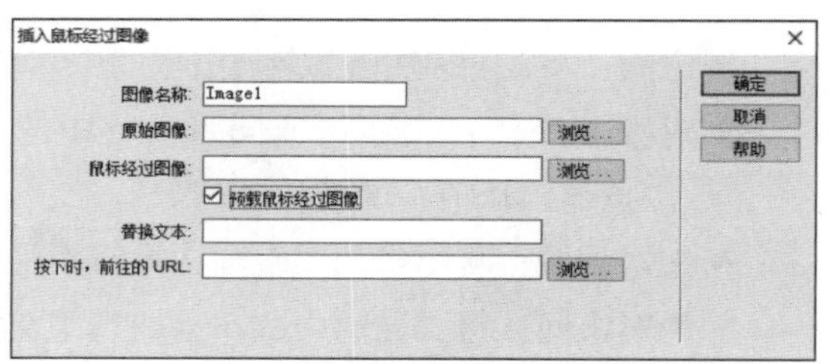

图 2-31

- **预载鼠标经过图像：** 勾选此复选框，可使图像预先载入浏览器的缓存中，以便用户将光标滑过图像时不发生延迟。
- **替换文本：** 为使用只显示文本的浏览器，浏览者需输入描述该图像的文本。
- **按下时，前往的URL：** 单击“浏览”按钮选择文件，或直接输入单击“鼠标经过图像”时打开的网页路径或网站地址。

单击“确定”按钮保存文件，按F12键在主浏览器中测试效果，如图2-32和图2-33所示。

图 2-32

图 2-33

2.3.3 动手练：鼠标经过图像网页效果

案例素材：本书实例/第2章/动手练/鼠标经过图像网页效果

本案例将以鼠标经过图像效果的制作为例，介绍图像的插入及鼠标经过图像的制作。具体操作步骤如下。

步骤 01 新建站点，在站点文件夹中新建“index.html”文档，如图2-34所示。

步骤 02 双击网页文档将其打开，执行“插入”|“表格”命令，打开“表格”对话框，设置参数，如图2-35所示。

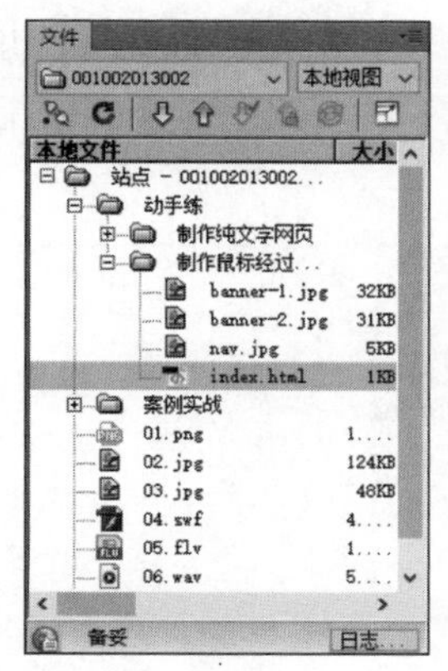

图 2-34

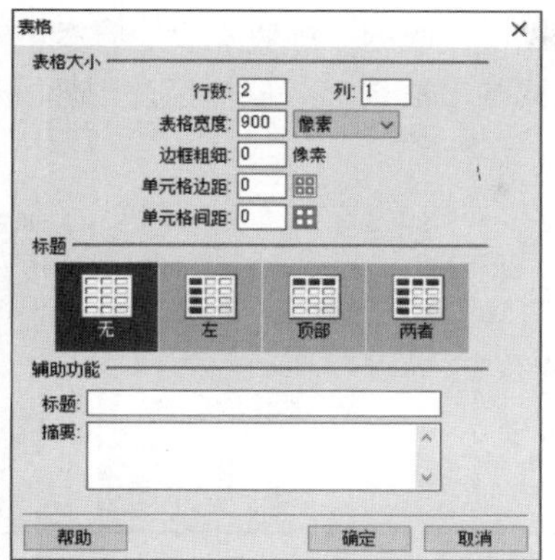

图 2-35

步骤 03 移动光标至第一行单元格中，执行“插入”|“图像”命令打开“选择图像源文件”对话框，选择文件，如图2-36所示。

步骤 04 单击“确定”按钮插入图像，如图2-37所示。

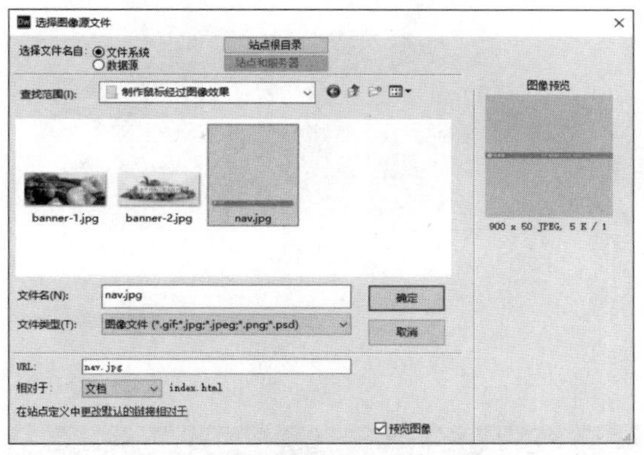

图 2-36

图 2-37

步骤 05 选中表格，在“属性”面板中设置对齐方式为“居中对齐”，效果如图2-38所示。该操作可以使表格在网页中居中显示。

步骤 06 移动光标至第2行单元格中，执行“插入”|“图像对象”|“鼠标经过图像”命令，打开“插入鼠标经过图像”对话框，单击“原始图像”右侧的“浏览”按钮，打开“原始图像”对话框，选择图像，如图2-39所示。

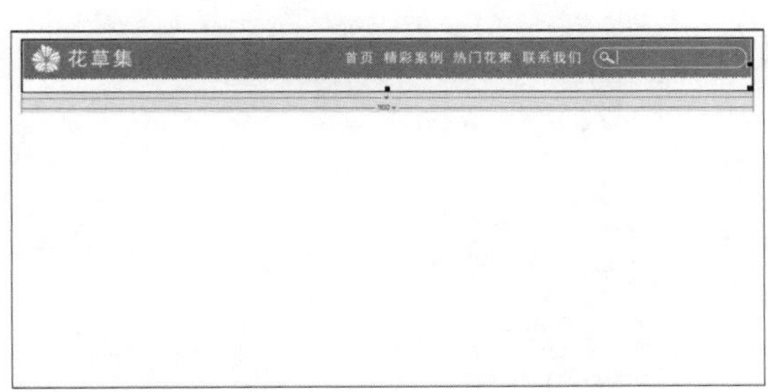

图 2-38

图 2-39

步骤07 完成后单击“确定”按钮返回“插入鼠标经过图像”对话框，如图2-40所示。

步骤08 使用相同的方法选择“鼠标经过图像”和“按下时，前往的URL”选项，如图2-41所示。

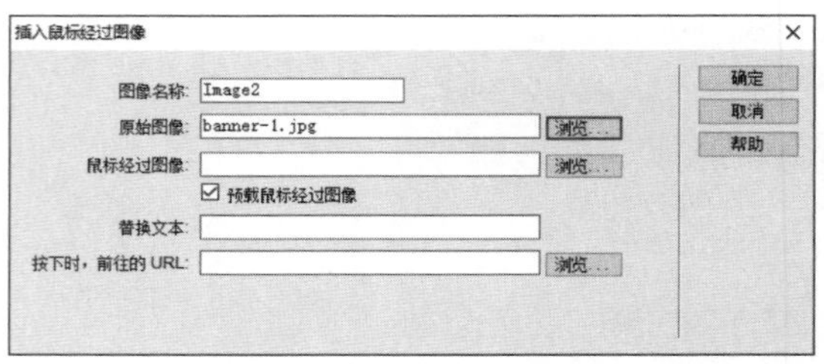

图 2-40

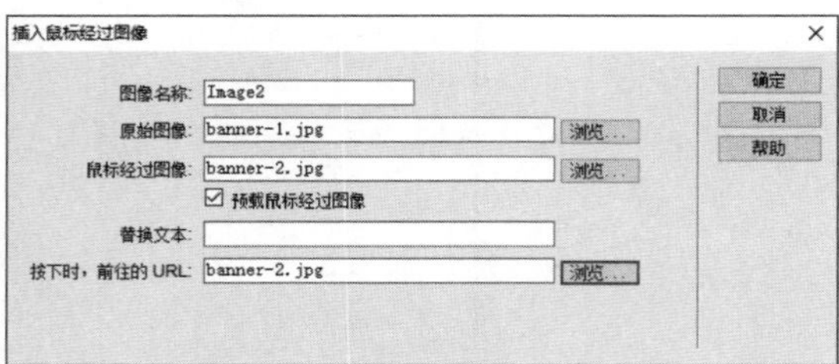

图 2-41

步骤09 单击“确定”按钮，保存文件，按F12键在主浏览器预览效果，如图2-42和图2-43所示。

图 2-42

图 2-43

至此，完成光标经过图像效果的制作。

2.4 插入其他多媒体

动画、视频等多媒体元素可以丰富页面效果，使网页更具吸引力。下面对多媒体元素的添加进行介绍。

2.4.1 插入SWF动画

SWF是一种动画文件格式，支持矢量和点阵图形，被广泛应用于网页设计和其他领域。SWF的普及程度很高，目前超过99%的网络用户可以读取SWF文件。在Dreamweaver中，读者可以将现有的SWF动画插入文档中，以增强网页效果。

打开网页文档，将光标定位在要插入SWF动画的位置，执行“插入”|“媒体”|SWF命令，打开“选择SWF”对话框，选择要插入的Flash动画，如图2-44所示。

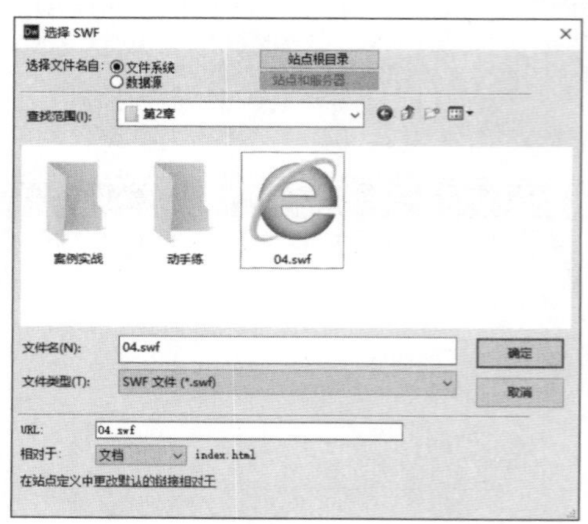

图 2-44

然后单击“确定”按钮即可，如图2-45所示。

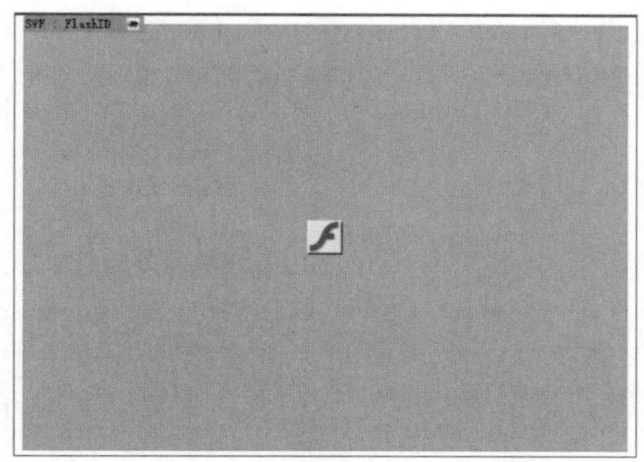

图 2-45

选中插入的素材，在“属性”面板中可以对其参数进行修改，如图2-46所示。

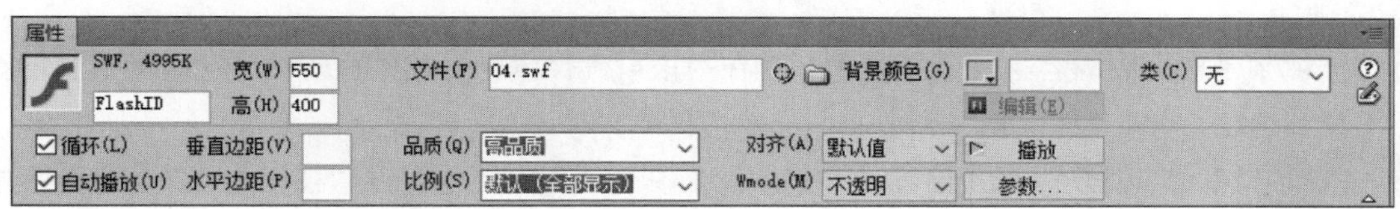

图 2-46

其中部分选项的作用如下。

- **宽和高**：用于设置文档中SWF动画的高度和宽度。
- **文件**：指定SWF文件的路径。
- **背景颜色**：指定动画区域的背景颜色。
- **编辑**：启动Flash以更新FLA文件。如果计算机上没有安装Flash，则禁用此选项。
- **类**：用于对动画应用CSS类。
- **循环**：使动画连续播放。如果没有选择循环，则动画将播放一次，然后停止。
- **自动播放**：在加载页面时自动播放动画。
- **垂直边距和水平边距**：用于设置动画的上下或左右的边距。
- **品质**：用于设置SWF动画的质量参数，包括低品质、自动低品质、自动高品质和高品质。
- **比例**：用于设置动画的缩放比例，包括默认（全部显示）、无边框和严格匹配。
- **对齐**：用于设置动画在页面中的对齐方式。
- **Wmode**：为SWF文件设置Wmode参数以避免与DHTML元素相冲突。默认值是不透明，这样在浏览器中，DHTML元素就可以显示在SWF文件的上面。如果SWF文件包括透明度，并且希望DHTML元素显示在它们的后面，则选择“透明”选项。选择“窗口”选项可从代码中删除Wmode参数，并允许SWF文件显示在其他DHTML元素的上面。
- **参数**：单击该按钮，打开“参数”对话框，可以设定附加参数。

2.4.2　插入FLV视频

FLV是目前许多新一代视频分享网站广泛采用的视频传播格式，是增长最快、应用最广泛的视频格式之一。作为一种Flash支持的流媒体格式，FLV文件大小较小，加载速度快，使得在网络上观看视频变得非常便捷。FLV的出现有效解决了视频文件导入Flash后，SWF文件体积庞大、无法在网络上有效使用等问题。

在Dreamweaver中，“插入FLV”对话框的“视频类型”下拉列表中有两种视频类型：累进式下载视频和流视频。

1. 累进式下载视频

累进式下载视频类型是将FLV文件下载到站点访问者的硬盘上，然后播放。与传统的“下载并播放”视频传送方法不同，累进式下载允许在下载完成之前就开始播放视频文件。

执行“插入”|“媒体”|FLV命令，打开“插入FLV”对话框，在“视频类型”下拉列表中选择“累进式下载视频”选项，如图2-47所示。设置完参数后单击“确定”按钮即可。

2. 流视频

流视频是对视频内容进行流式处理，并在一段可确保流畅播放的很短的缓冲时间后在网页上播放该内容。

执行“插入”|“媒体”|FLV命令，打开“插入FLV”对话框，在“视频类型”下拉列表中选择“流视频”选项，如图2-48所示。设置完参数后单击“确定”按钮即可。

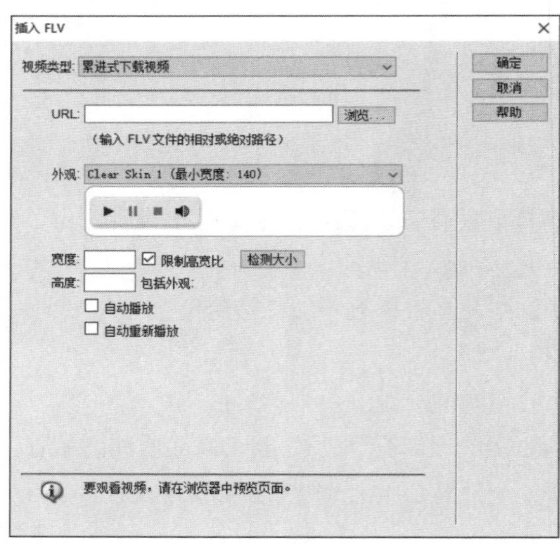

图 2-47

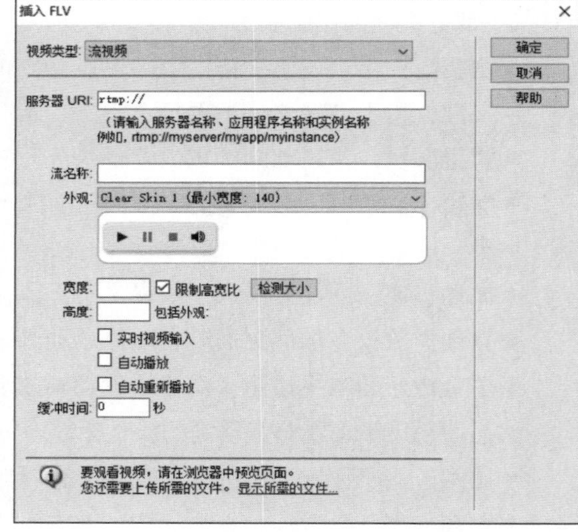

图 2-48

2.5 案例实战：美食网站首页

案例素材：本书实例/第2章/案例实战/美食网站首页

本案例将以美食网站首页的制作为例，介绍文本和图像的插入。具体操作步骤如下。

步骤 01 新建站点，将素材文件拖曳至本地站点文件夹中，在“文件”面板中双击打开HTML素材文档，如图2-49所示。

步骤 02 删除文本“此处显示id ‘banner’ 的内容”，执行“插入 ”|“ 图像”命令，打开

“选择图像源文件”对话框，选择要添加的图像，如图2-50所示。

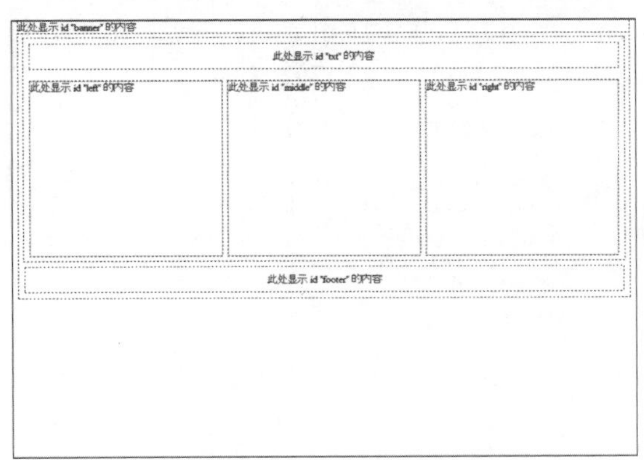

图 2-49

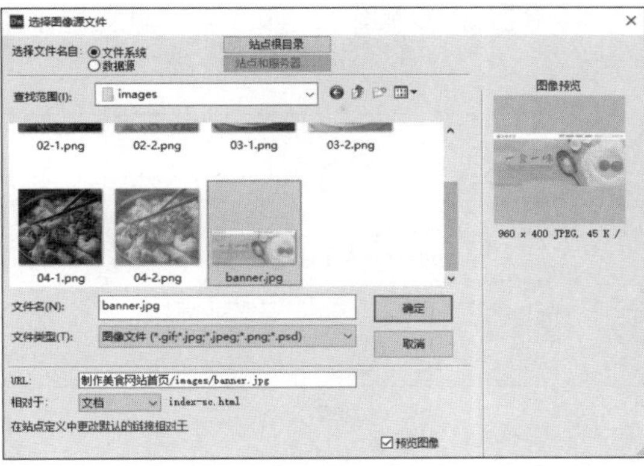

图 2-50

步骤 03 设置完成后单击“保存”按钮。执行“窗口”|“文件”命令，打开“文件”面板。此时站点文件夹将显示本地文件夹中的内容，如图2-51所示。

步骤 04 删除文本“此处显示id ‘txt’ 的内容”，输入文本并设置格式为“标题2”，效果如图2-52所示。

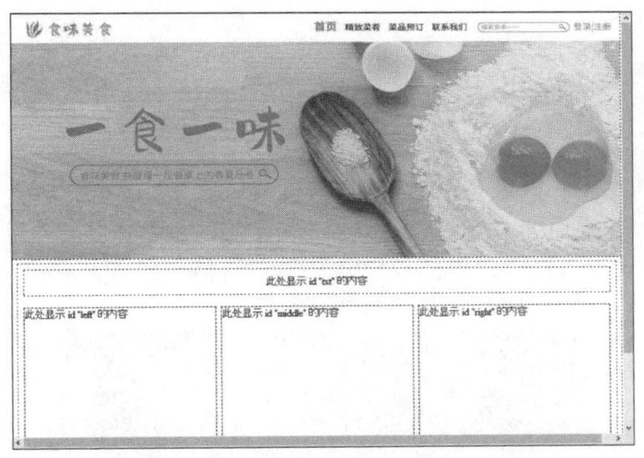

图 2-51

图 2-52

步骤 05 删除文本“此处显示id ‘left’ 的内容”，执行“插入”|“图像对象”|“鼠标经过图像”命令，打开“插入鼠标经过图像”对话框，设置“原始图像”“鼠标经过图像”及“替换文本”，如图2-53所示。

步骤 06 完成后单击“确定”按钮，效果如图2-54所示。

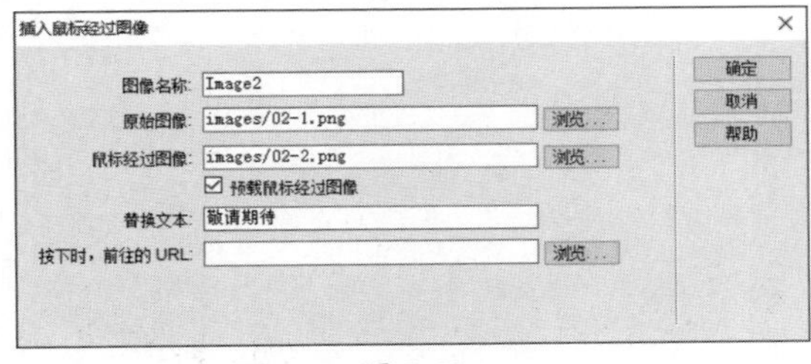

图 2-53

图 2-54

步骤 07 用相同的方法删除文本“此处显示id ‘middle’ 的内容”并添加光标经过图像，如

图2-55所示。完成后单击“确定”按钮。

步骤 08 重复操作，删除文本“此处显示id ‘right’ 的内容”并添加光标经过图像，如图2-56所示。

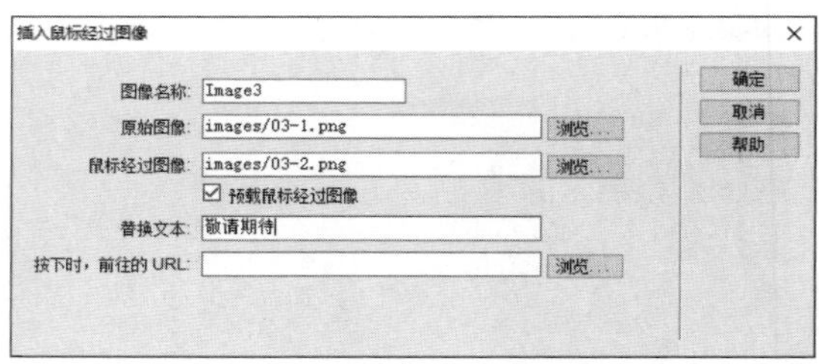

图 2-55

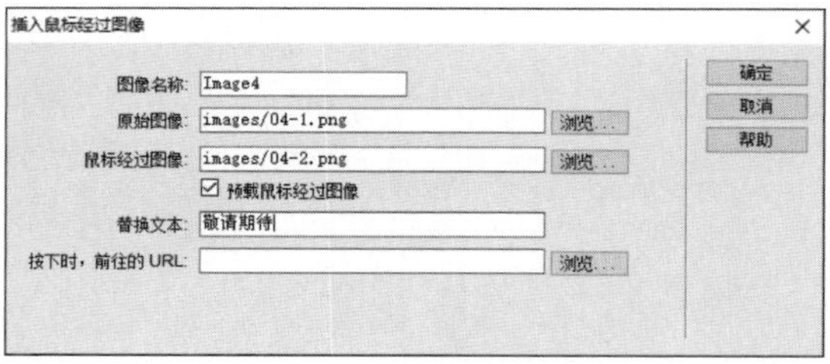

图 2-56

步骤 09 删除文本“此处显示id ‘footer’ 的内容”，并输入文字，设置其格式为“标题5”，效果如图2-57所示。

图 2-57

步骤 10 保存文件，按F12键预览效果，如图2-58和图2-59所示。

图 2-58

图 2-59

至此，完成美食网站首页的制作。

2.6 课后练习

1. 填空题

（1）通常用于网页上的图像格式为JPG、____________和PNG。

（2）鼠标经过图像必须具有两幅图像：原始图像和____________，并且两幅图像大小相同。

（3）在网站中链接路径可以分为____________和____________。

（4）如果一个图像里需要包含多个链接区域，就要将一个大图像分成几块小的区域，对每个区域都单独进行链接，这时可以利用图像____________。

2. 选择题

（1）设置文本属性使用（　　）设置。

A. 属性面板　　B. 对象面板　　C. 启动面板　　D. 插入面板

（2）创建有序选项的列表，使用（　　）。

A. 编号列表　　B. 项目列表　　C. 定义列表　　D. 分类列表

（3）利用（　　）功能可以增加图像边缘的对比度，从而增加图像的清晰度和锐度。

A. 裁剪　　B. 亮度和对比度　　C. 锐化　　D. 重新取样

（4）在浏览器中单击E-Mail超链接，可启动（　　）。

A. 网页　　B. 浏览器　　C. 邮件程序　　D. 以上三者

3. 操作题

利用学过的图像知识，在网页中插入图像与文字，实现如图2-60所示的图文混排效果。

图 2-60

操作提示：

步骤01 在网页中相应位置插入图像，并调整图像的大小。

步骤02 在图像旁输入文字内容，并调整文字字体类型、大小等信息。

步骤03 在图像上单击，选择适当的对齐方式，实现图文混排。

步骤04 按F12键，在浏览器预览最终效果即可。

第3章 HTML 基础知识

HTML 5是最新的HTML（HyperText Markup Language，超文本标签语言）标准的第5个版本，它是构建和呈现互联网内容的核心技术之一。本章将对HTML 5的相关知识进行介绍，包括语言基础、基本标签、语法变化等。

要点难点

- HTML 5文档结构
- HTML 5基本标签
- 页面动画效果
- HTML 5的语法变化
- HTML 5新增内容

3.1 认识HTML

HTML 5是当前Web开发中使用的HTML标准的最新版本，它被设计用于满足现代网络应用的需要，提供更丰富的媒体支持和更强大的Web应用功能。其格式为纯文本，但可以通过指令显示影像、图像、音频等内容。本节将对HTML的知识进行介绍。

3.1.1 HTML简介

HTML（Hyper Text Markup Language）并不是程序设计语言，而是一种排版网页中资料显示位置的标签结构语言。通过在网页文件中添加标签符，可以告诉浏览器如何显示其中的内容。

HTML文件是一种可以用任何文本编辑器创建的ASCII码文档。常见的文本编辑器包括记事本、写字板等，这些文本编辑器都可以编写HTML文件，在保存时以“.htm”或“.html”作为文件扩展名保存即可。当使用浏览器打开这些文件时，浏览器将对其进行解释，浏览者就可以从浏览器窗口中看到页面内容。

之所以称HTML为超文本标签语言，是因为文本中包含了所谓“超级链接”点。这也是HTML获得广泛应用的最重要的原因之一。浏览器按顺序阅读网页文件，然后根据标签符解释和显示其标签的内容，对书写出错的标签将不指出其错误，且不停止其解释执行过程，编制者只能通过显示效果来分析出错原因和出错部位。但需要注意的是，对于不同的浏览器，对同一标签符可能会有不完全相同的解释，因而可能会有不同的显示效果。

3.1.2 标签和属性

HTML文档的结构主要由标签和被这些标签所包围或指定的内容组成。标签本质上是一种特定的语法或代码，用来告诉浏览器如何解释和展示网页上的内容。标签被封装在一对尖括号“< >”之间，例如，<p>在HTML中用来表示一个段落。

1. 标签的类型

在HTML中，标签大体上分为两种类型：单标签（Self-closing tags）和双标签（Container tags）。

- **单标签：** 这种类型的标签不需要成对出现，因为它们是自闭合的，即不包含任何内容。单标签的格式通常为<标签名/>。一个常见的例子是换行标签
，它用来在文本中插入一个换行，而不需要结束标签。
- **双标签：** 双标签是由一对标签构成，分别是开头的开始标签和闭合的结束标签，它们共同控制或包围其中的内容。双标签的格式为<标签名>内容</标签名>，例如，<p>这是一个段落</p>。

2. 标签的属性

标签的属性用于描述标签的特征，从而控制标签内容的显示方式和格式。大多数标签可以包含一系列的属性，这些属性定义了如何展示标签和它的内容。其一般格式为：

```
<标签名 属性名="属性值" 属性名2="属性值2">内容</标签名>
```

以设置段落文本颜色为例，若想将段落文本颜色设置为红色，可以通过设置其style属性的color属性值为red来实现，具体如下：

```
<p style="color: red;">文本内容</p>
```

值得注意的是，并非所有标签都配有属性。有些标签如
（换行标签）就是设计为不携带属性的。对于那些可以包含属性的标签，它们可以设置一个或多个属性，而这些属性之间没有固定的顺序要求。

总之，通过灵活使用标签和属性，HTML允许开发者以结构化的方式创建富有表现力的网页内容，从而在浏览器中呈现出多样化的视觉和功能效果。

3.1.3 HTML文档结构

一般HTML文件都有一个基本的整体结构，标签一般都是成对出现，即超文本标签语言文件的开头与结尾标志和超文本标签语言的头部与实体两大部分。基本的HTML结构如下：

```
<!doctype html>
<html>
<head>
<meta charset="utf-8">
<title>无标题文档</title>
</head>

<body>
</body>
</html>
```

注意事项 用户可以打开一个网站的网页后右击，在弹出的快捷菜单中执行“查看网页源代码”命令，即可看见该网页的HTML语言结构，根据此源代码可以分析网页的HTML语言结构与内容。

无论是HTML还是其他后缀的动态页面，其HTML语言结构都是这样的，只是在命名网页文件时以不同的后缀结尾。HTML文档结构各部分介绍如下。

1. 文档类型声明 <!DOCTYPE>

在创建HTML文档时，<!DOCTYPE>声明是极为关键的一步，它必须位于文档的最顶部，紧接在<html>标签之前。该声明并非HTML标签，而是一种指令，用于告知Web浏览器该页面是基于哪个版本的HTML编写的。

要注意的是，<!DOCTYPE>声明不包含任何结束标签，并且对大小写不敏感，其主要目的是确保网页能够以预期的模式渲染。

2. 文件开始标签 <html>

<html>标签标志着HTML文档的开始和结束，界定了文档的范围。所有的网页内容包括头

部（head）和主体（body）等，都应该被包含在<html>及其对应的</html>标签内。这对标签确立了文档的根层次，为网页的结构和内容的呈现提供了基础框架。

其语法描述如下：

```
<html>…</html>
```

3. 文件头部标签 <head>

<head>标签承担了定义网页头部信息的重要角色，它是所有头部元素的集合地。在<head>区域内，可以链接外部脚本和样式表、定义元信息（meta-information）、设置文档的标题等。这些元素虽然在大多数情况下不直接显示给访问者，但它们提供了关于网页的基本信息和指令，对网页的功能和外观具有决定性的影响。

其语法描述如下：

```
<head>…</head>
```

4. 元信息标签 <meta>

<meta>标签是HTML文档头部不可缺少的一部分，它提供了页面的元信息，如页面描述、关键词、文档的作者和字符集等。这些信息虽然不显示给用户，但对于搜索引擎优化（SEO）至关重要。通过<meta>标签，开发者可以提高网页在搜索引擎中的可见度，从而吸引更多访问者。

<meta>标签永远位于head元素内部。name属性提供了名称/值对中的名称。其语法说明如下：

```
<meta name="description/keywords" content="页面的说明或关键字"/>
```

5. 标题标签 <title>

<title标签可定义文档的标题，是head部分中唯一必需的元素。浏览器会以特殊的方式来使用标题，并且通常把它放置在浏览器窗口的标题栏或状态栏上。当把文档加入用户的链接列表或者收藏夹或书签列表时，标题将成为该文档链接的默认名称。

其语法描述如下：

```
<title>…</title>
```

6. 主体标签 <body>

<body>标签定义文档的主体，包含文档的所有内容，例如文本、超链接、图像、表格和列表等。

其语法描述如下：

```
<body>…</body>
```

3.2 HTML的基本标签

HTML中的各种标签构成了HTML语言，常见的标签包括文本标签、图像标签、表格标签等，本节将对常见的HTML基本标签进行介绍。

3.2.1 标题文字

HTML中设置文章标题的标签为<h></h>。语法描述如下：

```
<h1>…</h1>
```

标题标签<h1>～<h6> 标签可定义标题，<h1>定义最大的标题，<h6>定义最小的标题。如下所示为<h1>～<h6>的标签用法示例代码：

```
<html>
<head>
<meta charset="utf-8">
<title> 标题标签 </title>
</head>
<body>
     <h1> 白雪纷纷何所似？ 未若柳絮因风起。</h1>
        <h2> 白雪纷纷何所似？ 未若柳絮因风起。</h2>
           <h3> 白雪纷纷何所似？ 未若柳絮因风起。</h3>
              <h4> 白雪纷纷何所似？ 未若柳絮因风起。</h4>
                 <h5> 白雪纷纷何所似？ 未若柳絮因风起。</h5>
                    <h6> 白雪纷纷何所似？ 未若柳絮因风起。</h6>
</body>
</html>
```

代码的运行效果如图3-1所示。

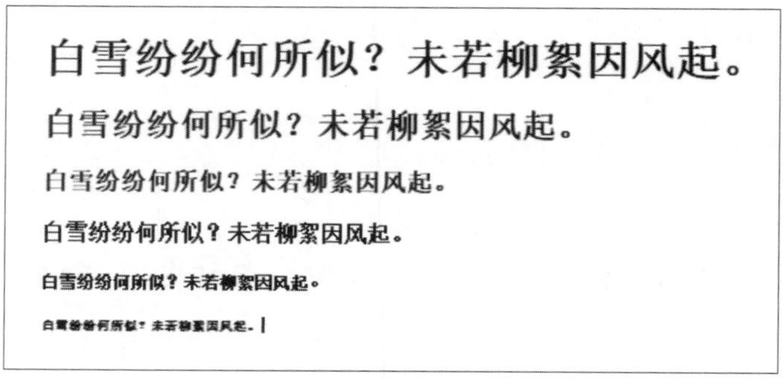

白雪纷纷何所似？未若柳絮因风起。

白雪纷纷何所似？未若柳絮因风起。

白雪纷纷何所似？未若柳絮因风起。

白雪纷纷何所似？未若柳絮因风起。

白雪纷纷何所似？未若柳絮因风起。

白雪纷纷何所似？未若柳絮因风起。

图 3-1

注意事项 不要为了使文字加粗而使用<h>标签，文字加粗可使用<b>标签。

3.2.2 文字格式

文本显示的格式通过<font>标签来标识。<font>标签常用的属性有3个：size用来设置文本字号大小，取值为0～7；color用来设置文本颜色，取值是十六进制RGB颜色；face用来设置字体，取值可以是宋体、黑体等，若浏览器中没有安装相应字体，设置的效果将会被浏览器中的通用字体替代。

以face属性用法为例，其语法描述如下：

```
<font face=" 字体 "> 文本内容 </font>
```

其用法示例如下：

```
<!doctype html>
<html>
<head>
<meta charset="utf-8">
<title> </title>
</head>
<body>
     <h2 align="center"> 夜雨寄北 </h2>
       <h4 align="center"> 李商隐 </h4>
          <font face=" 楷体 "> 君问归期未有期，巴山夜雨涨秋池。</font>
          <font face=" 宋体 "> 何当共剪西窗烛，却话巴山夜雨时。</font>
</body>
</html>
```

代码的运行效果如图3-2所示。

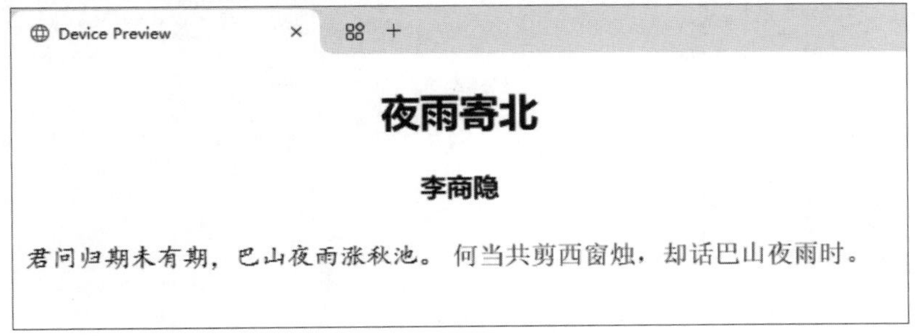

图 3-2

为了让文字有变化，或者为了强调某部分文字，可以设置一些其他的文本格式标签。这些单独的文本格式标签有以下4种：

```
<b> </b>                文本以加粗形式显示
<i> </i>                文本以斜体形式显示
<u> </u>                文本加下画线显示
<strong> </strong>      文本加重显示通常黑体加粗
```

3.2.3 段落标签

段落文本是通过<p>标签定义的，文本内容写在开始标签<p>和结束标签</p>之间。属性align可以用于设置段落文本的对齐方式，属性值有3个，分别是left（左对齐）、center（居中对齐）、right（右对齐）。当没有设置align属性时，默认为左对齐。

其语法描述如下：

```
<p> 段落文本 </p>
```

用<p>标签设置段落文本用法示例如下：

```
<!doctype html>
<html>
<head>
<meta charset="utf-8">
<title> 段落文字的对齐方式 </title>
</head>

<body>
     <h2 align="center"> 鸟鸣涧 </h2>
       <h4 align="center"> 王维 </h4>
         <p > 人闲桂花落，</p>
         <p align="left"> 夜静春山空。</p>
         <p align="center"> 月出惊山鸟，</p>
         <p align="right"> 时鸣春涧中。</p>
</body>
```

代码的运行效果如图3-3所示。

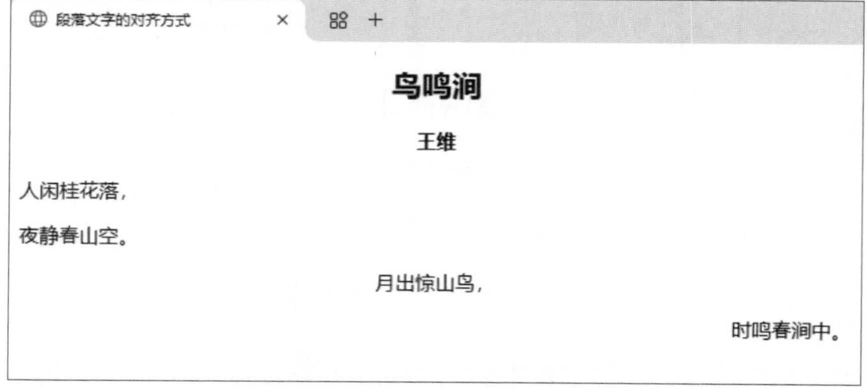

图 3-3

换行标签
可以设置一段很长的文字换行，以便于浏览和阅读。若想要从文字的后面换行，可以在想要换行的文字后面添加
标签。

其语法描述如下：

```
<br>
```

知识点拨

<nobr>标签可以帮助用户解决浏览器的限制，避免自动换行。

其语法描述如下：

```
<nobr> 不需换行文字 </nobr>
```

3.2.4 图像标签

制作网页时，插入图片可以更好地美化网页，吸引用户浏览。在页面中插入图片用<img>标签，<img>是单向标签，不成对出现。

其语法描述如下：

```
<img src="图片文件地址">
```

其中src属性用于指定图片文件的路径和名称。除了src属性，<img>标签还支持多种属性来进一步定义图片的显示方式和行为，其中最常用的包括width、height和alt。

- **width和height属性：**这两个属性用于设置图片的尺寸，width设置图片的宽度，height设置图片的高度。它们可以接受不同类型的值，包括像素（px）和百分比（%）。指定图片尺寸有助于浏览器在下载图片之前预留足够的空间，从而提高页面加载时的用户体验。
- **alt属性：**alt属性提供了图片的文本替代，这个属性在图片无法加载时非常有用，如当网络连接慢或者用户使用的是文字浏览器时。alt属性的文本应简洁明了地描述图片内容，这不仅提高了网站的可访问性，特别是对视觉障碍用户来说，还有助于搜索引擎优化（SEO），因为搜索引擎可以通过alt文本理解图片内容。

知识点拨 若图片和网页文档保存在同一目录下，在属性src后面的引号内直接输入图像名即可。反之需要输入完整地址。

3.2.5 超链接标签

超链接简称为链接，是网页开发和文档设计中一种基础而强大的概念。它允许用户通过单击一个文本或图像实现从当前位置跳转到另一个文档或页面的指定位置，或者是启动电子邮件程序或下载文件。超链接是互联网的核心组成部分，它们构成了网页之间的连接，使得互联网成为了一个相互关联的信息网络。

下面对HTML语言中的超链接标签进行介绍。

1. 页面链接

在HTML中创建超链接需要使用<a>标签，其语法描述如下：

```
<a href="URL" target="_blank">链接</a>
```

href属性控制链接到的文件地址，target属性控制目标窗口，target=blank表示在新窗口打开链接文件，如果不设置target属性则表示在原窗口打开链接文件。在<a>和</a>之间可以用任何可单击的对象作为超链接的源，如文字或图像。

常见的超链接是指向其他网页的超链接，如果超链接的目标网页位于同一站点，则可以使用相对URL，如果超链接的目标网页位于其他位置，则需要指定绝对URL。创建超链接的方式如下所示：

```
<a href="http://www.dssf007.com">德胜书坊线上课堂</a>
<a href="test2.htm" >网页 test2</a>
```

2. 锚记链接

建立锚记链接，可以对同一网页的不同部分进行链接。设置锚记链接时，主要先命名页面中要跳转到的位置。命名时使用<a>标签的name属性，此处<a>与</a>之间可以包含内容，也可以不包含内容。

如在页面开始处用以下语句进行标签：

```
<a name="top"> 顶部 </a>
```

对页面进行标签后，可以用<a>标签设置指向这些标签位置的超链接。若在页面开始处标记了“top”，则可以用以下语句进行链接：

```
<a href="#top"> 返回顶部 </a>
```

这样设置后用户在浏览器单击文字“返回顶部”时，将显示“顶部”文字所在的页面部分。

要注意的是，应用锚记链接要将其href的值指定为“#锚记名称”。若将其href的值指定为一个单独的“#”，则表示空链接，不做任何跳转。

3. 电子邮件链接

若将href属性的取值指定为“mailto:电子邮件地址”，则可以获得指向电子邮件的超链接。其语法描述如下：

```
<a href=" mailto:01010101@126.com" >01010101</a>
```

浏览用户单击该超链接后，系统将自动启动邮件客户程序，并将指定的邮件地址填写到“收件人”栏中，用户可以编辑并发送邮件。

3.2.6 列表标签

在HTML中，列表分为有序列表和无序列表两种。有序列表是指带有序号标志（如数字）的列表；无序列表是指没有序号标志的列表。下面对这两种列表进行介绍。

1. 有序列表

有序列表的标签是<ol>，其列表项标签是<li>。其语法描述如下：

```
<ol type= “序号类型” >
  <li> 列表项 1 </li>
  <li> 列表项 1 </li>
  <li> 列表项 1 </li>
 </ol>
```

type属性可取的值有以下5种。

- 1：序号为数字。
- A：序号为大写英文字母。
- a：序号为小写英文字母。
- I：序号为小写罗马字母。
- i：序号为小写罗马字母。

2. 无序列表

无序列表的标签是<ul>，其列表项标签是<li>。其语法描述如下：

```
<ul type= "符号类型" >
  <li> 列表项 1 </li>
  <li> 列表项 1 </li>
  <li> 列表项 1 </li>
 </ul>
```

type属性控制的是列表在排序时所使用的字符类型，可取的值有以下3种。

- disc：符号为实心圆。
- circle：符号为空心圆。
- square：符号为实心方点。

3.2.7 表格标签

使用表格可以有效地管理网页信息，使页面布局整齐美观。表格一般由行、列、单元格三部分组成。在网页中使用表格会用到3个标签，即<table>、<tr>、<td>。<table>标签表示表格对象，<tr>标签表示表格中的行，<td>标签表示单元格。注意，<td>标签必须包含在<tr>标签内。

其语法描述如下：

```
<table>
     <tr>
       <td> 表项目 1</td>
       ……
       <td> 表项目 n</td>
     </tr>
     ……
     <tr>
       <td> 表项目 1</td>
       ……
       <td> 表项目 n</td>
     </tr>
</table>
```

除了<table>、<tr>和<td>三种基础标签外，用户还可以使用<caption>、<th>等标签控制表格。

1. caption

<caption>标签用于定义表格标题。它可以为表格提供一个简短说明。把要说明的文本插入在<caption>标签内，<caption>标签必须包含在<table>标签内，可以在任何位置。显示的时候表格标题显示在表格的上方中央。

2. th

<th>标签用于设置表格中某一表头的属性。在表格中，往往把表头部分用粗体表示，我们也可以直接使用<th>取代<td>建立表格的标题行。

3. onMouseOut/onMouseOver

onMouseOut、onMouseOver属性可以创建鼠标经过时单元格颜色改变的效果。其示例代码如下所示：

```
<!doctype html>
<html>
<head>
<meta charset="utf-8">
<title>表格</title>
</head>
<body>
    <table width="640" border="2" cellspacing="0" cellpadding="0">
       <caption style="font-size: 24px">
       十二生肖
       </caption>
       <tbody>
         <tr height="40" align="center" valign="middle">
           <td onMouseOver="this.style.background='#97DD5F'"
                 onMouseOut="this.style.background=''"><strong>子鼠</strong></td>
           <td onMouseOver="this.style.background='#97DD5F'"
                 onMouseOut="this.style.background=''"><strong>丑牛</strong></td>
           <td onMouseOver="this.style.background='#97DD5F'"
                 onMouseOut="this.style.background=''"><strong>寅虎</strong></td>
           <td onMouseOver="this.style.background='#97DD5F'"
                 onMouseOut="this.style.background=''"><strong>卯兔</strong></td>
         </tr>
         <tr height="40" align="center" valign="middle">
           <td onMouseOver="this.style.background='#97DD5F'"
                 onMouseOut="this.style.background='' "><strong>辰龙</strong></td>
           <td onMouseOver="this.style.background='#97DD5F'"
                 onMouseOut="this.style.background=''"><strong>巳蛇</strong></td>
           <td onMouseOver="this.style.background='#97DD5F'"
                 onMouseOut="this.style.background=''"><strong>午马</strong></td>
           <td onMouseOver="this.style.background='#97DD5F'"
                 onMouseOut="this.style.background=''"><strong>未羊</strong></td>
         </tr>
         <tr height="40" align="center" valign="middle">
           <td onMouseOver="this.style.background='#97DD5F'"
                 onMouseOut="this.style.background=''"><strong>申猴</strong></td>
           <td onMouseOver="this.style.background='#97DD5F'"
                 onMouseOut="this.style.background=''"><strong>酉鸡</strong></td>
           <td onMouseOver="this.style.background='#97DD5F'"
                 onMouseOut="this.style.background=''"><strong>戌狗</strong></td>
           <td onMouseOver="this.style.background='#97DD5F'"
```

```
                onMouseOut="this.style.background=''"><strong> 亥猪 </strong></td>
        </tr>
      </tbody>
    </table>
  </body>
</html>
```

代码的运行效果如图3-4和图3-5所示。

十二生肖

子鼠	丑牛	寅虎	卯兔
辰龙	巳蛇	午马	未羊
申猴	酉鸡	戌狗	亥猪

图 3-4

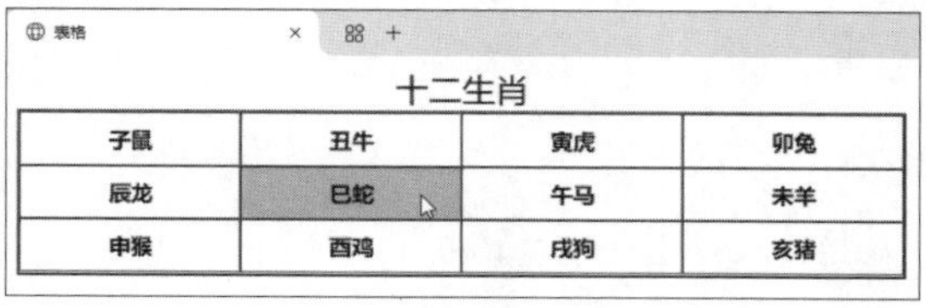

十二生肖

子鼠	丑牛	寅虎	卯兔
辰龙	巳蛇	午马	未羊
申猴	酉鸡	戌狗	亥猪

图 3-5

3.3 页面动画效果

动画可以增加网页的趣味性，使网页视觉效果更加有趣。本节将对页面动画效果进行讲解。

3.3.1 实现过渡

过渡是指某个元素从一种状态到另一种状态的过程，CSS 3过渡是元素从一种样式逐渐改变为另一种的效果。要实现这一点，必须规定两项内容：指定要添加效果的CSS属性；指定效果的持续时间。下面对代码实现过渡效果进行介绍。

1. 单项属性过渡

单项属性过渡的添加较为简单，建立Div后添加transition属性，然后在transition属性的值里输入想要改变的属性和改变时间即可。图3-6和图3-7所示为矩形块向右拉长过渡效果。

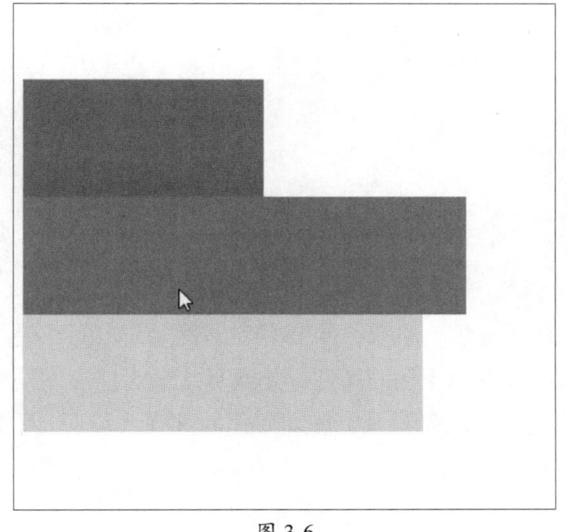

图 3-6

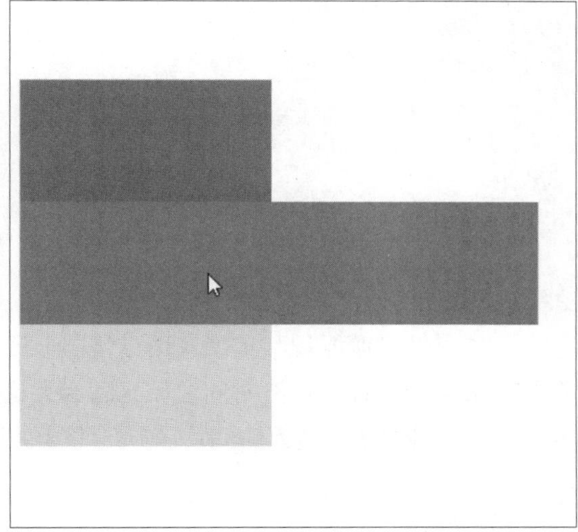

图 3-7

其代码如下：

```
<!DOCTYPE html>
<html lang="en">
<head>
<meta charset="UTF-8">
<title>Document</title>
<style>
/* 当鼠标悬停在任何 div 元素上时，改变其宽度到 500 像素 */
div:hover{
    width: 500px; /* 悬停时宽度变为 500px */
}
/* 为所有 div 元素设置初始样式 */
div{
    width: 200px; /* 初始宽度为 200px */
    height: 100px; /* 高度为 100px */
    transition: width 2s; /* 在 2 秒内过渡宽度的变化，使之平滑变化 */
}
/* 为类名为 d1 的 div 元素设置背景颜色为蓝色 */
.d1{
    background: #00A3FF; /* 背景颜色设置为蓝色 */
}
/* 为类名为 d2 的 div 元素设置背景颜色为浅红色 */
.d2{
    background: #F37274; /* 背景颜色设置为浅红色 */
}
/* 为类名为 d3 的 div 元素设置背景颜色为黄色 */
.d3{
    background: #FFE11A; /* 背景颜色设置为黄色 */
}</head>
<body>
    <div class="d1"></div>
    <div class="d2"></div>
    <div class="d3"></div>
</body>
</html>
```

2. 多项属性过渡

多项属性过渡原理与单项属性过渡类似，只是在写法上略有不同。多项属性过渡的写法是在写完第一个属性和过渡时间之后，随后无论添加多少个变化的属性都是逗号之后直接再次写入过渡的属性名加上过渡时间。图3-8和图3-9所示为矩形块颜色及宽度都变化的过渡效果。

图 3-8

图 3-9

其代码描述如下：

```
<!DOCTYPE html>
<html lang="en">
<head>
<meta charset="UTF-8">
<title>Document</title>
<style>
div{
      width: 100px;
      height: 100px;
      margin:10px;
      transition:width 2s,background 2s;
}
div:hover{
      width: 500px;
      background: blue;
}
.d1{
      background: #FB8082;
}
.d2{
      background: #5599E1;
}
```

```
.d3{
        background: #55EC87;
}
span{
        display:block;
        width: 100px;
        height: 100px;
        background: yellow;
        transition:all 2s;
        margin:10px;
}
span:hover{
        width: 600px;
        background: red;
}
</style>
</head>
<body>
    <div class="d1"></div>
    <div class="d2"></div>
    <div class="d3"></div>
    <span></span>
    <span></span>
    <span></span>
</body>
</html>
```

3.3.2 动画属性

本节将对@keyframes、animation等动画属性进行讲解。

1. @keyframes

如果想要创建动画，就必须使用@keyframes规则。它允许用户在动画过程中多次更改从一个CSS样式到另一个样式的过渡。

动画的变化可以通过百分比（%）来指定，或者使用关键字from和to，其中0%是开头动画，100%是当动画完成。为了获得最佳的浏览器支持，应该始终定义为0%和100%的选择器。

2. animation

animation为所有动画属性的简写属性，除了animation-play-state属性。

语法描述如下：

```
Animation: name duration timing-function delay iteration-count direction fill-mode
play-state;
```

3. animation-name

animation-name属性为 @keyframes动画规定名称。

语法描述：

```
animation-name: keyframename|none;
```

- **keyframename**：规定需要绑定到选择器的keyframe的名称。
- **None**：规定无动画效果（可用于覆盖来自级联的动画）。

4. animation-duration

animation-duration属性定义动画完成一个周期需要多少秒（s）或毫秒（ms）。

语法描述：

```
animation-duration: time;
```

5. animation-timing-function

animation-timing-function指定动画将如何完成一个周期。

速度曲线定义动画从一套CSS样式变为另一套所用的时间。

速度曲线用于使变化更为平滑。

语法描述如下：

```
animation-timing-function: value;
```

animation-timing-function使用的数学函数，称为“三次贝塞尔曲线”或“速度曲线”。使用此函数，可以使用自己的值，或使用预先定义的值之一。

animation-timing-function属性的值可以是以下6种。

- **inear**：动画从头到尾的速度是相同的。
- **ease**：默认。动画以低速开始，然后加快，在结束前变慢。
- **ease-in**：动画以低速开始。
- **ease-out**：动画以低速结束。
- **ease-in-out**：动画以低速开始和结束。
- **cubic-bezier(n,n,n,n)**：在cubic-bezier函数中自己的值。可能的值为 0～1 。

6. animation-delay

animation-delay属性定义动画什么时候开始。

animation-delay值单位可以是秒（s）或毫秒（ms）。

> **提示** 允许负值，-2s 使动画马上开始，但跳过 2 秒进入动画。

7.animation-iteration-count

animation-iteration-count属性定义动画应该播放多少次。默认值为1。

animation-iteration-count属性的值可以使以下两种。

- **n**：一个数字，定义应该播放多少次动画。
- **infinite**：指定动画应该播放无限次（永远）。

8. animation-direction

规定动画是否在下一周期逆向地播放。默认是normal。

animation-direction属性定义是否循环交替反向播放动画。

提示 如果动画被设置为只播放一次，该属性将不起作用。

语法描述如下：

```
animation-direction: normal|reverse|alternate|alternate-reverse|initial|inherit;
```

animation-direction属性的值可以是以下6种。

- **normal**：默认值。动画按正常播放。
- **Reverse**：动画反向播放。
- **alternate**：动画在奇数次（1，3，5，...）正向播放，在偶数次（2，4，6，...）反向播放。
- **alternate-reverse**：动画在奇数次（1，3，5，...）反向播放，在偶数次（2，4，6，...）正向播放。
- **Initial**：设置该属性为它的默认值。
- **Inherit**：从父元素继承该属性。

9. animation-play-state

规定动画是否正在运行或暂停。默认是running。

animation--play-state属性指定动画是否正在运行或已暂停。

语法描述如下：

```
animation-play-state: paused|running;
```

animation--play-state属性的值可以是以下两种。

- **paused**：指定暂停动画。
- **running**：指定正在运行的动画。

3.3.3　动手练：网页旋转动画效果

案例素材：本书实例/第3章/动手练/网页旋转动画效果

本案例将以网页旋转动画效果的制作为例，对HTML实现动画的操作进行介绍，具体操作步骤如下。

当在@keyframes创建动画时，需要把它绑定到一个选择器，否则动画不会有任何效果。指定这两个CSS的动画属性绑定到选择器，并规定动画名称和时长。图3-10和图3-11所示为旋转动画效果。

图 3-10

图 3-11

其代码描述如下：

```
<!DOCTYPE html>
<html lang="en">
<head>
<meta charset="UTF-8">
<title>Document</title>
<style>
/* 定义一个类为 d1 的样式 */
.d1{
      width: 200px; /* 宽度 200px */
      height: 200px; /* 高度 200px */
      background: blue; /* 背景颜色蓝色 */
      animation:myFirstAni 5s; /* 应用名为 myFirstAni 的动画，持续时间 5 秒 */
      transform: rotate(0deg); /* 初始旋转角度为 0 度 */
      margin:20px; /* 外边距 20px */
}
/* 定义名为 myFirstAni 的关键帧动画 */
@keyframes myFirstAni{
      0%{margin-left: 0px;background: blue;transform: rotate(0deg);} /* 动画开始时，左边距为 0，背景蓝色，无旋转 */
      50%{margin-left: 500px;background: red;transform: rotate(720deg);} /* 动画中间，左边距为 500px，背景红色，旋转 720 度 */
      100%{margin-left: 0px;background: blue;transform: rotate(0deg);} /* 动画结束时，恢复到初始状态 */
}

/* 定义一个类为 d2 的样式 */
.d2{
      width: 200px; /* 宽度 200px */
      height: 200px; /* 高度 200px */
```

```
        background: red; /* 背景颜色红色 */
        animation:mySecondtAni 5s; /* 应用名为 mySecondtAni 的动画，持续时间 5 秒 */
        transform: rotate(0deg); /* 初始旋转角度为 0 度 */
        margin:20px; /* 外边距 20px */
}
/* 定义名为 mySecondtAni 的关键帧动画 */
@keyframes mySecondtAni{
        0%{margin-left: 0px;background: red;transform: rotateY(0deg);} /* 动画开始时，左边距为 0，背景红色，沿 Y 轴无旋转 */
        50%{margin-left: 500px;background: blue;transform: rotateY(720deg);} /* 动画中间，左边距为 500px，背景蓝色，沿 Y 轴旋转 720 度 */
        100%{margin-left: 0px;background: red;transform: rotateY(0deg);} /* 动画结束时，恢复到初始状态 */
}
</style>
</head>
<body>
    <div class="d1"></div> <!-- 应用了 d1 样式的 div，将展示相应的动画效果 -->
    <div class="d2"></div> <!-- 应用了 d2 样式的 div，将展示另一种动画效果 -->
</body>
</html>
```

3.4 HTML 5的应用

HTML 5是在HTML 4.01规范的基础上建立的HTML标准规范，是超文本标签语言的第五次重大修改，较以前的版本不同的是，HTML 5不仅仅用来表示Web内容，它的新功能会将Web带进一个新的成熟的平台。在HTML 5上，视频、音频、图像、动画以及同计算机的交互都被标准化。

3.4.1 HTML 5语法变化

HTML 5之前几乎没有符合标准规范的Web浏览器，各浏览器之间的兼容性和互操作性主要取决于网站建设开发者的努力。

HTML语法是在SGML（Standard Generalized Markup Language，标准通用标签语言）语言的基础上建立的，但是由于SGML的语法非常复杂，文档结构解析程序的开发也不太容易，多数Web浏览器不作为SGML解析器运行。HTML规范中虽然要求“应遵循SGML的语法”，但实际情况是，对于HTML的执行在各浏览器之间并没有一个统一的标准，因此也就有了HTML 5。

在HTML 5中，提高Web浏览器间的兼容性是HTML 5要实现的重大的目标。要确保兼容性，必须消除规范与实现的背离。HTML 5分析了各浏览器之间的特点和功能，在此基础上要求这些浏览器所有内部功能符合一个通用标准，从而大大提高各浏览器正常运行的可能性。

HTML 5中还追加了很多和结构相关的元素，这些元素的语义化很强，只需要看见标签即可知晓标签内部的内容。

3.4.2　HTML 5标签方法

HTML 5的标签方法主要有以下3种。

1. 内容类型

HTML 5的文件扩展符与内容类型保持不变，即扩展名仍然为".html"或".htm"，内容类型（ContentType）仍然为"text/html"。

2. DOCTYPE 声明

DOCTYPE声明是HTML文件中必不可少的，它位于文件第一行。在HTML 4中，DOCTYPE声明的方法如下：

```
<!DOCTYPE html PUBLIC"-//W3C//DTD  XHTML  1.0Transitional//EN""
http://www.w3.org/TR/xhtml1/DTD/xhtml1-transitional.dtd">
```

在HTML 5中，刻意不使用版本声明，声明文档将会适用于所有版本的HTML。HTML 5中的DOCTYPE声明方法（不区分大小写）如下：

```
<!DOCTYPE html>
```

另外，当使用工具时，也可以在DOCTYPE声明方式中加入SYSTEM识别符，声明方法如下：

```
<!DOCTYPE HTML SYSTEM"about:legacy-compat">
```

3. 字符编码的设置

字符编码的设置方法也有些新的变化。在以往设置HTML文件的字符编码时，要用到如下<meta>元素：

```
<meta http-equiv="Content-Type" content="text/html;charset=UTF-8">
```

在HTML 5中，可以使用<meta>元素的新属性charset设置字符编码，如下面的代码所示：

```
<meta charset="UTF-8">
```

以上两种方法都有效，但第二种方法更为简洁方便。要注意的是两种方法不能同时使用。

3.4.3　HTML 5新增元素

在HTML 5中，新增了以下元素。

1. section 元素

section元素表示页面中如章节、页眉、页脚或页面中其他部分的一个内容区块。

语法格式如下：

```
<section></ section>
```

示例代码如下：

```
<section>HTML5 的使用</ section>
```

2. article 元素

article元素用于定义外部的内容，即页面中一块与上下文不相关的独立内容，如来自外部的文章等。

语法格式如下：

```
<article> </ article>
```

示例代码如下：

```
<article>HTML5 的使用技巧</article>
```

3. aside 元素

aside元素用于表示article元素内容之外的，并且与article元素的内容相关的一些辅助信息。

语法格式如下：

```
<aside></ aside>
```

示例代码如下：

```
< aside> HTML5 的使用</ aside >
```

4. header 元素

header元素表示页面中一个内容区块或整个页面的标题。

语法格式如下：

```
<header></ header>
```

示例代码如下：

```
<header> HTML5 使用指南</ header>
```

5. hgroup 元素

hgroup元素用于组合整个页面或页面中一个内容区块的标题。

语法格式如下：

```
<hgroup></ hgroup>
```

示例代码如下：

```
< hgroup >标签应用</ hgroup >
```

6. footer 元素

footer元素表示整个页面或页面中一个内容区块的脚注。

语法格式如下：

```
<footer>< / footer>
```

示例代码如下：

```
< footer>2000<br />
      0000000000<br />
      12-4
</ footer >
```

7. nav 元素

nav元素用于表示页面中导航链接的部分。

语法格式如下：

```
<nav>< / nav>
```

8. figure 元素

figure元素表示一段独立的流内容，一般表示文档主体流内容中的一个独立单元。

语法格式如下：

```
<figure ></figure>
```

示例代码如下：

```
<figure >
<figcaption>HTML5< / figcaption>
<p>HTML5 的发展过程 < / p>
< / figure>
```

9. video 元素

video元素用于定义视频，例如电影片段或其他视频流。

示例代码如下：

```
<video src= " movie.ogv", controls= " controls">video 元素应用示例 < / video>
```

10. audio 元素

在HTML 5中，audio元素用于定义音频，例如音乐或其他音频流。

示例代码如下：

```
<audio src="someaudio.wav">audio 元素应用示例 < / audio>
```

11. embed 元素

embed元素用来插入各种多媒体，其格式可以是Midi、Wav、AIFF、AU和MP3等。

示例代码如下：

```
<embed src= " horse.wav " / >
```

12. mark 元素

mark元素主要用来在视觉上向用户呈现那些需要突出显示或高亮显示的文字。

语法格式如下：

```
<mark>< / mark>
```

示例代码如下：

```
<mark>HTML5 </mark>
```

13. progress 元素

progress元素表示运行中的进程，可以使用progress元素显示JavaScript中耗费时间函数的进程。

语法格式如下：

```
<progress>< / progress>
```

14. meter 元素

meter元素表示度量衡。仅用于已知最大值和最小值的度量。

语法格式如下：

```
<meter>< / meter>
```

15. time 元素

time元素表示日期或时间，也可以同时表示两者。

语法格式如下：

```
<time>< / time>
```

16. wbr 元素

wbr元素表示软换行。wbr元素与br元素的区别是，br元素表示此处必须换行；wbr元素的意思是浏览器窗口或父级元素的宽度足够宽时（没必要换行时）不进行换行，当宽度不够时，主动在此处进行换行。wbr元素对字符型的语言作用很大，但是对于中文没多大用处。

示例代码如下：

```
<p> To be, or not to be—— that is the question.< / p>
```

17. canvas 元素

canvas元素用于表示图形，例如图表和其他图像。这个元素本身没有行为，仅提供一块画布，但它把一个绘图API展现给客户端JavaScript，以使脚本能够把想绘制的图像绘制到画布上。

示例代码如下：

```
<canvas id= " myCanvas"width= " 400 " height= " 500 " >< / canvas>
```

18. command 元素

command元素表示命令按钮，例如单选按钮或复选框。

示例代码如下：

```
<command onclick= " cut() " label= " cut " >
```

19. details 元素

details元素通常与summary元素配合使用，表示用户要求得到并且可以得到的细节信息。summary元素提供标题或图例。标题是可见的，用户单击标题时，会显示出细节信息。summary元素是details元素的第一个子元素。

语法格式如下：

```
<details>< / details>
```

示例代码如下：

```
<details>
<summary>HTML 5 技术要点 < / summary>
如何应用 HTML5
< / details>
```

20. datalist 元素

datalist元素用于表示可选数据的列表，datalist元素通常与input元素配合使用，可以制作出具有输入值的下拉列表。

语法格式如下：

```
<datalist>< / datalist>
```

除了以上这些之外，还有datagrid、keygen、output、source、menu等新增元素。

3.4.4 HTML 5新增属性元素

在HTML 5中，还新增加了很多属性，下面简单介绍一些新增的属性。

1. 表单相关的属性

在HTML 5中，新增的与表单相关的元素如下。

- autofocus属性：该属性可用于input(type=text)、select、textarea与button元素中。autofocus属性可以让元素在打开画面时自动获得焦点。
- placeholder属性：该属性可以用在input元素（type=text）和textarea元素当中，使用该属性会对用户的输入进行提示，通常用在提示用户可以输入的内容。
- form属性：该属性用在input、output、select、textarea、button和rieldset元素当中。
- required属性：该属性用在input元素（type=text）和textarea元素当中。该属性表示在用户提交时进行检查，检查该元素内一定要有输入内容。
- 在input元素与button元素中增加了新属性formaction、formenctype、formmethod、formnovalidate和formtarget，这些属性可以重载form元素的action、enctype、method、

novalidate和target属性。

- 在input元素、button元素和form元素增加了novalidate属性，该属性可以取消提交时进行的有关检查，表单可以被无条件地提交。

2. 与链接相关的属性

在HTML 5中，新增的与链接相关的属性如下。

- 在a与area元素中增加了media属性，该属性规定目标URL是以什么类型的媒介进行优化的。
- 在area元素中增加了hreflang属性与rel属性，以保持与a元素、link元素一致。
- 在link元素中增加了sizes属性。该属性用于指定关联图标（icon元素）的大小，通常可以与icon元素结合使用。
- 在base元素中增加了target属性，主要目的是保持与a元素的一致性。

3. 其他属性

- 在meta元素中增加了charset属性，该属性为文档中字符编码的指定提供了一种良好的方式。
- 在meta元素中增加了type和label两种属性。label属性为菜单定义一个可见的标注，type属性让菜单可以以上下文菜单、工具条与列表菜单三种形式出现。
- 在style元素中增加了scoped属性，用来规定样式的作用范围。
- 在script元素中增加了async属性，该属性用于定义脚本是否异步执行。

3.5 案例实战：简易网页布局

案例素材：本书实例/第3章/案例实战/简易网页布局

本案例以简易网页布局的制作为例，对HTML 5代码的编辑进行介绍，具体操作步骤如下。

通过<div>标签布局网页、<style>标签设置网页样式、<a>标签制作超链接，最终效果如图3-12所示。

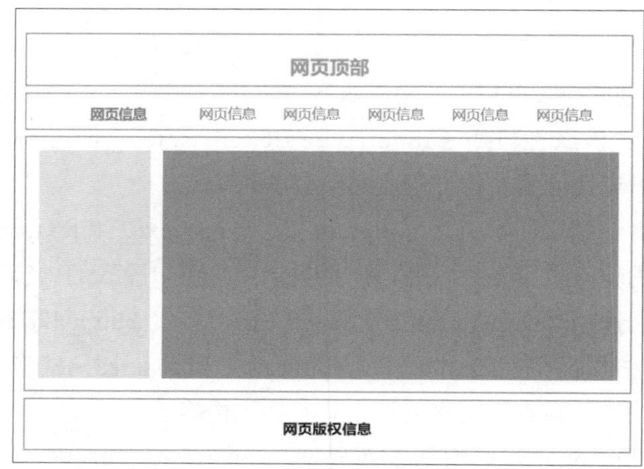

图 3-12

其代码描述如下：

```
<!DOCTYPE html>
<html lang="en">
<head>
    <meta charset="UTF-8">
    <title>Title</title>
    <style>
        *{
            padding: 10px;
            margin: 10px;
        }
        header{
            width: 960px;
            height: 64px;
            margin: 0px auto;
                     color:#0CF;
                     border: 3px solid #0CF;
        }
        nav{
            width: 960px;
            margin: 10px auto;
            height: 36px;
            border: 3px solid #F93;
        }
        nav a{
            text-decoration: none;
            line-height: 40px;
            font-size: 23px;
            color: #F60;
            padding: 0px 10px;
        }
        #main{
            width: 960px;
            height: 400px;
            margin: 10px auto;
            border: 3px solid #6C0;
        }
        #main aside{
            background-color: #FFE9B3;
            width: 160px;
            height: 360px;
            float: left;
        }
```

```
        #main .flash{
            float: right;
            width: 720px;
            height: 360px;
            background-color: #6C9;
        }
        footer{
            width: 960px;
            margin: 10px auto;
            height: 64px;
            border: 3px solid darkorange;
        }
</style>
</head>
<body>
<header>
    <h1 align="center">网页顶部</h1>
</header>
<nav align="center">
    <a href=""><u><strong>网页信息</strong></u></a>
    <a href="">网页信息</a>
    <a href="">网页信息</a>
    <a href="">网页信息</a>
    <a href="">网页信息</a>
    <a href="">网页信息</a>
</nav>
<div id="main">
<aside>
</aside>
<div class="flash">
</div>
</div>
<footer>
  <h2 align="center">网页版权信息</h2>
</footer>
</body>
</html>
```

3.6 课后练习

1. 填空题

（1）HTML 5是HTML的第____________次主要更新。

（2）<____________>标签用于定义独立的内容区块，如论坛帖子、博客条目或新闻文章。

（3）在HTML 5中，<____________>标签被用来定义一段独立的流内容，如插图、图表、照片等，与其相关的<____________>标签用于为这些内容提供标题。

（4）<____________>和<____________>是HTML 5中用于媒体播放的两个重要元素，分别用于视频和音频内容的播放。

2. 选择题

（1）HTML 5中（　　）被用于绘制图表。

A. <graphics>　　B. <svg>　　C. <canvas>　　D. <figure>

（2）HTML 5中（　　）元素专门用来包含页脚信息。

A. <footer>　　B. <header>　　C. <bottom>　　D. <section>

（3）在HTML 5中（　　）标签用于定义导航链接。

A. <nav>　　B. <navigate>　　C. <directions>　　D. <links>

（4）下列（　　）元素是HTML 5中新增的语义元素。

A. <div>　　B. <section>　　C. <span>　　D. <frame>

3. 操作题

利用所学的知识，制作如图3-13所示的网页效果。

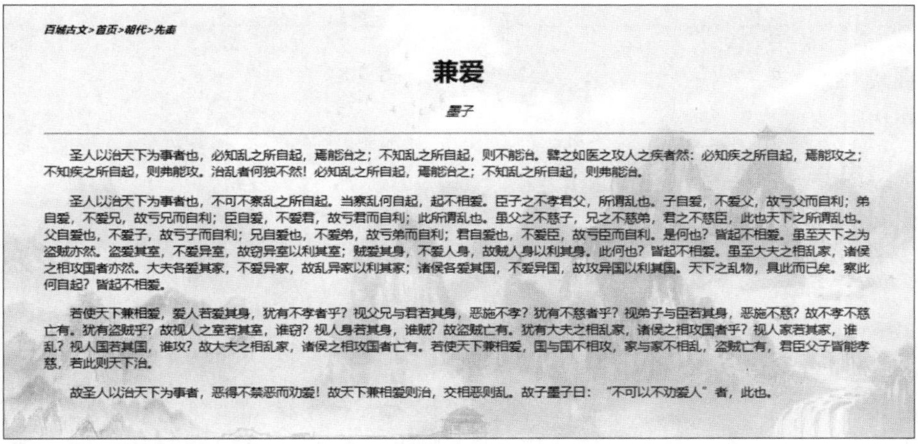

百城古文>首页>朝代>先秦

兼爱

墨子

圣人以治天下为事者也，必知乱之所自起，焉能治之；不知乱之所自起，则不能治。譬之如医之攻人之疾者然：必知疾之所自起，焉能攻之；不知疾之所自起，则弗能攻。治乱者何独不然！必知乱之所自起，焉能治之；不知乱之所自起，则弗能治。

圣人以治天下为事者也，不可不察乱之所自起。当察乱何自起，起不相爱。臣子之不孝君父，所谓乱也。子自爱，不爱父，故亏父而自利；弟自爱，不爱兄，故亏兄而自利；臣自爱，不爱君，故亏君而自利；此所谓乱也。虽父之不慈子，兄之不慈弟，君之不慈臣，此也天下之所谓乱也。父自爱也，不爱子，故亏子而自利；兄自爱也，不爱弟，故亏弟而自利；君自爱也，不爱臣，故亏臣而自利。是何也？皆起不相爱。虽至天下之为盗贼亦然。盗爱其室，不爱异室，故窃异室以利其室；贼爱其身，不爱人身，故贼人身以利其身。此何也？皆起不相爱。虽至大夫之相乱家，诸侯之相攻国者亦然。大夫各爱其家，不爱异家，故乱异家以利其家；诸侯各爱其国，不爱异国，故攻异国以利其国。天下之乱物，具此而已矣。察此何自起？皆起不相爱。

若使天下兼相爱，爱人若爱其身，犹有不孝者乎？视父兄与君若其身，恶施不孝？犹有不慈者乎？视弟子与臣若其身，恶施不慈？故不孝不慈亡有。犹有盗贼乎？故视人之室若其室，谁窃？视人身若其身，谁贼？故盗贼亡有。犹有大夫之相乱家，诸侯之相攻国者乎？视人家若其家，谁乱？视人国若其国，谁攻？故大夫之相乱家，诸侯之相攻国者亡有。若使天下兼相爱，国与国不相攻，家与家不相乱，盗贼亡有，君臣父子皆能孝慈，若此则天下治。

故圣人以治天下为事者，恶得不禁恶而劝爱！故天下兼相爱则治，交相恶则乱。故子墨子曰：“不可以不劝爱人”者，此也。

图 3-13

操作提示：

步骤01 在<title></title>标签下方添加<style></style>标签定义样式。

步骤02 在<body></body>标签之间添加文本内容。

步骤03 通过align属性设置对齐。

步骤04 通过text-indent属性设置缩进。

第 4 章 网页超链接的应用

超链接（Hyperlink）简称链接，是网页中指向其他页面的关键元素，被誉为“网站的灵魂”。链接类型包括内部链接、外部链接、文本、电子邮件、图像、图像热点、下载文件和锚记超链接等。本章将对网页中各种超链接的创建进行介绍。

 **要点难点**

- 超链接概念
- 网页超链接的管理
- 图像中超链接的应用
- 锚记链接的应用

4.1 超链接概念

超链接是一种HTML元素，它允许文本、图像或其他网页元素与不同资源建立链接。这种链接主要用于定义网页之间的关联关系，可以唯一地指向目标页面。用户通过单击超链接，能够从当前页面跳转到另一页面。根据链接路径的性质，超链接可分为相对路径链接和绝对路径链接。此外，基于所链接目标网站的范围，链接又可划分为外部链接和内部链接。

4.1.1 相对路径

相对路径无须给出目标端点完整的URL地址，只要给出相对于源端点的位置即可。一般可以将其分为文档相对路径和站点根目录相对路径两种类型。

1. 文档相对路径

文档相对路径对于有大多数站点的本地链接来说是最合适的路径。在当前文档与所链接的文档处于同一文件夹内时，且可能保持这种状态的情况下，文档相对路径特别有用。文档相对路径还可用来链接到其他文件夹中的文档，其方法是利用文件夹层次结构，指定从当前文档到所链接的文档的路径。文档相对路径的基本思想是，省略对于当前文档和所链接的文档都相同的绝对路径部分，只提供不同的路径部分。

2. 站点根目录

站点根目录相对路径指从站点的根文件夹到文档的路径。一般只在处理使用多个服务器的大型Web站点或在使用承载多个站点的服务器时使用这种路径。移动包含站点根目录相对链接的文档时，不需要更改这些链接，因为链接是相对于站点根目录的，而不是文档本身。但是，如果移动或重命名由站点根目录相对链接所指向的文档，则即使文档之间的相对路径没有改变，也必须更新这些链接。

4.1.2 绝对路径

绝对路径是一种包含完整服务器规范的路径表达方式，通常以“http://”开头，直接指向文件或目录在服务器硬盘上的具体位置。使用绝对路径的主要优势在于其独立性，链接的有效性不受源文件位置变化的影响。这意味着只要网站的URL地址保持不变，无论文件在网站内部如何移动或重组，链接都将保持有效。此外，当需要链接到同一网站上的其他内容时，使用绝对路径是必须的。

然而，绝对路径也有缺点，主要在于其对测试环境的不友好。使用绝对路径时，为了验证链接的有效性，必须在互联网服务器上进行测试，这增加了测试过程的复杂性。尽管绝对路径在CGI程序配置中较为常见，但在网页设计中，它的使用相对较少，这主要是因为测试的不便和其对网站结构更新的高依赖性。

4.1.3 外部链接和内部链接

外部链接是指链接到外部的地址，一般是绝对地址链接。创建外部超链接的操作比较简单，先选中文字或图像，然后直接在“属性”面板中的“链接”文本框中输入外部的链接地址即可，如https://www.baidu.com/。

内部链接是指站点内部页面之间的链接，创建内部链接的方法如下。

打开要创建内部链接的网页文档，在网页中选择要链接的文本，在“属性”面板中单击“链接”文本框后面的“浏览文件”按钮，在弹出的“选择文件”对话框中选择文件，如图4-1所示，然后单击“确定”按钮即可。

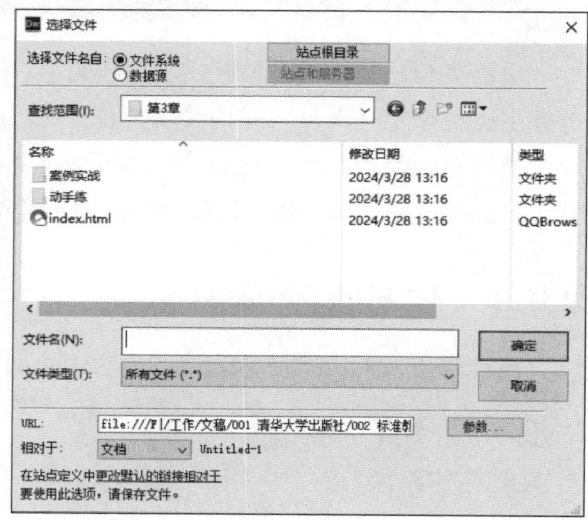

图 4-1

4.2 管理网页超链接

管理超链接是网页管理中不可缺少的一部分，通过超链接可以使各网页连接在一起。使网站中众多的网页构成一个有机整体。通过管理网页中的超链接，可以对网页进行相应的管理。

4.2.1 自动更新链接

当在本地站点内移动或重命名文件时，Dreamweaver能够自动更新所有指向该文件的链接。这一功能在整个站点被保存在本地硬盘时尤为有效，因为它不会修改远程文件夹中的任何文件，直到用户决定将这些修改后的本地文件上传到远程服务器上。

为了提升更新链接的效率，Dreamweaver会创建一个缓存文件来记录本地站点文件夹中所有链接的信息。这意味着每当用户添加、修改或删除任何指向本地站点文件的链接时，Dreamweaver都会实时更新这个缓存文件，从而快速准确地反映出链接的最新状态。以下是自动更新链接的操作步骤。

启动Dreamweaver软件，执行“编辑”|“首选参数”命令，打开“首选参数”对话框。从左侧的“分类”列表中选择“常规”选项，在“文档选项”选项组下，从“移动文件时更新链接”下拉列表中选择“总是”或“提示”选项，如图4-2所示。

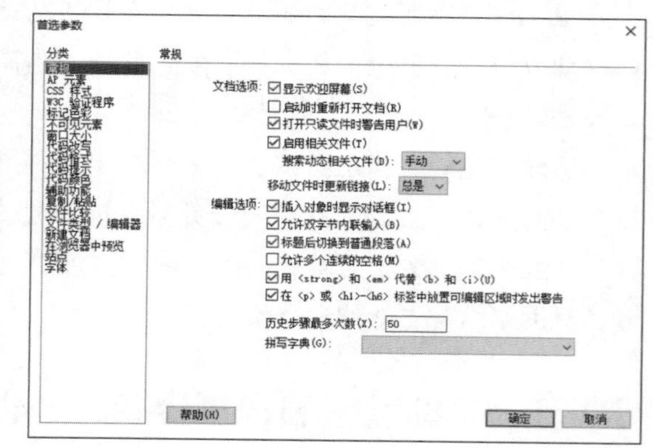

图 4-2

若选择“总是”选项，则每当移动或重命名选定的文档时，Dreamweaver将自动更新起自和指向该文档的所有链接。如果选择“提示”选项，在移动文档时，Dreamweaver将显示一个对话框提示是否进行更新，如图4-3所示。在该对话框中列出了此更改影响到的所有文件，单击“更新”按钮将更新这些文件中的链接。

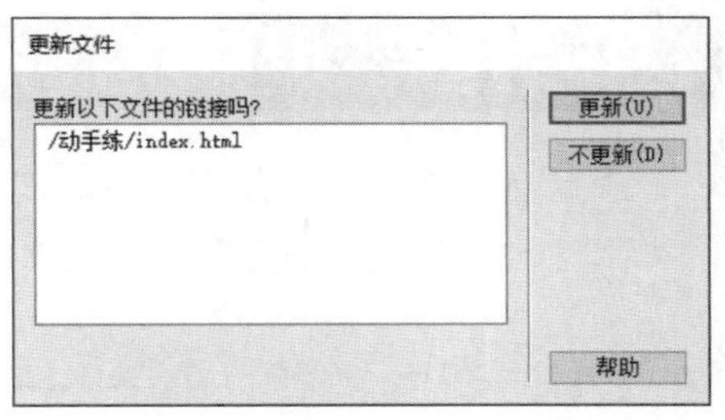

图 4-3

4.2.2 在站点范围内更改链接

除了移动或重命名文件时让Dreamweaver自动更新链接外，还可以在站点范围内更改所有链接，具体操作步骤如下。

打开已创建的站点，选中其中的一个文件，执行“站点”|“改变站点范围的链接”命令，打开“更改整个站点链接”对话框，如图4-4所示。从中设置要更改的链接和新链接，单击“确定”按钮，打开“更新文件”对话框，如图4-5所示。单击“更新”按钮即可。

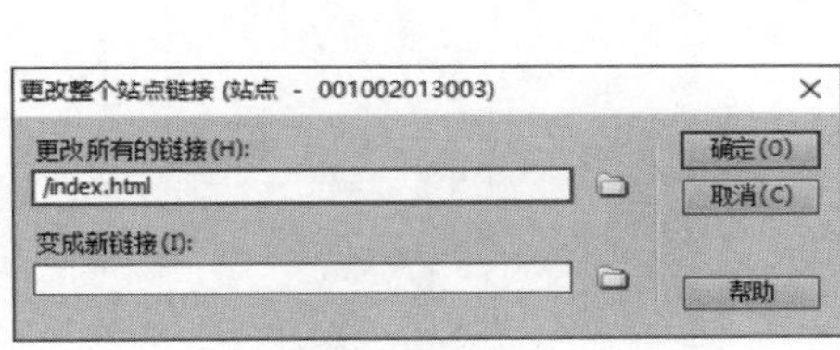

图 4-4

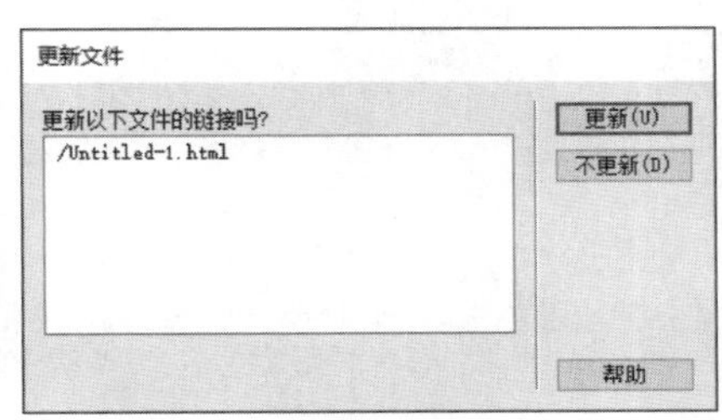

图 4-5

在整个站点范围内更改某个链接后，所选文件就成为独立文件（即本地硬盘上没有任何文件指向该文件）。这时可安全地删除此文件，而不会破坏本地Dreamweaver站点中的任何链接。

因为这些更改是在本地进行的，所以必须手动删除远程文件夹中的相应独立文件，然后存回或取出链接已经更改的所有文件，否则，站点浏览者将看不到这些更改。

4.2.3 检查站点中的链接错误

发布网页前需要对网站中的超链接进行测试，为了节省检查时间，Dreamweaver中的“链接检查器”面板提供对整个站点的链接进行快速检查的功能。通过这一功能，可以找出断掉的链接、错误的代码和未使用的孤立文件等，以便进行纠正和处理。

打开网页文档，执行“站点”|“检查站点范围的链接”命令，或执行“窗口”|“结果”|“链接检查器”命令，打开“链接检查器”面板，在“显示”下拉列表中可以选择查看检查结果的类别，如图4-6所示。

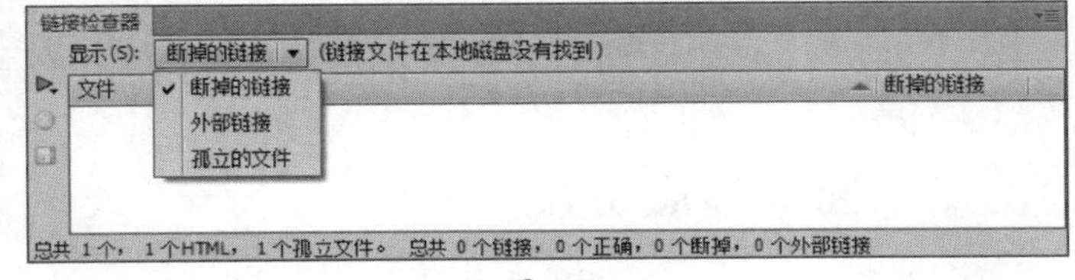

图 4-6

单击左侧的“检查链接”按钮▶，在弹出的快捷菜单中可以选择检查范围是当前文档中的链接、站点中所选文件的链接还是整个当前本地站点的链接。

4.3 在图像中应用链接

在图像中应用链接是网页中的常用操作，创建后用户可以通过单击图像打开链接内容。这一操作主要是通过“属性”面板完成，下面对此进行介绍。

4.3.1 图像链接

在Dreamweaver中超链接的范围是很广泛的，利用它不仅可以链接到其他网页，还可以链接到其他图像文件。给图像添加超链接，使其指向其他的图像文件，这就是图像超链接，具体操作步骤如下。

打开文档选中图像，在“属性”面板中单击“链接”文本框后面的“浏览文件”按钮，打开“选择文件”对话框，从中选择要链接的文件，如图4-7所示。单击“确定”按钮即可。保存文件后按F12键预览效果，单击图像将自动跳转，如图4-8所示。

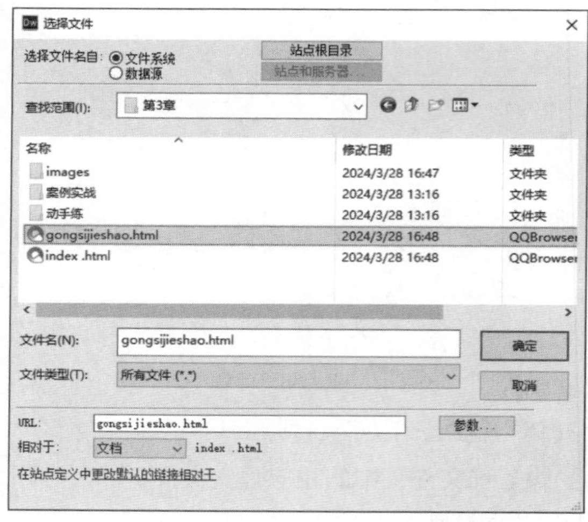

图 4-7

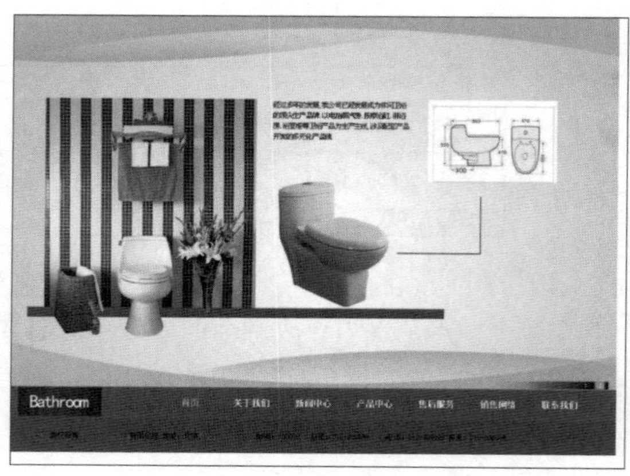

图 4-8

注意事项 在“选择文件”对话框中，“文档”表示使用文件相对路径来链接；“站点根目录”表示使用站点根目录相对路径来链接。

用户也可以直接在“代码”视图中输入相应的代码设置图像链接：

```
<a href="gongsijieshao.html">
  <img src="images/index_01.jpg" width="1003" height="639" alt="">
</a>
```

4.3.2 图像热点链接

图像热点可以在单个图像内创建多个链接区域，也称为热点。当用户单击这些热点时，将被引导至相应的链接内容。

这一功能的实用性极高，可以将整张图像或其指定部分作为链接的载体。热点链接的核心在于使用HTML语言在图像上划分特定形状的区域，并为这些区域指定链接。这样的区域通常被称为热点或热区，它们使得图像不仅仅是视觉元素，还成为互动的界面，通过单击不同的热点，用户可以浏览不同的网页或资源。

常见热点工具包括以下三种。

- **矩形热点工具**：首先单击“属性”面板中的“矩形热点工具”按钮，然后在图上按住鼠标左键拖曳绘制，勾勒出矩形热点区域。
- **圆形热点工具**：首先单击“属性”面板中的“圆形热点工具”按钮，然后在图上按住鼠标左键拖曳绘制，勾勒出圆形热点区域。
- **多边形热点工具**：首先单击“属性”面板中的“多边形热点工具”按钮，然后在图上多个位置单击，勾勒出多边形热区。

若要选择图像地图中的多个热点，可以按住Shift键的同时单击选择其他热点。或者按Ctrl+A（Windows操作系统中）或者Command+A（MacOs操作系统中）组合键，选择所有热点。

4.3.3　动手练：网页图像链接

案例素材：本书实例/第4章/动手练/创建网页图像链接

本案例将以图像链接的创建为例，对超链接的创建进行介绍，具体操作步骤如下。

步骤01 打开本章素材文件，选中主图，如图4-9所示。

图 4-9

步骤02 单击“属性”面板中“链接”文本框右侧的“浏览文件”按钮，打开“选择文件”对话框，选择文件，如图4-10所示。

图 4-10

步骤 03 单击“确定”按钮，保存文件，按F12键在浏览器中预览效果，如图4-11和图4-12所示。

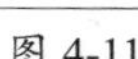
图 4-11

图 4-12

至此，完成图像链接的创建。

4.4 其他常用链接

除了图像外，网页中的其他元素也可作为链接的载体，如文本等。下面对常用的链接进行介绍。

4.4.1 文本链接

文本链接是指以文字为载体的超链接，Dreamweaver中一般通过以下三种方法创建文本链接。

- **直接输入链接路径：**在文档窗口中选中要创建链接的文字，在“属性”面板中的“链接”文本框中输入要链接的文件的路径即可。
- **“浏览文件”按钮：**选中要创建链接的文字，在“属性”面板中单击“链接”文本框右侧的“浏览文件”按钮，打开“选择文件”对话框选择链接文件。
- **“指向文件”按钮：**选中要创建链接的文字，在“属性”面板中单击“指向文件”按钮，按住鼠标拖曳至“文件”面板中要链接的文件上，释放鼠标左键即可。

创建完文本链接后，在“属性”面板中可以设置链接的“目标”参数，如图4-13所示。

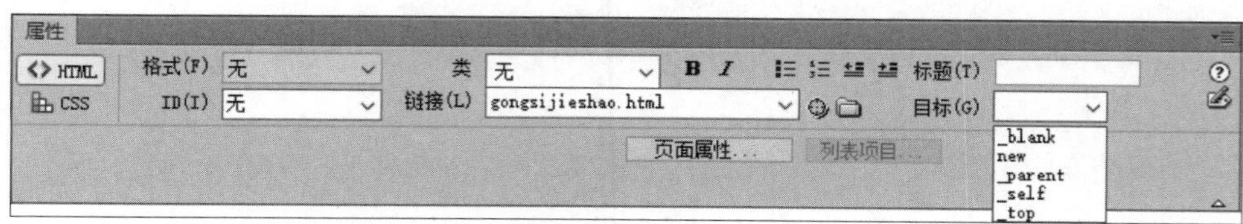

图 4-13

其中，5种参数作用如下。

- **_blank：**在新窗口打开目标链接。
- **new：**在名为链接文件名称的窗口中打开目标链接。
- **_parent：**在上一级窗口中打开目标链接。

- _self：在同一个窗口中打开目标链接。
- _top：在浏览器整个窗口中打开目标链接。

知识点拨 在“页面属性”对话框“链接（CSS）”选项卡中可以设置链接的相关属性。

要注意的是，当链接的内容不是网页文件，而是“.exe”“.doc”“.rar”等类型的文件时，单击链接后将下载该文件。

4.4.2 锚记链接

锚记链接是一种链接形式，它允许用户通过单击这些链接直接跳转到同一页面上的不同位置。这种方式特别适用于长页面，例如，用户可以在页面底部设置一个锚记链接，单击之后能够快速跳转回页面顶部，从而避免了烦琐的上下滚动，使用户能够更加便捷地访问页面的特定内容。下面是创建锚记链接的具体步骤。

将光标移动至要创建锚记的位置，执行“插入”|“命名锚记”命令，打开“命名锚记”对话框输入锚记名称，如图4-14所示。完成后单击“确定”按钮，将在网页文档中插入命名锚记，如图4-15所示。选中要链接锚记的对象，在“属性”面板的文本框中输入“#”和锚记名称即可。

图 4-14

图 4-15

4.4.3 电子邮件链接

将电子邮件地址设置为超链接目标时，其行为与链接至网页或文档等其他类型的链接不同。当用户在浏览器中单击这类超链接时，不是跳转到另一个页面，而是自动打开用户的默认邮件客户端，并创建一封新的邮件。在这封新邮件中，收件人地址栏已被预填充为超链接指定的电子邮件地址，便于用户直接撰写并发送消息至该地址。用户可以通过以下三种方式创建电子邮件链接。

1. 使用“插入”命令

选中需要创建电子邮件链接的对象，执行“插入 ”|“ 电子邮件链接”命令，打开“电子邮件链接”对话框，如图4-16所示。在该对话框中输入邮箱地址即可。

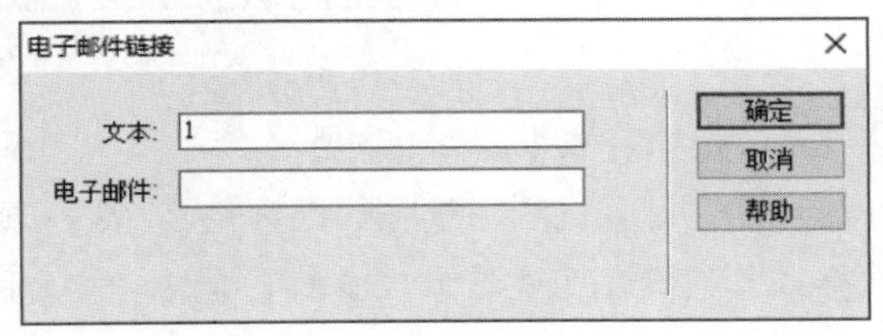

图 4-16

2. 使用“属性”面板

选中需要创建电子邮件链接的对象，在“属性”面板的“链接”下拉文本框中输入“mailto：邮箱地址”即可。

3. 使用代码

在“代码”视图<body></body>标签之间输入相应的代码：

```
<body>
    <a href="mailto：123@163.com">电子邮件链接
    </a>
</body>
```

4.4.4 空链接

空链接是指没有指定具体链接目标的链接。选中要创建链接的对象，在“属性”面板“链接”文本框中输入“#”即可。

4.4.5 动手练：电子邮件链接

案例素材：本书实例/第4章/动手练/创建电子邮件链接

本案例将以电子邮件链接的创建为例，对常用链接的创建进行介绍，具体操作步骤如下。

步骤 01 打开本章素材文件，选中“联系我们”文本，如图4-17所示。

图 4-17

步骤 02 执行“插入”|“电子邮件链接”命令，打开“电子邮件链接”对话框，在该对话框中输入电子邮件链接，如图4-18所示。

图 4-18

步骤 03 完成后单击“确定”按钮，效果如图4-19所示。

步骤 04 按Ctrl+J组合键打开“页面属性”对话框，选择“链接（CSS）”选项卡，设置“链接颜色”为黑色、“下画线样式”为仅在变换图像时显示下画线，完成后单击“确定”按钮，效果如图4-20所示。

图 4-19

图 4-20

步骤 05 保存文件，按F12键预览效果，如图4-21和图4-22所示。

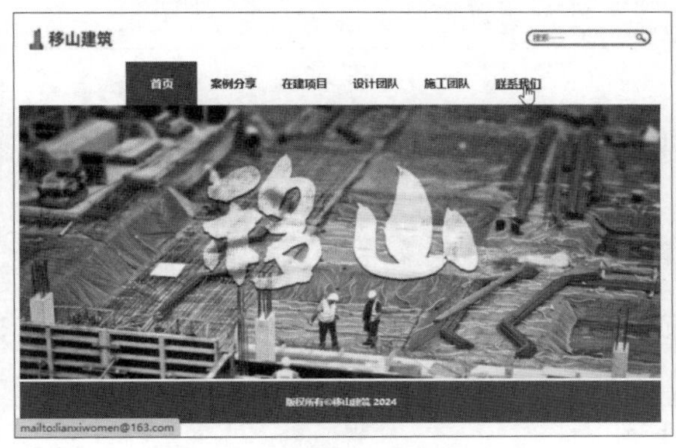

图 4-21

图 4-22

4.5 案例实战：下载文件链接

案例素材：本书实例/第4章/案例实战/创建下载文件链接

本案例将以下载文件链接的创建为例，对超链接的创建进行介绍。具体操作步骤如下。

步骤 01 打开本章素材文件，选中其中的“下载资料”文本，如图4-23所示。

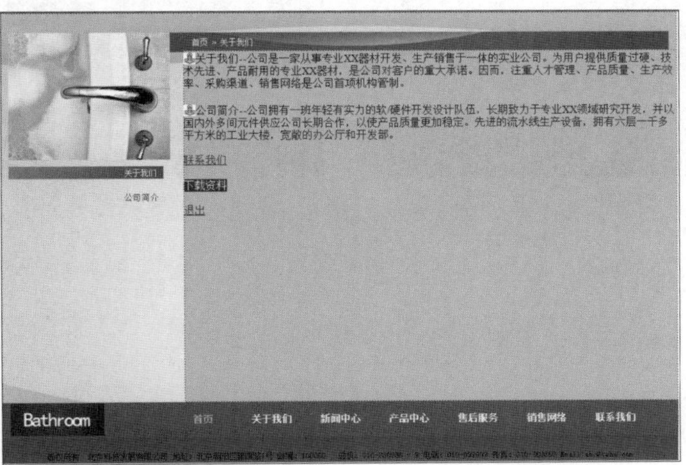

图 4-23

步骤 02 打开“属性”面板，单击“链接”文本框右侧的“浏览文件”按钮，打开“选择文件”对话框选择相应的文件，如图4-24所示。

图 4-24

步骤 03 单击“确定”按钮。在“属性”面板的“目标”下拉列表中选择“_blank”选项，如图4-25所示。

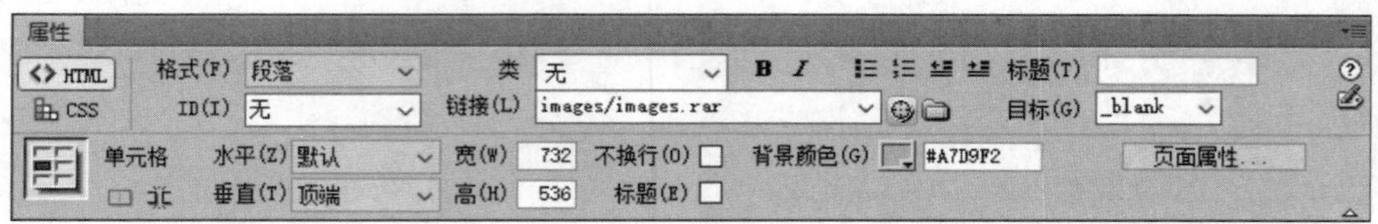

图 4-25

步骤 04 保存文件，按F12键在浏览器中预览，如图4-26和图4-27所示。至此，完成下载链接的创建。

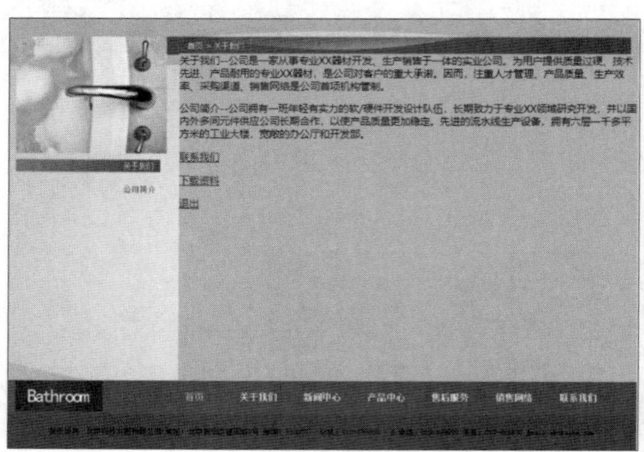

图 4-26

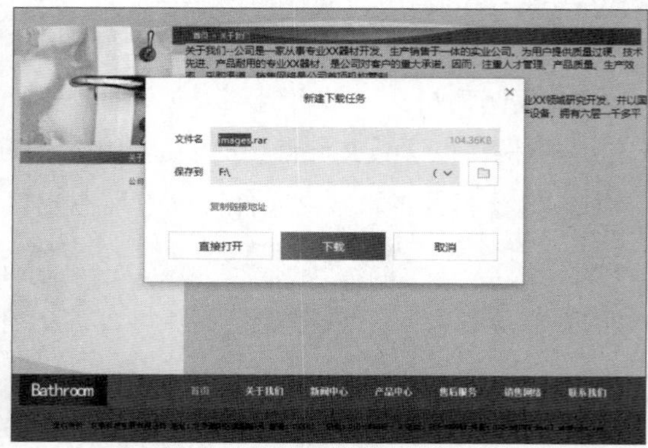

图 4-27

4.6 课后练习

1. 填空题

（1）链接是指在电子计算机程序的各模块之间__________和__________，并把它们组成一个可执行的整体的过程。

（2）超链接的链接路径可以分为__________、根目录相对路径和__________。

（3）根相对路径是相对路径和绝对路径的折中，是指从______________到被链接文档经由的路径。

（4）管理链接包括__________和__________。

2. 选择题

（1）下列不属于创建文本链接方法的是（　　）。

A. 链接文本框　　B. 浏览文件按钮　　C. 指向文件按钮　　D. 更新链接

（2）下列不属于链接文档打开的框架的类型的是（　　）。

A. _blank　　B. _parent　　C. _front　　D. _self

（3）（　　）是Dreamweaver中一类特殊的超链接，单击链接不是跳转到相应的网页上，而是允许书写电子邮件。

A. 锚记链接　　B. E-mail链接　　C. 下载链接　　D. 空链接

3. 操作题

利用所学的图像知识，在网页中创建如图4-28所示的电子邮件图像热点链接。

图 4-28

操作提示：

步骤 01 打开网页文档，选中要添加图像热点链接的图像文件。

步骤 02 执行“窗口”|“属性”命令，打开“属性”面板，在“属性”面板中选择矩形热点工具。将光标置于图像上，在图像上绘制图像热点区域。

步骤 03 在“属性”面板中输入电子邮件链接。

步骤 04 按F12键，在浏览器预览最终效果即可。

第5章 表格的布局与应用

Dreamweaver拥有强大的表格编辑功能，使用户能够轻松创建和管理复杂的表格布局，从而适应不同的网页设计需求。本章将对表格布局网页的相关知识进行介绍，包括如何插入表格、如何编辑表格及其属性等，并为读者提供表格的基础知识。

 **要点难点**

- 表格的基础知识
- 网页中插入表格的方式
- 表格属性的设置方法
- 表格的编辑技巧

5.1 插入表格

表格在网页设计中具有极其重要的双重作用，首先它们是展示规范化数据的理想工具，能够以清晰、有序的格式呈现复杂的信息，提高用户体验和数据可读性。其次，表格还可用于网页内容的布局设计，使页面整齐又美观。本节将对表格的插入进行介绍。

5.1.1 与表格有关的术语

在开始制作表格之前，先对表格的各部分名称进行简单介绍。

- **行/列：** 表格横向叫行，纵向叫列。
- **单元格：** 行列交叉部分叫单元格。
- **边距：** 单元格中的内容和边框之间的距离叫边距。
- **间距：** 单元格和单元格之间的距离叫间距。
- **边框：** 整张表格的边缘叫边框。

5.1.2 插入表格

移动光标至要插入表格的位置，执行“插入”|“表格”命令，或按Ctrl+Alt+T组合键，打开“表格”对话框，如图5-1所示。从中设置参数后单击“确定”按钮，将根据设置插入表格，如图5-2所示。

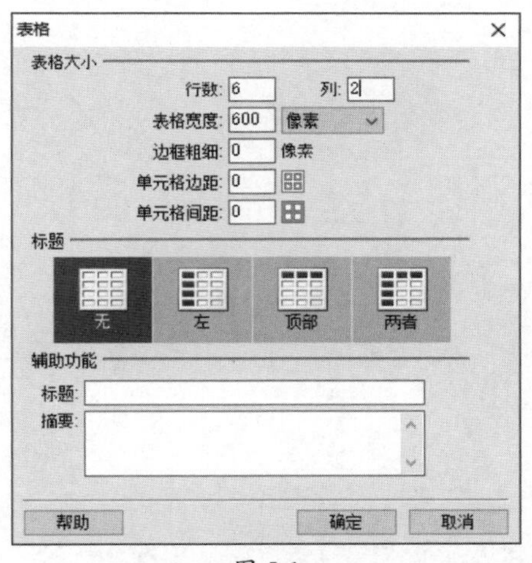

图 5-1

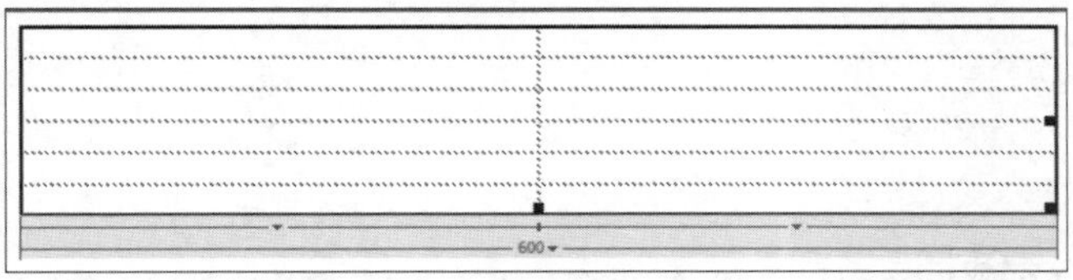

图 5-2

“表格”对话框中各参数介绍如下。

- **行数、列：** 用于设置表格行数和列数。
- **表格宽度：** 用于设置表格的宽度。右侧的下拉列表中可以设置表格宽度的单位，包括百分比和像素两种。
- **边框粗细：** 用于设置表格外边框的宽度。若设置为0，浏览时看不到表格的边框。
- **单元格边距：** 用于设置单元格内容和单元格边界之间的距离。
- **单元格间距：** 用于设置单元格之间的距离。

- **标题**：用于定义表头样式，包括无、左、顶部和两者4种。选择“无”选项则不启用行或列标题；选择“左”选项将启用表格的第1列作为标题列；选择“顶部”选项将启用表格的第1行作为标题行；选择“两者”选项则同时启用列标题和行标题。
- **辅助功能-标题**：设置显示在表格上方的表格标题。
- **辅助功能-摘要**：用于给出表格的说明，不会显示在浏览器中。

5.1.3 表格的基本代码

在HTML语言中，表格涉及多种标签，主要包括以下4种。

- **<table>**：用于定义表格。每一个表格代码中只有一对<table>和</table>。但一个网页中可以有多个表格。
- **<tr>**：用于定义表格的行。一对<tr>和</tr>代表一行。一个表格中可以有多个行，所以<tr>和</tr>可以在<table>和</table>中出现多次。
- **<td>**：用于定义表格中的单元格。一对<td>和</td>代表一个单元格。每行中可以出现多个单元格，即<tr>和</tr>之间可以存在多个<td>和</td>。在<td>和</td>之间，将显示表格每一个单元格中的具体内容。
- **<th>**：用于定义表格的表头。一对<th>和</th>代表一个表头。表头是一种特殊的单元格，在其中添加的文本，默认为居中并加粗（实际中并不常用）。

上面讲到的4个表格元素在使用时一定要成对出现，缺少其中任何一个，都无法得到正确的结果。

表格基本结构的代码如下：

```
<table>
<tr>
<td></td>
</tr>
<tr>
<td></td>
</tr>
</table>
```

5.2 表格属性

创建表格后，可以对表格的属性，如颜色、背景图像、边框等进行设置，以获得更美观、醒目的效果。下面对此进行介绍。

5.2.1 设置表格的属性

单击表格边框，选中整个表格，在“属性”面板中查看表格属性参数，如图5-3所示。

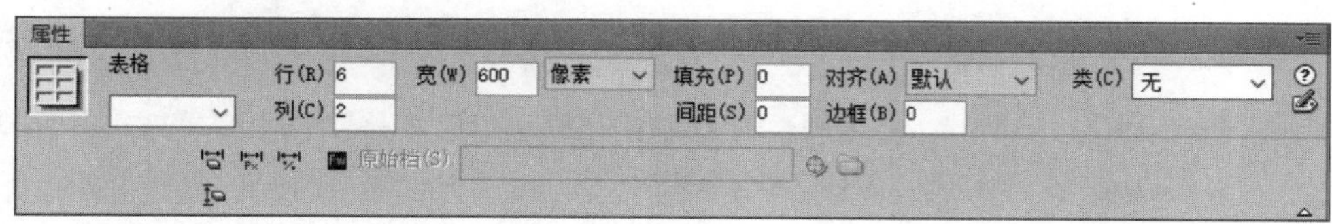

图 5-3

其中各选项的介绍如下。

- **表格名称**：用于设置表格的ID。
- **行和列**：用于设置表格中行和列的数量。
- **对齐**：用于设置表格在页面中的对齐方式，包括默认、左对齐、居中对齐和右对齐4个选项。
- **填充**：用于设置单元格边距。
- **间距**：用于设置单元格间距。
- **边框**：用于设置表格边框的宽度。
- **类**：用于设置表格CSS类。
- **清除列宽和清除行高**：用于清除设置的列宽和行高。
- **将表格宽度转换成像素**：将表格宽度由百分比转换为像素。
- **将表格宽度转换成百分比**：将表格宽由像素转换为百分比。

注意事项 表格格式设置的优先顺序为单元格-行-表格，即单元格格式设置优先于行格式设置，行格式设置优先于表格格式设置。

5.2.2 设置单元格属性

按住Ctrl键单击单元格将其选中，在“属性”面板中将显示该单元格的属性参数，如图5-4所示。

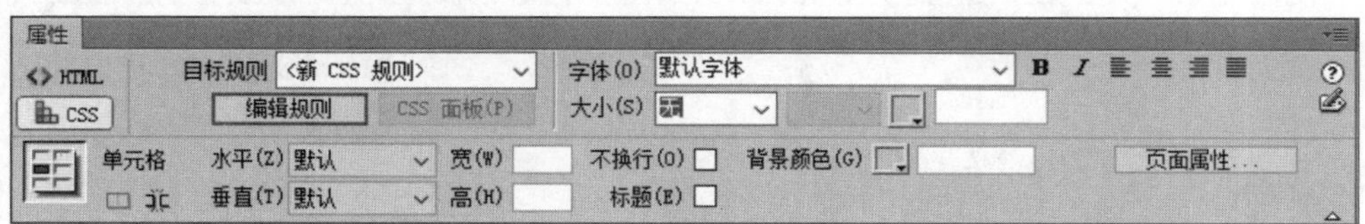

图 5-4

其中各选项作用介绍如下。

- **水平**：设置单元格中对象的水平对齐方式，包括“默认”“左对齐”“居中对齐”和“右对齐”4个选项。
- **垂直**：设置单元格中对象的垂直对齐方式，包括“默认”“顶端”“居中”“底部”和“基线”5个选项。
- **宽、高**：用于设置单元格的宽与高。
- **不换行**：勾选该复选框后，单元格的宽度将随文字长度的增加而加长。
- **标题**：勾选该复选框后，可将当前单元格设置为标题行。
- **背景颜色**：用于设置单元格的背景颜色。

5.2.3 改变背景颜色

使用onMouseOut、onMouseOver属性可以创建光标经过时表格颜色改变的效果。移动光标至表格行标签<tr>内部，在其中添加如下代码：

```
onMouseOver="this.style.background='#FF0000'"
    onMouseOut="this.style.background=''"
```

当光标经过该行时，其背景颜色将会变为红色，如图5-5和图5-6所示。

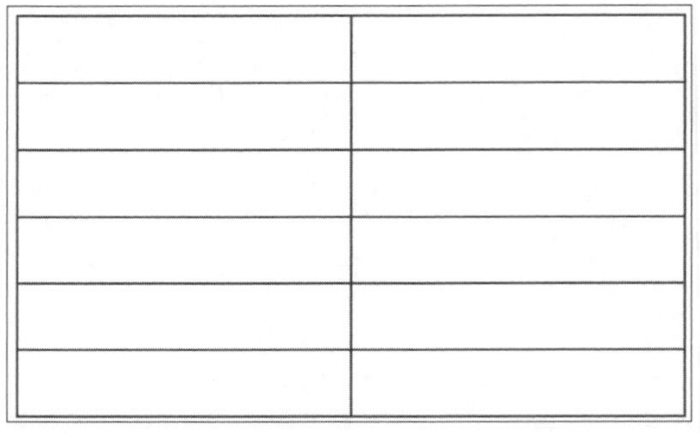

图 5-5

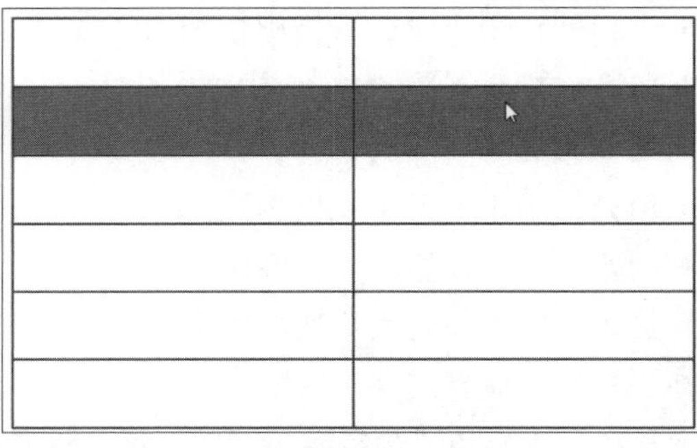

图 5-6

用户也可以在单元格标签<td>内部添加该属性，制作光标经过时单元格背景颜色改变的效果。

5.2.4 表格的属性代码

表格常用属性代码如表5-1所示。

表5-1

属性代码	作用	示例
width属性	用于指定表格或某一个表格单元格的宽度，单位可以是像素或百分比	<table width="400" >
height属性	用于指定表格或某一个表格单元格的高度，单位可以是像素或百分比	<table height="200" >
border属性	用于设置表格的边框及边框的粗细。值为0时不显示边框；值为1或以上时显示边框，值越大，边框越粗	<table border="1" >
bordercolor属性	用于指定表格或某一个表格单元格边框的颜色。值为#号加十六进制数字	<table bordercolor="#FF0000">
bordercolorlight属性	用于指定表格亮边边框的颜色	<table bordercololightr="#FFF000">
bordercolordark属性	用于指定表格暗边边框的颜色	<table bordercolordark="#00FF00">
bgcolor属性	用于指定表格或某一个表格单元格的背景颜色	<td bgcolor="#FFBE00">
background属性	用于指定表格或某一个表格单元格的背景图像	<table background="images/01.jpg">

（续表）

属性代码	作用	示例
cellspacing属性	用于指定单元格间距，即单元格和单元格之间的距离	<table cellspacing="10">
cellpadding属性	用于指定单元格边距，即单元格边框和单元格中内容之间的距离	<table cellpadding="12">
align属性	用于指定表格或某一表格单元格中内容的垂直水平对齐方式。属性值有left（左对齐）、center（居中对齐）和right（右对齐）	<td align="center">
valign属性	用于指定单元格中内容的垂直对齐方式。属性值有top（顶端对齐）、middle（居中对齐）、bottom（底部对齐）和baseline（基线对齐）	<td valign="baseline">

5.2.5 动手练：宠物店网页

案例素材：本书实例/第5章/动手练/宠物店网页

本案例将以宠物店网页的制作为例，对表格的插入及属性设置进行介绍。具体操作步骤如下。

步骤01 新建站点，将本章素材文件拖曳至站点文件夹中。打开Dreamweaver软件，在“文件”面板中新建“index.html”文件，如图5-7所示。

步骤02 双击打开新建的文档，执行“插入”|“表格”命令，打开“表格”对话框，设置参数，如图5-8所示。

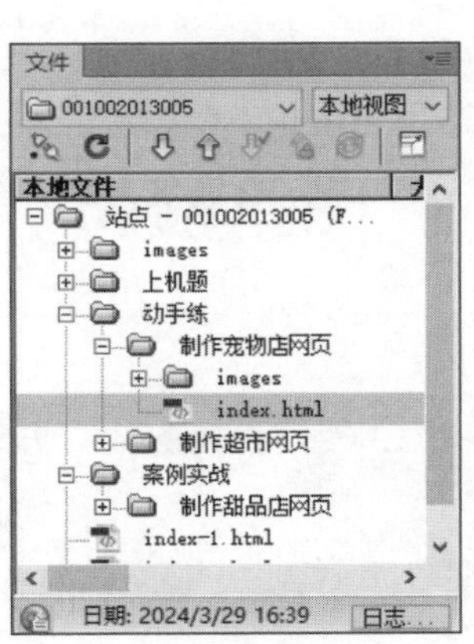

图 5-7

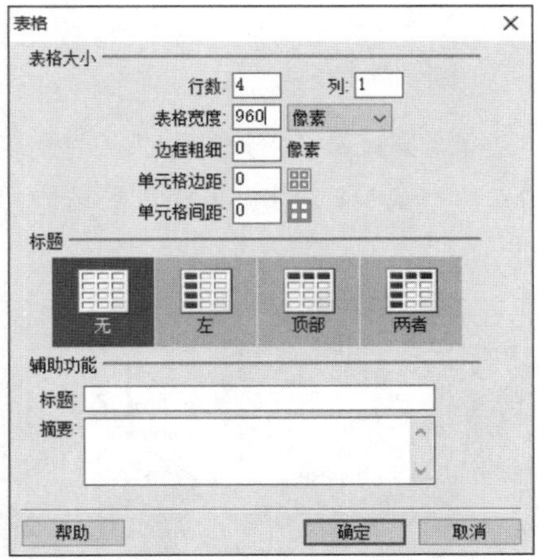

图 5-8

步骤03 完成后单击“确定”按钮，插入表格，如图5-9所示。

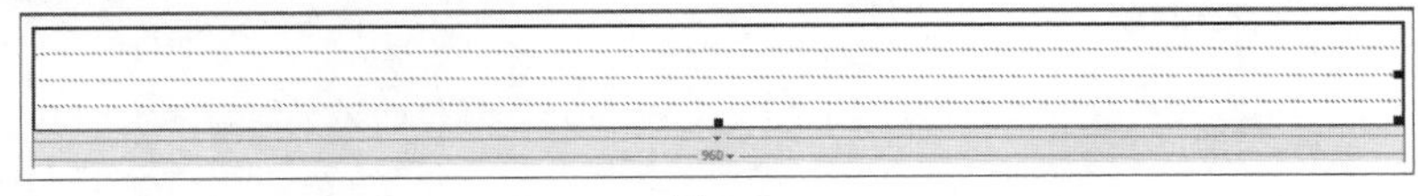

图 5-9

步骤04 选中新建的表格，在“属性”面板中设置对齐方式为“居中对齐”。选中第2行和第4行，在“属性”面板中设置对齐方式为“居中对齐”，如图5-10所示。

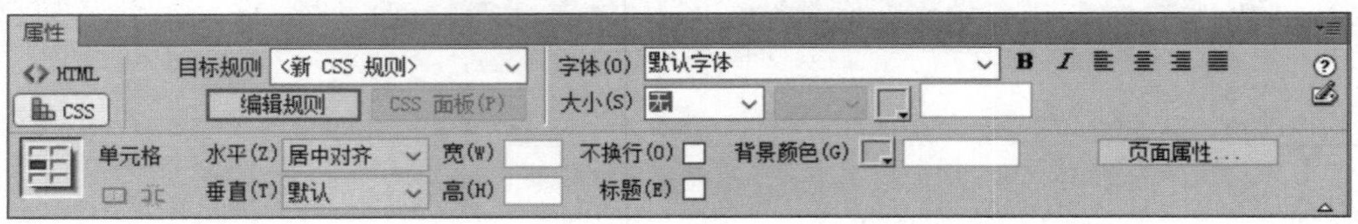

图 5-10

步骤05 移动光标至第1行，执行“插入”|“图像”命令插入本章素材文件，如图5-11所示。

步骤06 移动光标至第2行，执行“插入”|“表格”命令打开“表格”对话框设置参数，如图5-12所示。

步骤07 完成后单击“确定”按钮，插入表格，并在其中输入文本，如图5-13所示。

步骤08 选中新插入的表格单元格，在“属性”面板中设置参数，如图5-14所示。

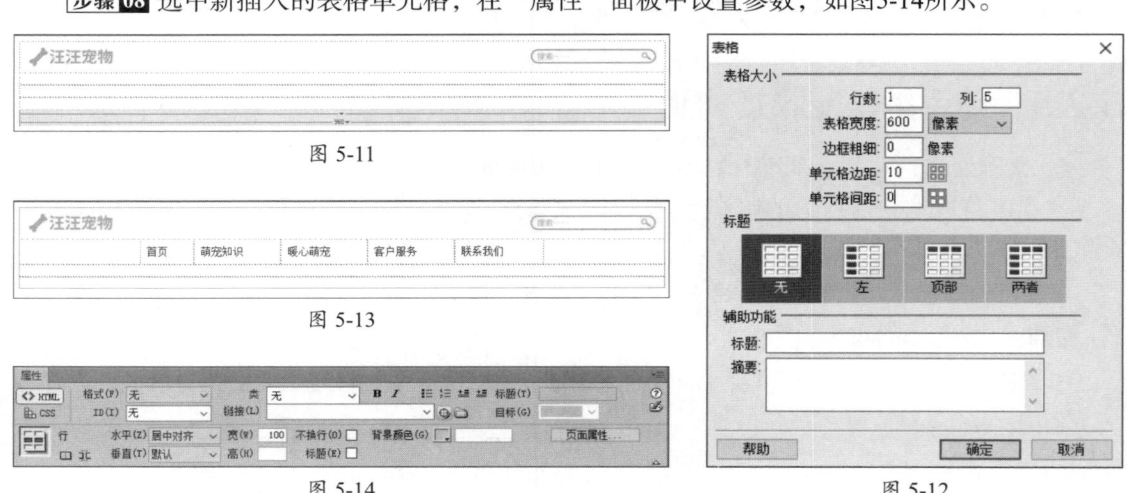

图 5-11

图 5-13

图 5-14

图 5-12

步骤09 移动光标至第3行，执行“插入”|“图像”命令插入本章素材文件，如图5-15所示。

步骤10 移动光标至第4行，设置表格背景颜色为“#F3A64B”、高度为40，在表格中输入文本，如图5-16所示。

图 5-15

图 5-16

至此完成网页式表格的制作。

5.3 选择表格

在Dreamweaver中，用户可以选择整个表格、特定行或列，或一个、多个单元格。下面对此进行介绍。

5.3.1　选择整个表格

选择整个表格有多种方式，常用的有以下5种。

- 单击表格中任意一个单元格的边框线选择整个表格。
- 在“代码”视图下，找到表格代码，拖选整个表格代码区域（<table>和</table>标签之间代码）选择整个表格。
- 单击表格中任意处，执行“修改”|“表格”|“选择表格”命令，选择整个表格。
- 将插入点放置在表格内部，单击文档窗口底部标签选择器中的<table>标签，选择整个表格。
- 右击单元格，在弹出的快捷菜单中执行“表格”|“选择表格”命令选取整个表格。

5.3.2　选择一个单元格

选中表格中的单元格时，该单元格四周将出现深色实线边框，如图5-17所示。常用的选择单元格的方式有以下4种。

- 按住鼠标左键不放，从单元格的左上角拖至右下角将其选中。
- 按住Ctrl键，单击单元格将其选中。
- 将插入点放置在要选择的单元格内，单击文档窗口底部标签选择器中的<td>标签，将其选中。
- 将插入点放置在一个单元格内，按Ctrl+A组合键将其选中。

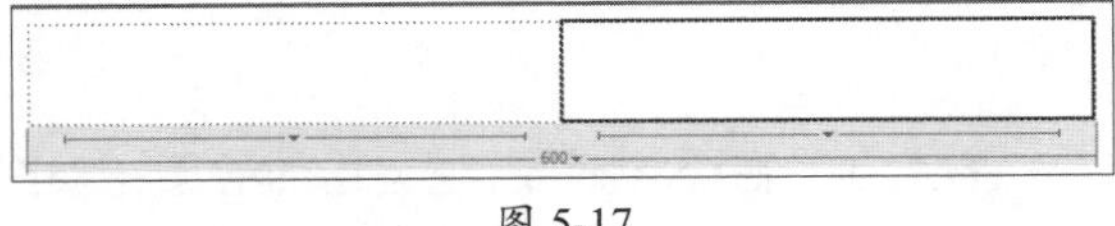

图 5-17

5.4 编辑表格

在网页设计中，用户可以通过复制粘贴表格、增减表格的行与列等方式编辑表格，本节将对此进行操作。

5.4.1　复制和粘贴表格

复制、粘贴单个单元格或多个单元格可以节省表格制作的时间，提高效率，在复制时用户可以选择保留单元格的格式设置。若要粘贴多个表格单元格，剪贴板的内容必须和表格的结构或表格中将粘贴这些单元格的部分兼容。

打开网页文档，选中要复制粘贴的表格内容，如图5-18所示。执行“编辑”|“复制”命令，或使用Ctrl+C组合键复制对象，移动光标至目标处，执行“编辑”|“粘贴”命令或使用Ctrl+V组合键粘贴，效果如图5-19所示。

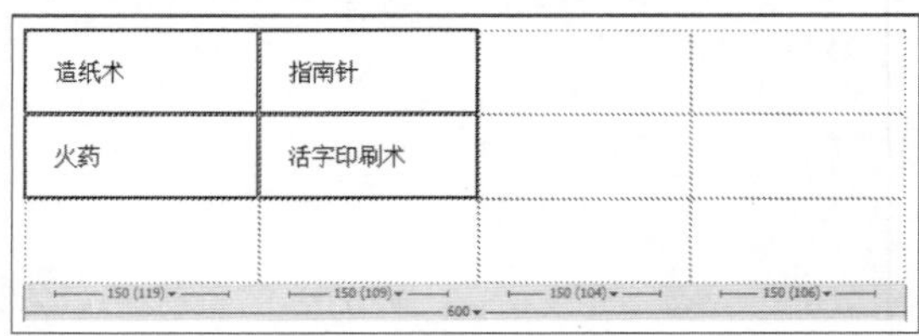

图 5-18

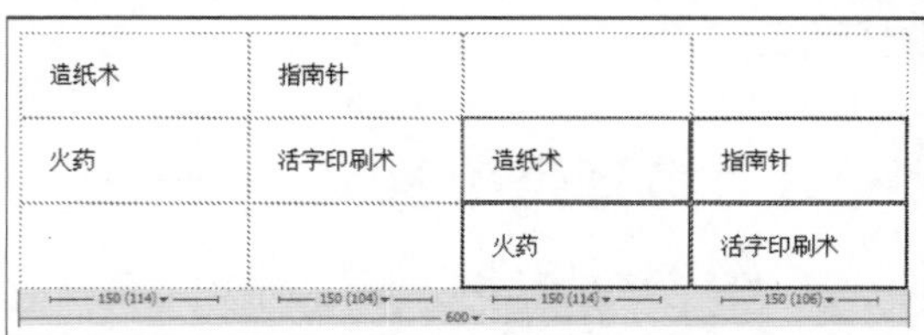

图 5-19

设计者可以根据自己的需要灵活使用复制、粘贴命令。

5.4.2 添加行和列

执行“修改”|“表格”|“插入行”命令，可以添加行；执行“修改”|“表格”|“插入列”命令，可以添加列，具体操作步骤如下。

打开网页文档，将插入点放置在需增加行或列的位置，如图5-20所示。执行“修改”|“表格”|“插入行”命令，插入1行表格，如图5-21所示。

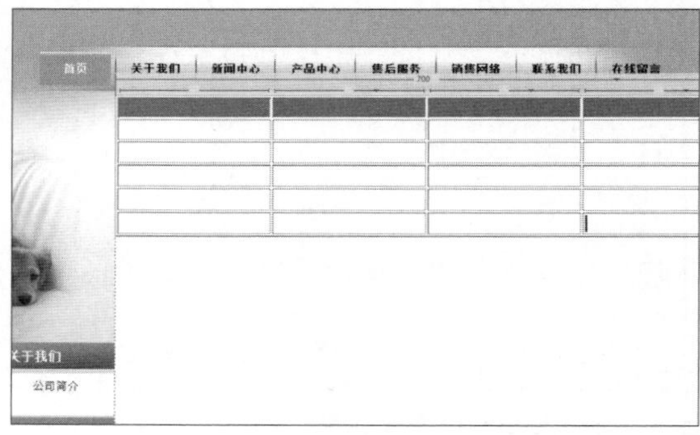
图 5-20

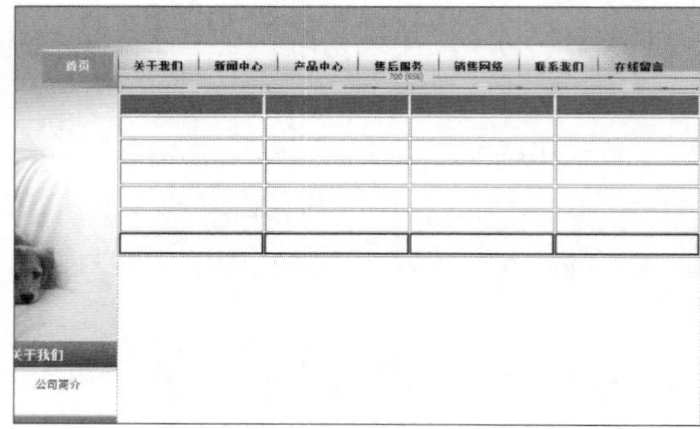
图 5-21

执行“修改”|“表格”|“插入列”命令，插入1列表格的效果，如图5-22所示。也可以执行“修改”|“表格”|“插入行或列”命令，打开“插入行或列”对话框进行设置，如图5-23所示。

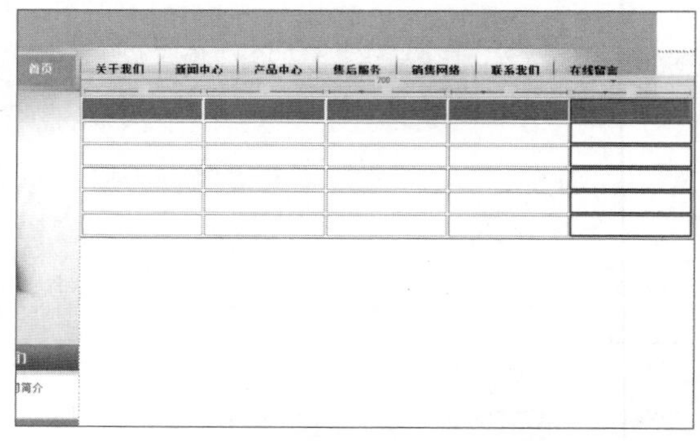
图 5-22

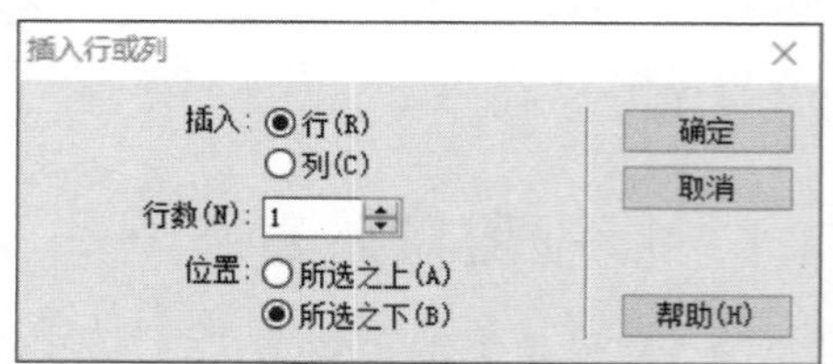

图 5-23

5.4.3　删除行和列

执行“修改”|“表格”|“删除行”命令，可以删除行；执行“修改”|“表格”|“删除列”命令，删除添加列。删除行、列的具体操作步骤如下。

打开网页文档，将插入点放在要删除行的位置，如图5-24所示，执行“修改”|“表格”|“删除行”命令即可，如图5-25所示。

图 5-24

图 5-25

将插入点放置在要删除列的位置，执行“修改”|“表格”|“删除列”命令，可删除表格列。设计者可以根据自己的需要灵活使用删除表格行或列命令。

知识点拨 设置表格宽度的单位有百分比和像素两种。如果当前打开的窗口宽度为300像素，当表格宽度为80%时，实际宽度为浏览器窗口宽度的80%，即为240像素。如果浏览器窗口的宽度为600像素，同样的方法可以计算出表格的实际宽度为480像素。由此可知，将表格的宽度用百分比来指定时，随着浏览器窗口宽度的变化，表格的宽度也会发生变化。与此相反，如果用像素来指定表格宽度，则与浏览器窗口的宽度无关，总会显示为一定的宽度。因此，缩小窗口的宽度时，有时会出现看不到表格全部的情况。

5.4.4　合并或拆分单元格

合并或拆分单元格可以丰富表格效果，使其呈现出不规则的质感。下面对单元格的合并和拆分进行介绍。

1. 合并单元格

选中网页文档中表格中连续的单元格，执行“修改”|“表格”|“合并单元格”命令即可。合并的单元格将应用所选的第一个单元格的属性，单个单元格的内容将被放置在最终的合并单元格中。图5-26和图5-27所示为合并单元格前后效果对比。

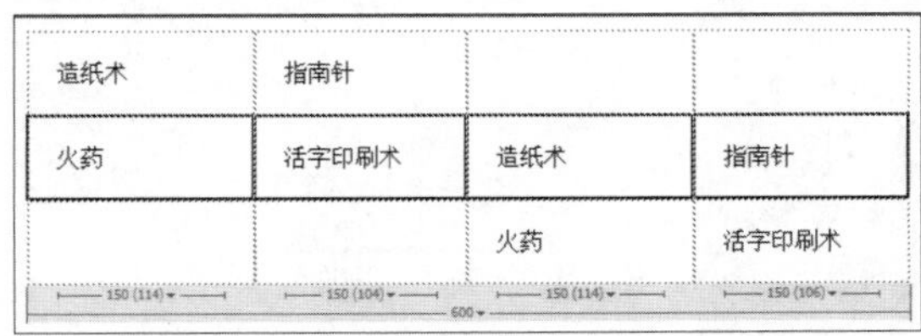

图 5-26

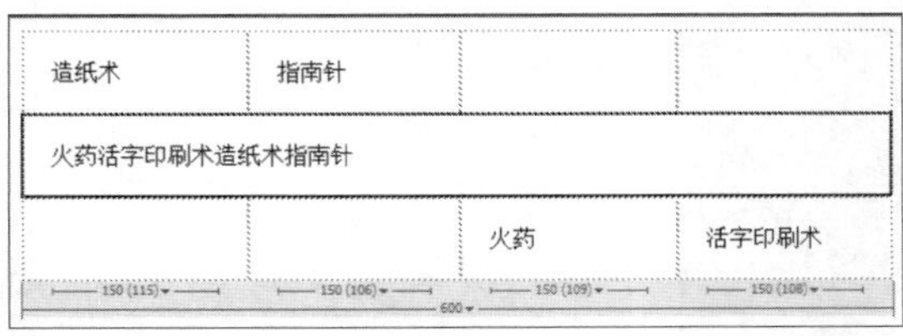

图 5-27

选中要合并的单元格后，单击“属性”面板中的“合并所选单元格，使用跨度”按钮，也可以将选中的单元格合并。

2. 拆分单元格

选中表格中要拆分的单元格，执行“修改”|“表格”|“拆分单元格”命令，打开“拆分单元格”对话框，如图5-28所示。在该对话框中设置参数后，单击“确定”按钮即可。也可以单击要拆分的单元格，在“属性”面板中单击“拆分单元格为行或列”按钮，打开“拆分单元格”对话框进行设置。

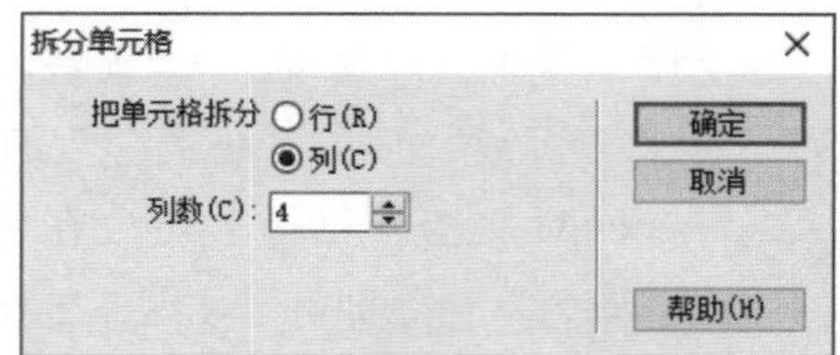

图 5-28

5.4.5 动手练：连锁超市网页

案例素材：本书实例/第5章/动手练/连锁超市网页

本案例将以连锁超市网页的制作为例，介绍表格的编辑方法，具体操作步骤如下。

步骤01 新建站点，将本章素材文件拖曳至站点文件夹中。双击打开素材文件，如图5-29所示。

步骤02 选中左起第1列单元格，执行“修改”|“表格”|“合并单元格”命令，合并单元格，在“属性”面板中设置其宽度为240，效果如图5-30所示。

图 5-29

图 5-30

步骤03 执行“插入”|“图像”命令，插入本章素材图像，如图5-31所示。

步骤04 选中右侧两列单元格的第1行，执行“修改”|“表格”|“合并单元格”命令，在“属性”面板中设置对齐方式为“左对齐”、高为40，输入文本，并设置文本格式为“标题2”，效果如图5-32所示。

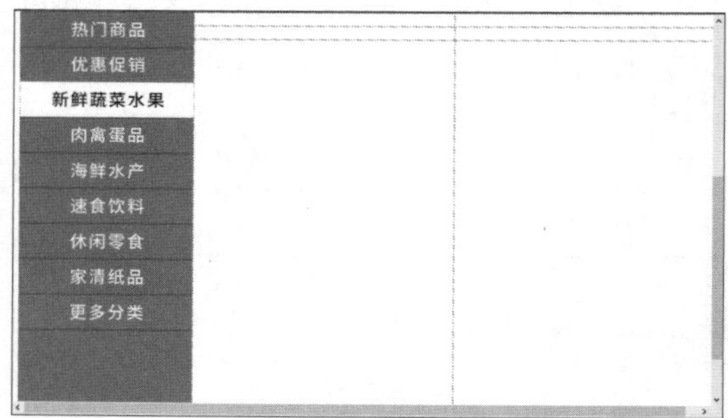

图 5-31

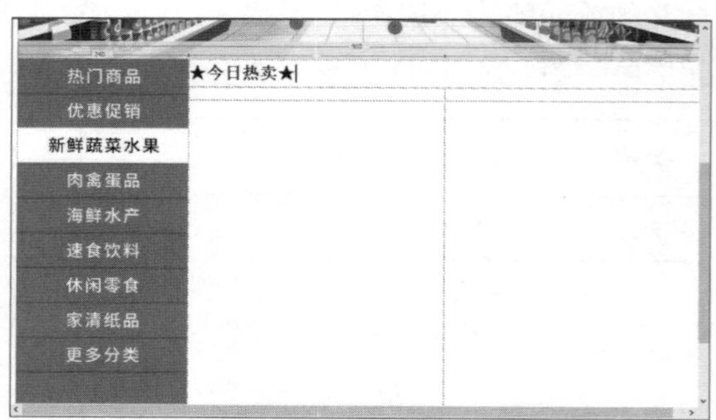

图 5-32

步骤 05 选中其余空白单元格，在“属性”面板中设置宽为300、高为280，在单元格中依次插入图像，如图5-33所示。

步骤 06 保存文件，按F12键预览效果，如图5-34所示。

图 5-33

图 5-34

至此，完成网页内容的设计。

5.5 案例实战：甜品店网页

案例素材：本书实例/第5章/案例实战/甜品店网页

本案例将以甜品店网页的制作为例，对表格的应用进行介绍，具体操作步骤如下。

步骤 01 新建站点，将本章素材文件拖曳至站点文件夹中。打开Dreamweaver软件，在“文件”面板中新建“index.html”文件，并双击打开。执行“插入”|“表格”命令，打开“表格”对话框，设置参数，如图5-35所示。

步骤 02 完成后单击“确定”按钮，插入表格，如图5-36所示。

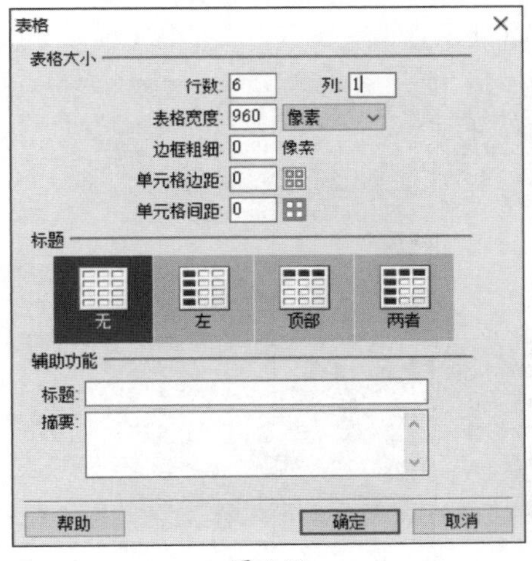

图 5-35

图 5-36

步骤 03 在表格第1行、第2行、第5行和第6行中依次插入图像，如图5-37所示。

图 5-37

步骤 04 选中表格第3行单元格，在“属性”面板中设置单元格对齐方式为“居中对齐”、高度为40，在单元格中输入文本，并设置文本格式为“标题2”，效果如图5-38所示。

图 5-38

步骤 05 选中表格第4行单元格，执行“修改”|“表格”|“拆分单元格”命令，打开“拆分单元格”对话框，设置参数，如图5-39所示。

步骤 06 完成后单击“确定”按钮拆分单元格，如图5-40所示。

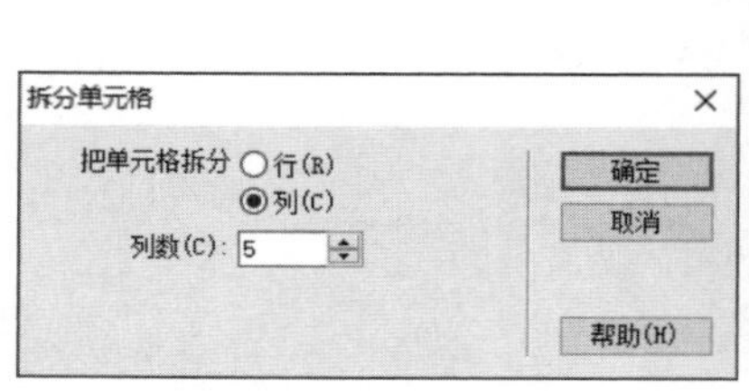

图 5-39

图 5-40

步骤07 选中拆分后的第1个和第5个单元格，在“属性”面板中设置宽度为30、高度为300。选中拆分后的第2～4个单元格，在“属性”面板中设置对齐方式为“居中对齐”、宽度为300，效果如图5-41所示。

步骤08 在第2～4个单元格中依次插入图像，如图5-42所示。

图 5-41

图 5-42

步骤09 保存文件，按F12键预览效果，如图5-43所示。

图 5-43

至此，完成甜品店网页的制作。

5.6 课后练习

1. 填空题

（1）Div标签只是一个标识，作用是把内容标识成一个____________。

（2）AP Div是一种页面元素，AP Div是指存放在Div和SPAN标记描述的HTML内容的____________，用于控制浏览器窗口中____________。

（3）当AP Div的内容超过AP Div的大小时，AP Div会自动向右或向下扩展以适应AP Div的内容时应该选择____________。

2. 选择题

（1）在Dreamweaver中，执行“插入”|“表格”命令，打开“表格”对话框，不可以设置的表格参数是（　　）。

A. 水平行数目　　B. 垂直列数目　　C. 每个单元格的宽度　　D. 表格的预设宽度

（2）在Dreamweaver中，关于拆分单元格说法错误的是（　　）。

A. 将光标定位在要拆分的单元格中，在“属性”面板中单击按钮

B. 将光标定位在要拆分的单元格中，在拆分单元格中选中行，表示水平拆分单元格

C. 将光标定位在要拆分的单元格中，选择列，表示垂直拆分单元格

D. 拆分单元格只能是将一个单元格拆分成两个

3. 操作题

利用已经学过的制作表格的相关知识在网页中插入如图5-44所示的彩色表格。

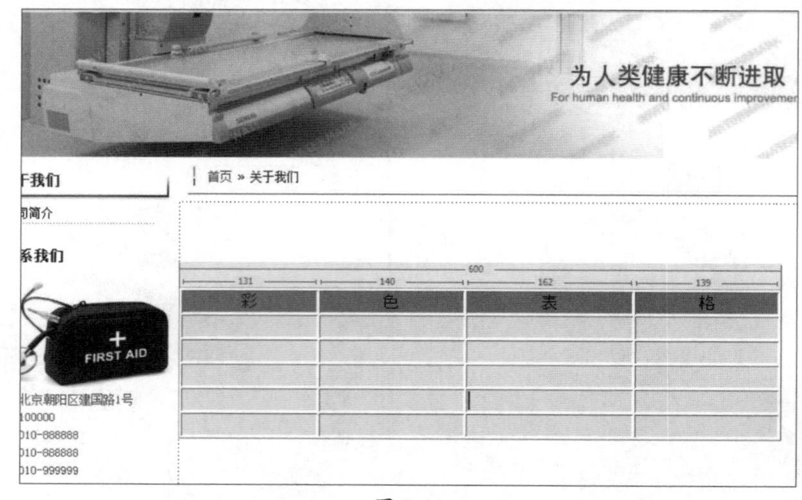

扫码看彩图

图 5-44

操作提示：

步骤 01 在网页中相应位置插入表格，并调整表格的大小。

步骤 02 在表格中输入文字。

步骤 03 选择需要设置颜色的单元格，在属性窗口中选择“背景颜色”选项。

步骤 04 按F12键，在浏览器预览最终效果。

第6章 CSS样式应用

CSS（Cascading Style Sheets，层叠样式表）是一种标记语言，主要用于控制网页元素的样式和布局，与仅使用HTML进行布局相比，CSS能够分离网页的内容与外观，使网页的视觉效果更加多样化。本章将对CSS进行介绍。

要点难点

- 选择器的类型与基础语法
- CSS设计器的应用
- CSS属性的设置
- CSS规则定义

6.1 CSS概述

CSS使得网页内容的格式化和视觉设计变得更加丰富和灵活。作为现代网页设计的基石，CSS得到了广泛的浏览器支持，是设计师不可或缺的工具。通过使用CSS，可以有效地简化网页标记，提升页面加载速度，并减少需要维护的代码量，显著提高网站的设计和管理效率。

6.1.1 CSS的特点

W3C（The World Wide Web Consortium）将动态HTML（Dynamic HTML，DHTML）定义为结合了脚本语言（JavaScript、VBScript等）、支持动态效果的浏览器（Internet Explorer）和CSS样式表的技术。通过这种整合，网页不仅能够实现动态交互效果，还能够提供更为灵活和高效的布局设计方式。

使用纯HTML进行网页设计时，实现动态效果和精确布局变得相对困难，需要设计人员进行大量的测试以确保布局的准确性，即使对于专业设计人员来说，这也是一个需要极大耐心的工作，CSS样式表的引入恰好解决了这一问题。

首先，它允许对网页上的元素进行精确的定位，使得设计者可以轻松地控制文本和图像，并将它们放置在所需的位置。其次，CSS实现了网页内容与格式控制的分离。这意味着网页本身可以仅包含内容结构，而所有的格式控制都通过引用外部的CSS样式表来实现。这不仅简化了网页的标记代码，还因为外部样式表可以被浏览器缓存，从而加快了页面的加载速度，并减少了必须上传的代码量（因为样式表只需被下载或上传一次）。最后，当需要改变网站风格时，只需修改CSS样式表，便可以轻松改变整个网站的外观。这一点在管理大量网页时尤其有用。

6.1.2 CSS的定义

CSS格式设置规则由选择器和声明两部分组成，选择器是标识已设置格式元素的术语，声明大多数情况下为包含多个声明的代码块，用于定义样式属性。声明又包括属性和值两部分。其基本语法如下：

```
选择器{属性名:属性值;} 即 selector{properties:value;}
```

其中各部分作用分别如下。

- **选择器：** 用于定义CSS样式名称，以选择对应的HTML元素进行设置。每种选择器都有各自的写法。
- **属性：** 是CSS的重要组成部分，是修改网页中元素样式的根本。
- **属性值：** 是CSS属性的基础。所有的属性都需要有一个或以上的属性值。

CSS可以定义多种选择器，不同选择器定义方法不同，使用方法也不同，下面分别进行介绍。

1. 标签选择器

一个HTML页面由很多不同的标签组成，CSS标记选择器就是声明哪些标签采用哪种CSS样式。例如：

```
h1{color:red; font-size:25px;}
```

这里定义了一个h1选择器，针对网页中所有的<h1>标签都会自动应用该选择器中所定义的CSS样式，即网页中所有的<h1>标签中的内容都以大小是25像素的红色字体显示。

2. 类选择器

类选择器用来定义某一类元素的外观样式，可应用于任何HTML标签。类选择器的名称由用户自定义，一般需要以“.”作为开头。在网页中应用类选择器定义的外观时，需要在应用样式的HTML标签中添加class属性，并将类选择器名称作为其属性值进行设置。例如：

```
.style_text{color:red; font-size:25px;}
```

这里定义了一个名称是“style_text”的类选择器，如果需要将其应用到网页中<div>标签中的文字外观，则添加如下代码：

```
<div class= “style_text” >这是一个类选择器的例子 1</div>
<div class= “style_text” >这是一个类选择器的例子 2</div>
```

网页最终的显示效果是两个<div>中的文字“这是一个类选择器的例子1”和“这是一个类选择器的例子2”都会以大小是25像素的红色字体显示。

3. ID 选择器

ID 选择器类似于类选择器，用来定义网页中某一个特殊元素的外观样式，ID选择器的名称由用户自定义，一般需要以“#”作为开头。在网页中应用ID选择器定义的外观时，需要在应用样式的HTML标签中添加id属性，并将ID选择器名称作为其属性值进行设置。例如：

```
#style_text{color:red; font-size:25px;}
```

这里定义了一个名称是“style_text”的ID选择器，如果需要将其应用到网页中<div>标签中的文字外观，则添加如下代码：

```
<div id=“style_text” >这是一个 ID 选择器的例子 </div>
```

网页最终的显示效果是<div>中的文字“这是一个ID选择器的例子”会以大小是25像素的红色字体显示。

4. 复合选择器

复合选择器可以同时声明风格完全相同或部分相同的选择器。当有多个选择器使用相同的设置时，为了简化代码，可以一次性为它们设置样式，并在多个选择器之间加上“,”来分隔它们，当格式中有多个属性时，则需要在两个属性之间用“;”来分隔。

5. 伪类选择器

伪类选择器可以实现用户和网页交互的动态效果，例如超链接的外观。一般伪类选择器包括链接和用户行为，链接就是“:link”和“:visited”，而用户行为包括“:hover”“:active”和“:hover”。例如：

```
a:link{color:black;font-size:12px; text-decoration: none;}
a:visited{color:black; font-size:12px; text-decoration: none;}
```

```
a:active {color:orange; font-size:12px;text-decoration: none;}
a:hover {color:orange; font-size:12px;text-decoration: none;}
```

上述代码定义了一个超链接动态外观，“a:link”指定未单击超链接时的外观，“a:visited”指定超链接访问过的外观，“a:active”指定超链接激活时的外观，“a:hover”指定光标停留在超链接上时的外观。将上述CSS代码添加到网页中时，会自动应用到网页中的所有超链接外观，即未单击超链接和访问过超链接时显示字体为黑色、大小为12像素、不带下画线效果，当激活超链接时和光标停留超链接时显示字体为桔色、大小为12像素、不带下画线效果。

6.1.3 CSS的设置

CSS属性影响着网页元素的样式，是CSS样式的重要组成部分，用户可以新建CSS规则后对CSS进行设置。执行“格式”|“CSS样式”|“新建”命令，打开“新建CSS规则”对话框，如图6-1所示。

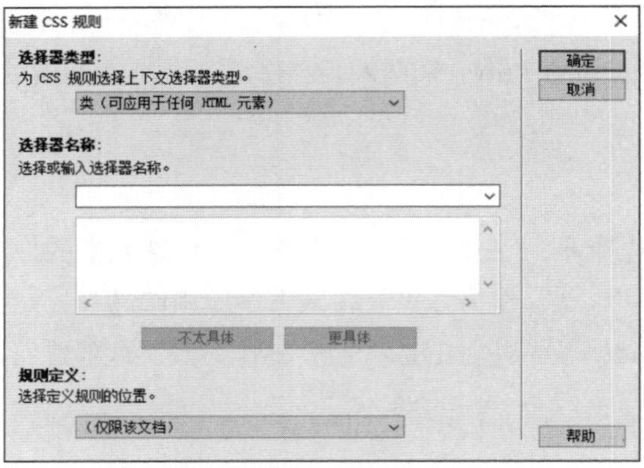

图 6-1

从中设置选择器类型、名称及定义规则位置后，单击“确定”按钮，将打开“CSS规则定义”对话框，从中可以设置类型、背景、区块、方框、边框、列表、定位、扩展和过渡9个类别的CSS属性，下面对此进行介绍。

1. 类型

“类型”选项卡中的属性主要用于设置文本，如图6-2所示。

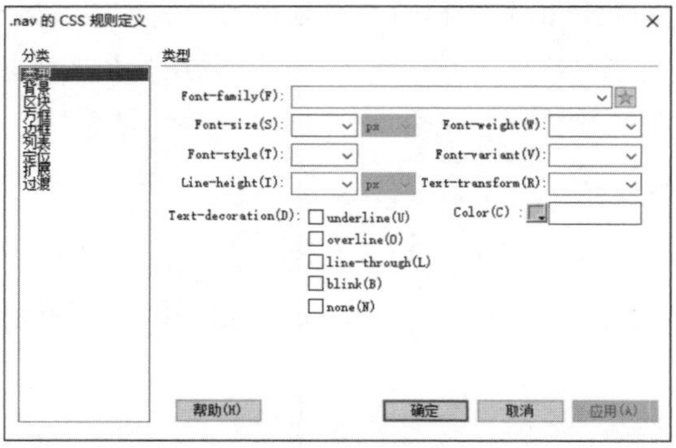

图 6-2

该选项卡中相关属性介绍如下。

- **Font-family：** 用于指定文本的字体，多个字体之间以逗号分隔，按照优先顺序排列。
- **Font-size：** 用于指定文本中的字体大小，可以直接指定字体的像素（px）大小，也可以采用相对设置值。
- **Font-weight：** 指定字体的粗细。
- **Font-style：** 用于设置字体的风格。
- **Font-variant：** 设置文本变体，主要定义小型的大写字母字体。
- **Line-height：** 用于设置文本所在行的高度。
- **Text-transform：** 可以控制将选定内容中的每个单词的首字母大写或者将文本设置为全部大写或小写。
- **Text-decoration：** 向文本中添加下画线、上画线或删除线，或使文本闪烁。
- **Color：** 用于设置文本的颜色。

> **注意事项** 用户也可以在"属性"面板中设置"目标规则"为要编辑的CSS规则，然后单击"编辑规则"按钮，或在"CSS样式"面板中选中规则后，单击"编辑样式"按钮打开"CSS规则定义"对话框进行设置。

2. 设置背景属性

"背景"选项卡中选项的功能主要是在网页元素后面添加固定的背景颜色或图像，如图6-3所示。

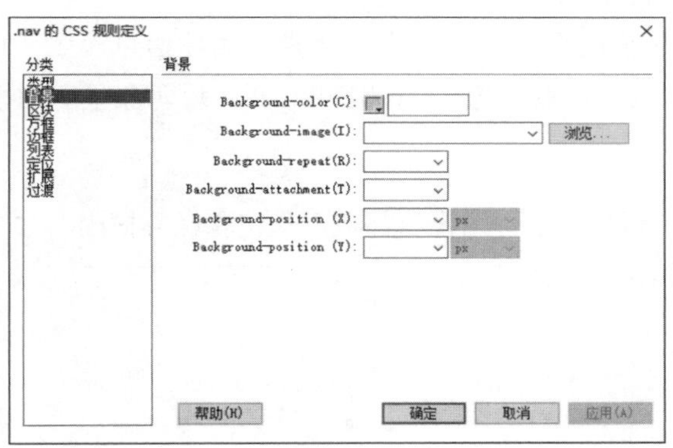

图 6-3

该选项卡中相关属性介绍如下。

- **Background-color：** 用于设置CSS元素的背景颜色。属性值设置为transparent表示透明。
- **Background-image：** 用于定义背景图片，属性值设置为URL（背景图片路径）。
- **Background-repeat：** 用来确定背景图片如何重复。其属性值为repeat-x：背景图片横向重复；repeat-y：背景图片纵向重复；no-repeat：背景图片不重复。如果不设置该属性，则背景图片既横向平铺，又纵向重复。
- **Background-attachment：** 设定背景图片是跟随网页内容滚动，还是固定不动。属性值可设置为scroll（滚动）或fixed（固定）。
- **Background-position：** 设置背景图片的初始位置。

3. 设置区块属性

“区块”选项卡中选项功能主要是定义样式的间距和对齐设置，如图6-4所示。

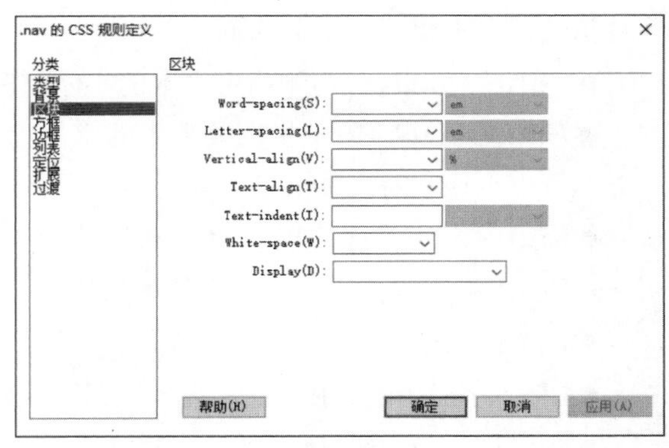

图 6-4

该选项卡中相关属性介绍如下。

- **Word-spacing：** 用于设置文字的间距。
- **Letter-spacing：** 用于设置文本及字母的间距。如需要减少字符间距，可指定一个负值。
- **Vertical-align：** 用于设置文字或图像相对于其父容器的垂直对齐方式。属性值可设置为auto（自动）、baseline（基线对齐）、sub（对齐下标）、super（对齐上标）、top（对齐顶部）、text-top（文本与对象顶部对齐）、middle（内容与对象中部对齐）、bottom（内容与对象底部对齐）、text-bottom（文本与对象底部对齐）、length（百分比）。
- **Text-align：** 用于设置区块的水平对齐方式。其属性值可设置为left（左对齐）、 right（右对齐）、center（居中对齐）、justify (两端对齐）。
- **Text-indent：** 指定第一行文本缩进的程度。属性值可选择绝对单位（cm、mm、in、pt、pc）或相对单位（em、ex、px）以及百分比（percentage）。
- **White-space：** 确定如何处理元素中的空白。
- **Display：** 指定是否显示以及如何显示元素。属性值可设置为block（块对象）、none（隐藏对象）、inline（内联对象）、inline-block（块对象呈现内联对象）。

4. 设置方框属性

网页中的所有元素，包括文字、图像等都被看作包含在方框内，如图6-5所示。

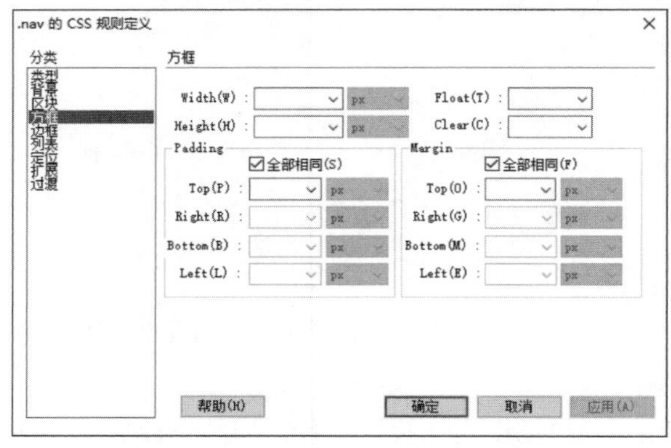

图 6-5

该选项卡中相关属性介绍如下。

- **Width：** 用于设置网页元素对象宽度。
- **Height：** 用于设置网页元素对象高度。
- **Float：** 用于设置网页元素浮动。属性值可设置为none（不浮动）、left（浮动到左边）、right（浮动到右边）。

- **Clear:** 用于清除浮动。属性值可设置为none（不清除）、left（清除左边浮动）、right（清除右边浮动）、both（清除两边浮动）。
- **Padding:** 指定显示内容与边框间的距离。
- **Margin:** 指定网页元素边框与另外一个网页元素边框之间的间距。

Padding属性与Margin属性可与top、right、bottom、left组合使用，用来设置距上、右、下、左的间距。

5. 设置边框属性

"边框"选项卡中的选项可用来设置网页元素的边框外观，如图6-6所示。

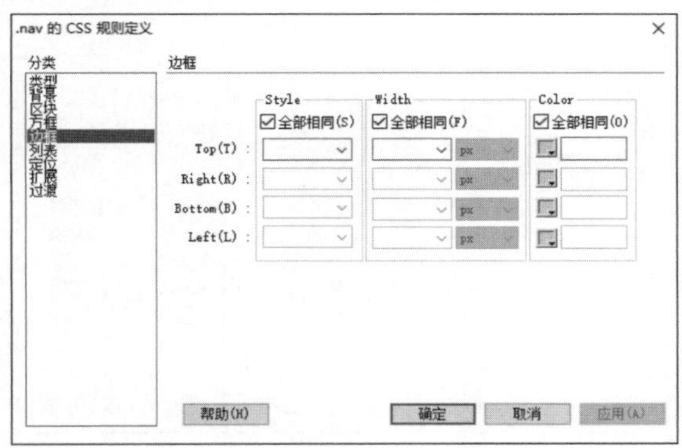

图 6-6

该选项卡中相关属性介绍如下。

- **Style:** 用于设置边框的样式，属性值可设置为none（无）、hidden（隐藏）、dotted（点线）、dashed（虚线）、solid（实线）、double（双线）、groove3D（槽线式边框）、ridge3D（脊线式边框）、inset3D（内嵌效果的边框）、outset3D（突起效果的边框）。
- **Width:** 用于设置边框宽度。
- **Color:** 用于设置边框颜色。

6. 设置列表属性

"列表"选项卡中的选项可用于设置列表的类型等，如图6-7所示。

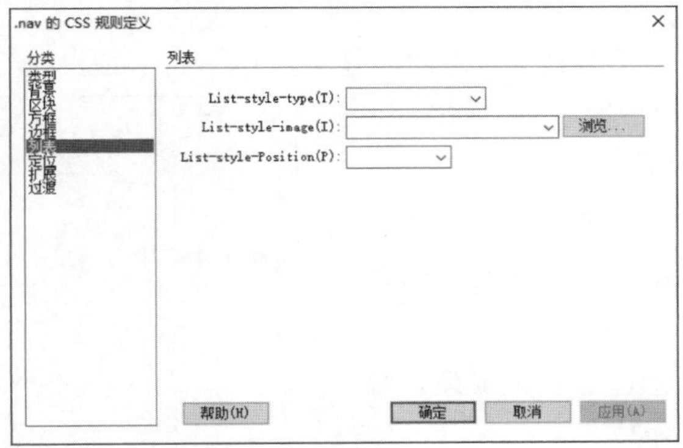

图 6-7

该选项卡中相关属性介绍如下。

- **List-style-type：** 用于设置列表样式，属性值可设置为disc（默认值-实心圆）、circle（空心圆）、square（实心方块）、decimal（阿拉伯数字）、lower-roman（小写罗马数字）、upper-roman（大写罗马数字）、low-alpha（小写英文字母）、upper-alpha（大写英文字母）、none（无）。
- **List-style-image：** 用于设置列表标记图像，属性值为URL（标记图像路径）。
- **List-style-Position：** 用于设置列表位置。

7. 设置定位属性

“定位”选项卡中的选项用于精确定位网页中的元素，如图6-8所示。

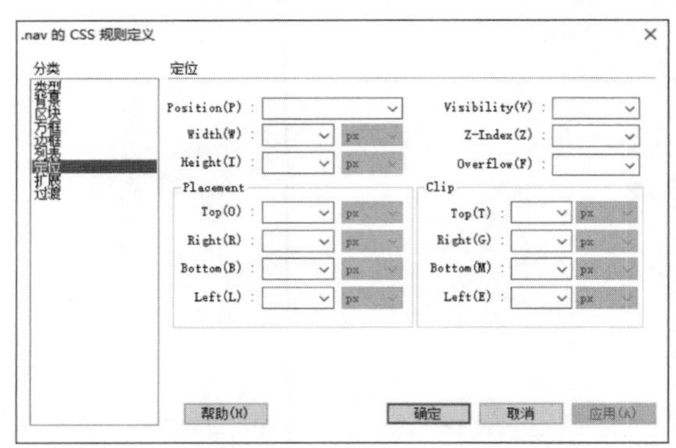

图 6-8

该选项卡中相关属性介绍如下。

- **Position：** 用于设定定位方式，属性值可设置为static（默认）、absolute（绝对定位）、fixed（相对固定窗口的定位）、relative（相对定位）。
- **Visibility：** 指定元素是否可见。
- **Z-Index：** 指定元素的层叠顺序，属性值一般是数字，数字大的显示在上面。
- **Overflow：** 指定超出部分的显示设置。
- **Placement：** 指定AP Div的位置和大小。
- **Clip：** 定义AP Div的可见部分。

8. 设置扩展属性

“扩展”选项卡包括分页和视觉效果两部分，如图6-9所示。分页是指通过样式为网页添加分页符号。通过视觉效果可以设置光标效果，以及滤镜为页面添加的视觉效果。

该选项卡中相关属性介绍如下。

- **Page-break-before：** 为打印的页面设置分页符。
- **Page-break-after：** 检索或设置对象后出现的页分隔符。
- **Cursor：** 定义光标形式。
- **Filter：** 定义滤镜集合。

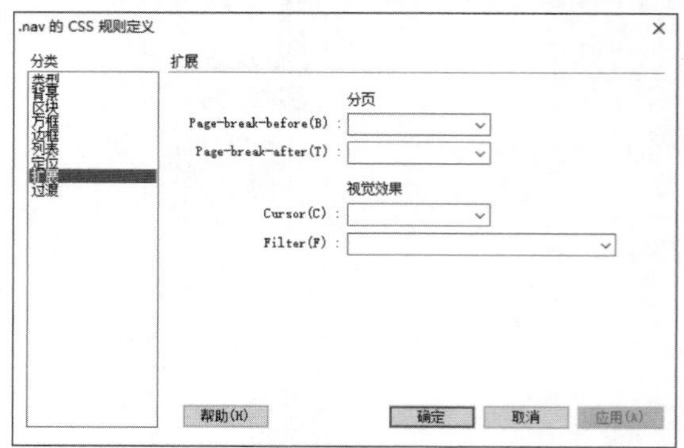

图 6-9

9. 设置过渡属性

使用“CSS 过渡效果”面板可将平滑属性变化更改应用于基于CSS的页面元素，以响应触发器事件，如图6-10所示。

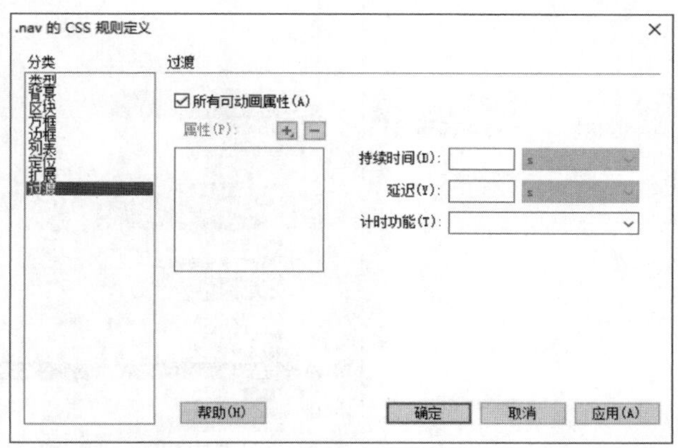

图 6-10

6.1.4 “CSS样式”面板

除了通过“CSS规则定义”对话框设置CSS属性外，用户还可以通过“CSS样式”面板进行设置，除此之外，“CSS样式”面板还支持新建规则或链接规则。图6-11所示为打开的“CSS样式”面板。

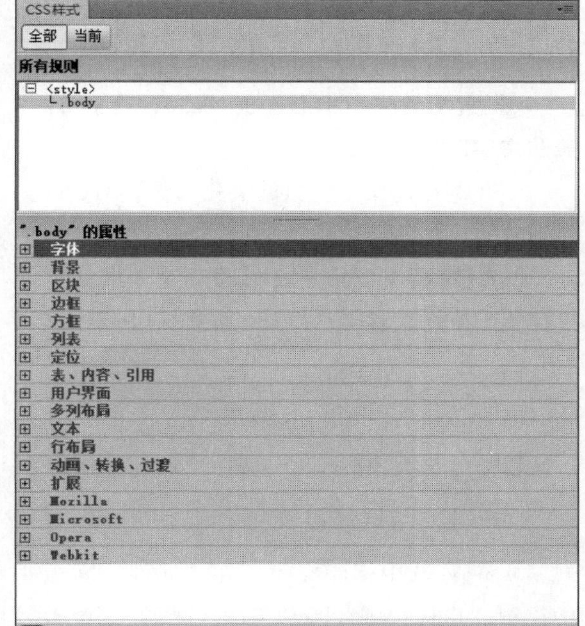

图 6-11

该面板中部分按钮作用如下。

- **只显示设置属性**：单击该按钮，将仅显示设置过的属性。
- **附加样式表**：单击该按钮，将打开“链接外部样式表”对话框，用户可以在该对话框中链接外部样式表。
- **新建CSS规则**：单击该按钮，将打开“新建CSS规则”对话框以新建CSS规则。
- **编辑样式**：单击该按钮，将打开“CSS规则定义”对话框，以编辑CSS样式。
- **禁用/启用CSS属性**：选择“CSS样式”面板中设置的属性，单击该按钮将禁用或启用该属性。
- **删除CSS属性**：单击该按钮，将删除选中的CSS属性。

选中具体的CSS规则后，在“CSS样式”面板中可以展开对应的属性类别，对其字体、背景、区块、边框等属性进行设置，如图6-12和图6-13所示，以便获得更精美的网页效果。

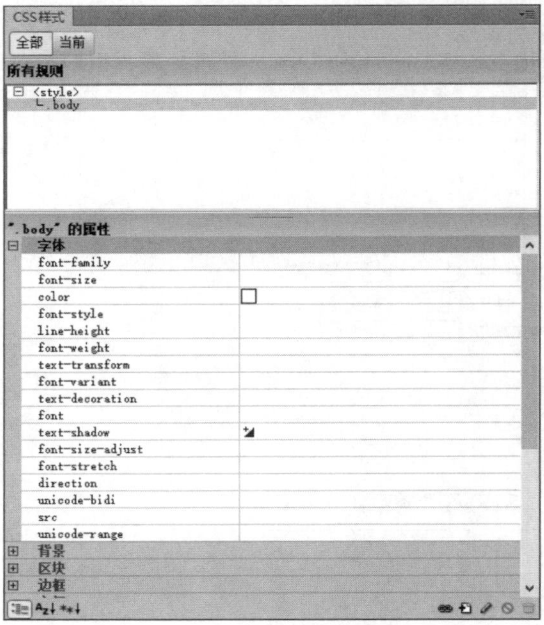

图 6-12

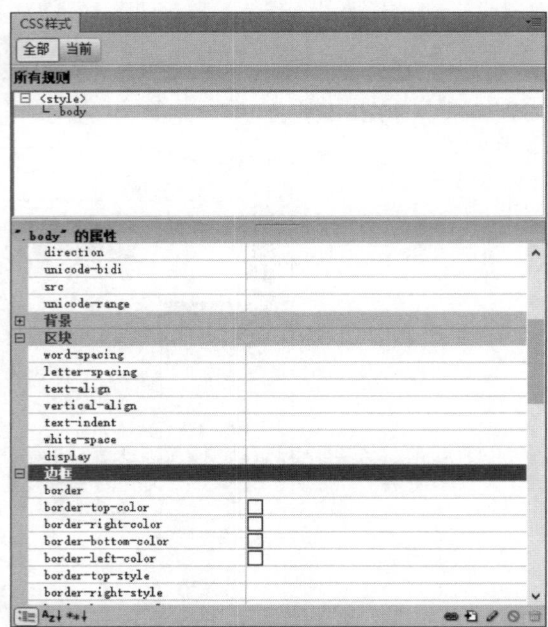

图 6-13

6.1.5 动手练：美化文学网页

案例素材：本书实例/第6章/动手练/美化文学网页

本案例将以文字网页的美化为例，对CSS进行介绍，具体操作如下。

步骤01 将本章素材文件移动至本地站点文件夹，双击素材文件打开，如图6-14所示。

图 6-14

步骤02 选中标题文字，在“属性”面板中设置“目标规则”为“新CSS规则”，单击“编辑规则”按钮打开“新建CSS规则”对话框，设置参数，如图6-15所示。

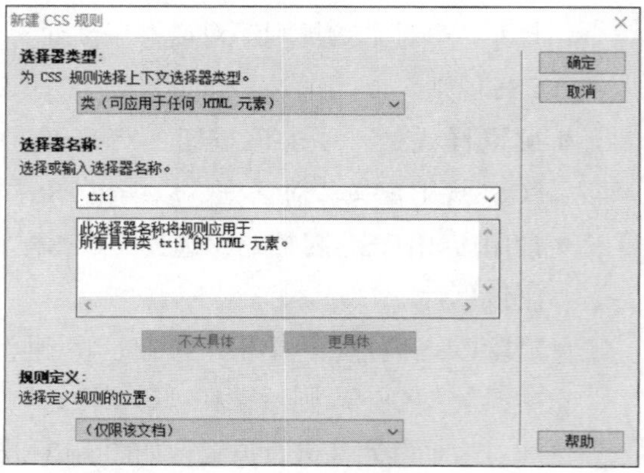

图 6-15

步骤 03 完成后单击“确定”按钮，打开“CSS规则定义”对话框，选择“类型”选项卡设置参数，如图6-16所示。

步骤 04 选择“区块”选项卡，设置Text-align为center，如图6-17所示。

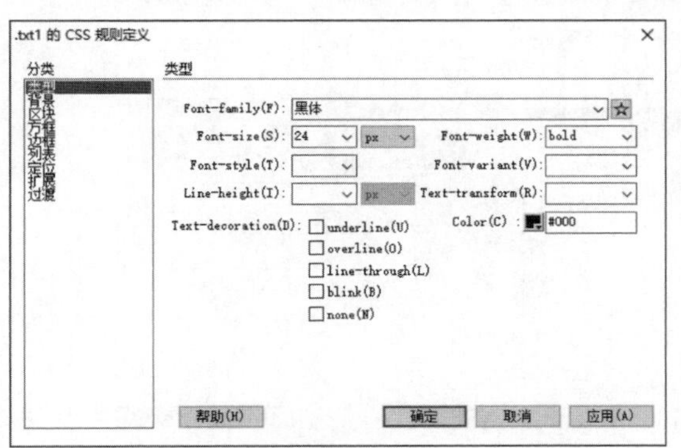

图 6-16

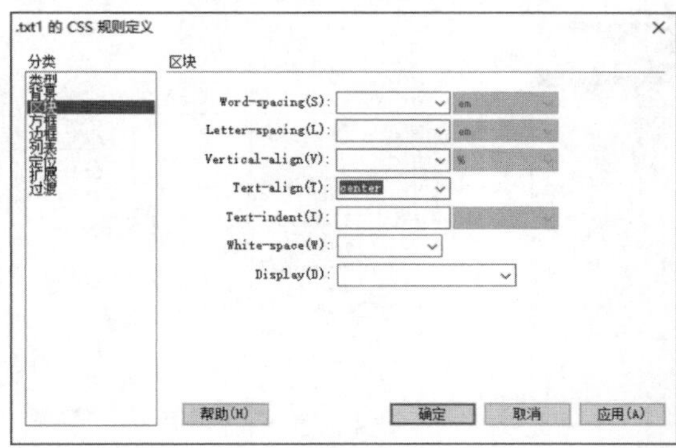

图 6-17

步骤 05 完成后单击“确定”按钮，效果如图6-18所示。

步骤 06 选中朝代及作者文本，新建类选择器“.txt2”，在“CSS规则定义”对话框的“类型”选项卡中设置参数，如图6-19所示。

图 6-18

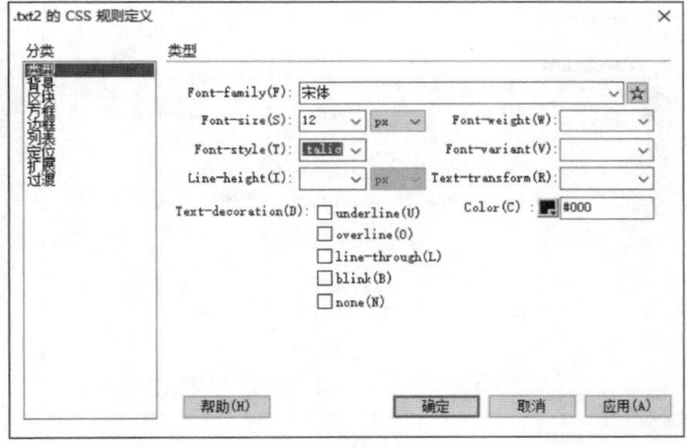

图 6-19

步骤 07 选择“区块”选项卡设置参数，如图6-20所示。

步骤 08 完成后单击“确定”按钮，效果如图6-21所示。

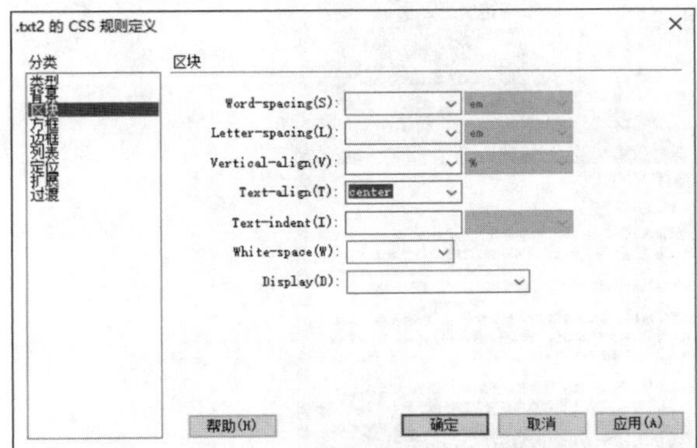

图 6-20

图 6-21

步骤 09 选中段落文本，新建类选择器“.txt3”，在“CSS规则定义”对话框中设置参数，如图6-22所示。

步骤 10 选择“区块”选项卡设置参数，如图6-23所示。

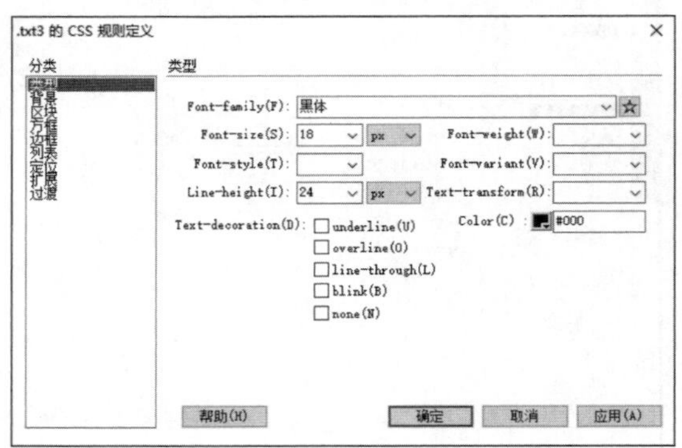

图 6-22

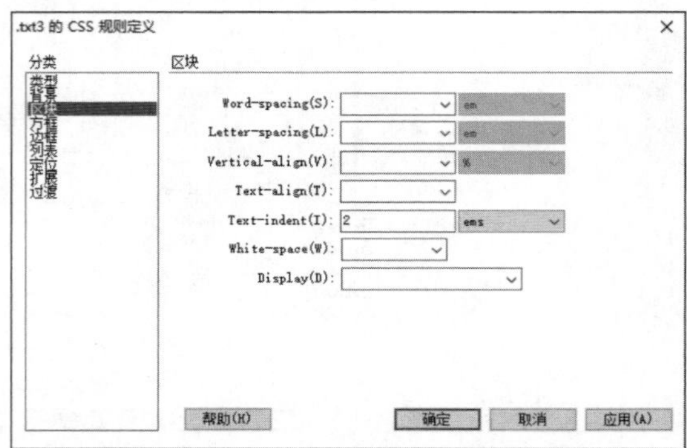

图 6-23

步骤 11 完成后单击“确定”按钮。选中最底部文本，新建类选择器“.txt4”，在“CSS规则定义”对话框的“类型”选项卡中设置参数，如图6-24所示。

步骤 12 选择“背景”选项卡设置参数，如图6-25所示。

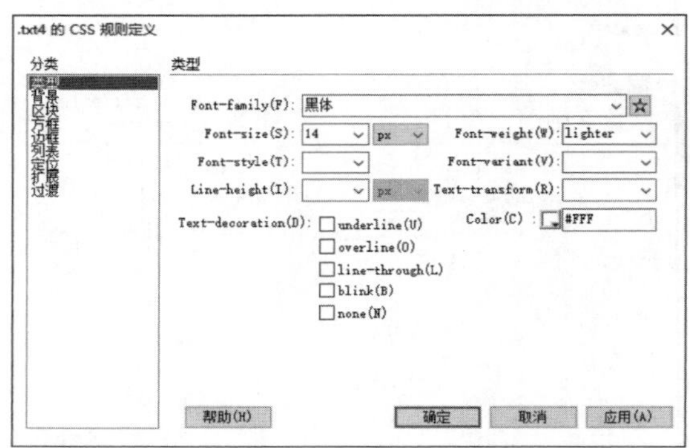

图 6-24

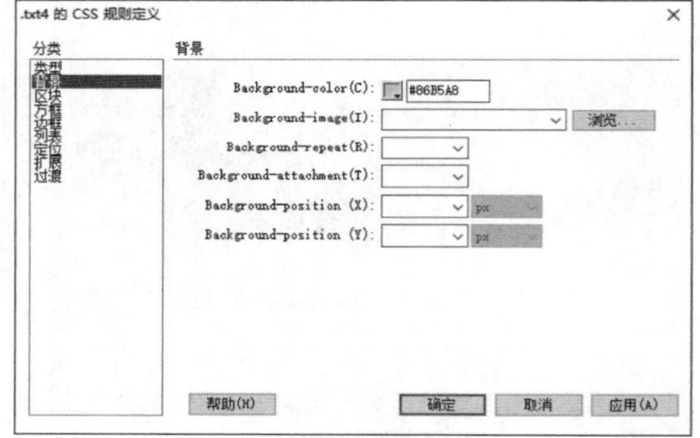

图 6-25

步骤 13 完成后单击“确定”按钮，效果如图6-26所示。

图 6-26

步骤 14 保存文件，按F12键在浏览器中预览效果，如图6-27所示。

图 6-27

6.2 使用CSS

Dreamweaver支持创建内部样式表和外部样式表，内部样式表附加在文档内，外部样式表则是一个单独的CSS文档。下面对此进行介绍。

6.2.1 外联样式表

将网页的外观样式定义到一个单独的CSS文件中，通过在网页HTML文件中的<head></head>标签之间添加<link>标签，便可将当前网页和应用的样式文件进行关联。这样做的优点是可以将网页显示内容和显示样式分离开，方便网页设计人员集中管理网站风格，进行网页页面维护。

创建当前网页的外联样式表的具体操作步骤如下。

启动Dreamweaver，打开要链接外联样式表的网页“index.html”，如图6-28所示。执行“窗口”|“CSS样式”命令，打开“CSS样式”面板，如图6-29所示。

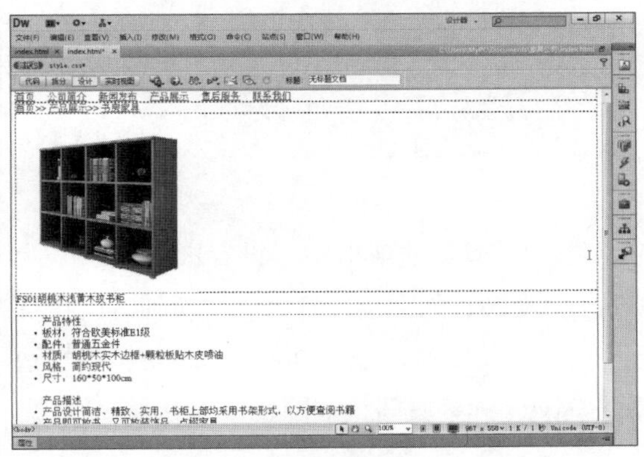

图 6-28

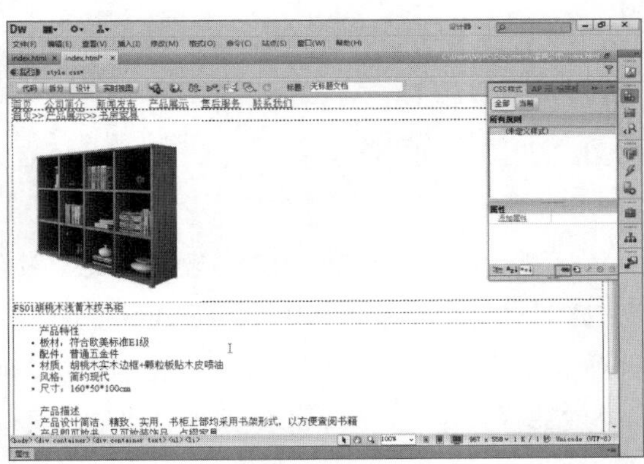

图 6-29

在“CSS样式”面板下方单击按钮，打开“链接外部样式表”对话框，在“文件/URL”文本框内可输入要链接的样式文件路径，如图6-30所示。单击“确定”按钮，依次关闭对话框。在“CSS样式”面板中可以看到链接的外部CSS样式效果，如图6-31所示。

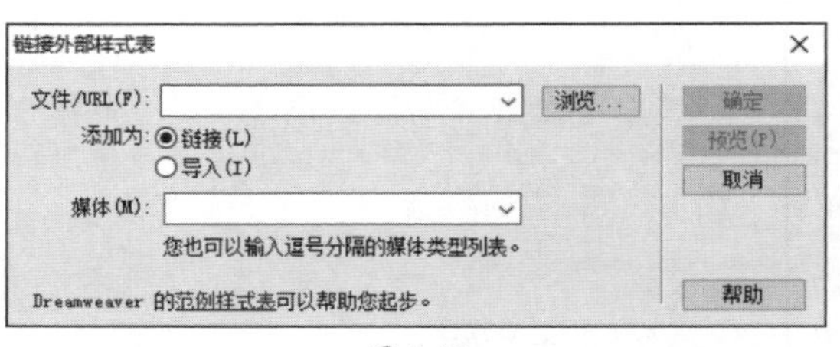

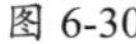
图 6-30

图 6-31

6.2.2 内嵌样式表

内联样式是将CSS代码混合在HTML代码中，一般会内嵌在网页头部的<style></style>之间，该样式内容只能应用在当前网页中，不能被其他网页共享使用。

创建网页的内嵌样式表具体操作步骤如下。

启动Dreamweaver，打开网页“index.html”，选中要内嵌样式的文本。在“属性”面板中，目标规则选择“新CSS规则”，之后单击“编辑规则”按钮，如图6-32所示。打开“新建CSS规则”对话框，选择器类型选择“类（可应用任何HTML元素）”，选择器名称文本框输入“.content_title”，规则定义选择“仅限该文档”，单击“确定”按钮，如图6-33所示。

图 6-32

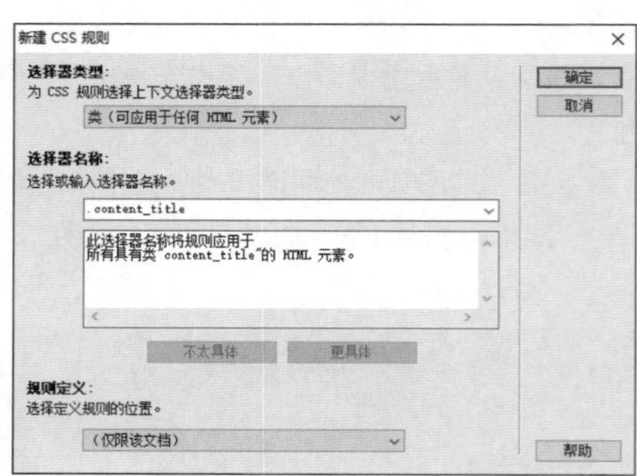

图 6-33

打开“.content_title的CSS规则定义”对话框，在“类型”选项卡中，设置Font-family为“宋体”、Font-size为16、Font-weight为bold、Line-height为25，如图6-34所示。切换到“区块”选项卡，设置Text-align为center，依次单击“确定”按钮，关闭对话框。Dreamweaver会将刚选中的CSS样式定义以代码形式添加到当前网页<style></style>标签之间，如图6-35所示。

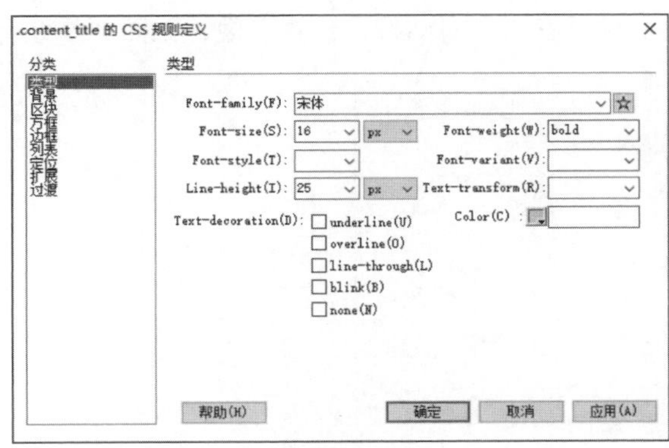

图 6-34

图 6-35

选中文本，应用样式。执行“文件”|“保存”命令，保存网页，如图6-36所示。

图 6-36

6.3 案例实战：设计茶具网页

案例素材：本书实例/第6章/案例实战/设计茶具网页

本案例将以茶具网页样式的调整为例，对CSS进行介绍，具体操作步骤如下。

步骤 01 将本章素材文件移动至本地站点文件夹，双击素材文件打开，如图6-37所示。

步骤 02 选中文本“茶杯制品”，在“属性”面板中设置“目标规则”为“新CSS规则”，单击“编辑规则”按钮打开“新建CSS规则”对话框，设置参数，如图6-38所示。

图 6-37

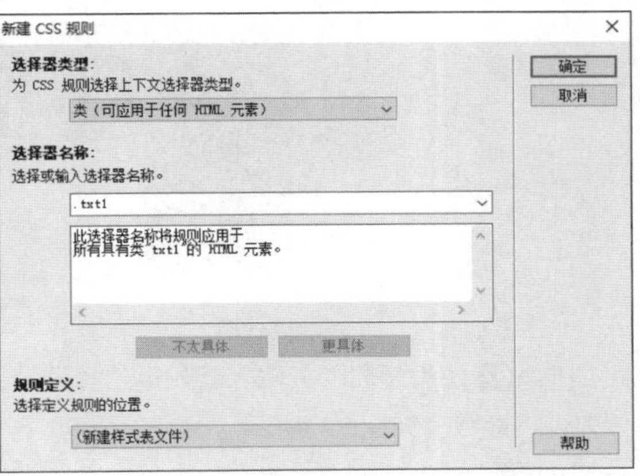

图 6-38

步骤 03 单击“确定”按钮，打开“将样式表文件另存为”对话框，设置参数，如图6-39所示。

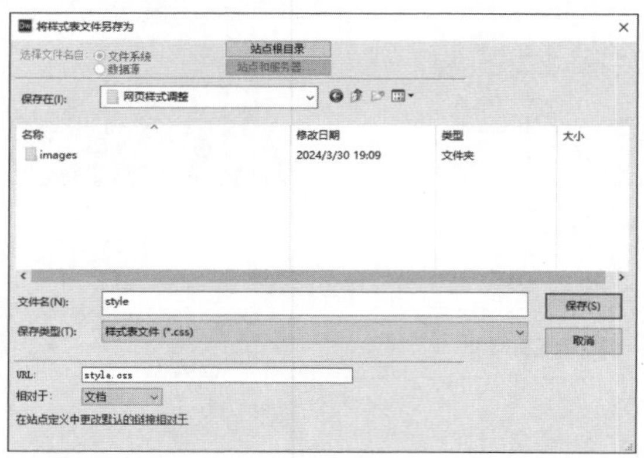

图 6-39

步骤 04 完成后单击“确定”按钮打开“CSS规则定义”对话框，选择“类型”选项卡设置参数，如图6-40所示。

步骤 05 切换至“区块”选项卡，设置参数，如图6-41所示。

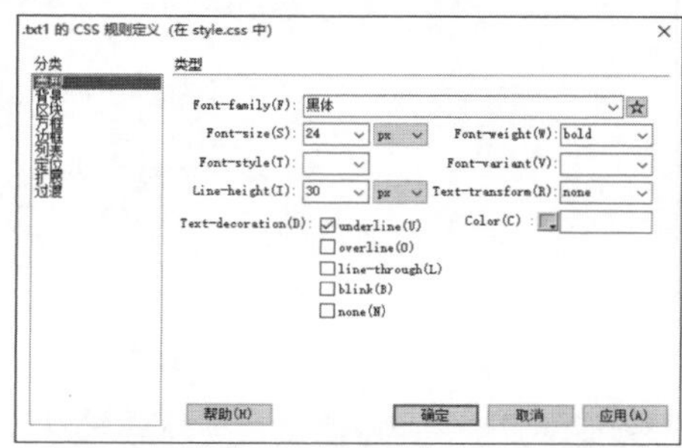

图 6-40

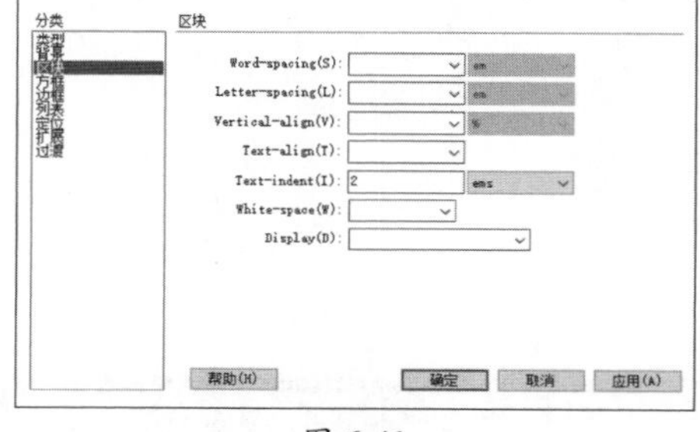

图 6-41

步骤 06 完成后单击“确定”按钮，效果如图6-42所示。

图 6-42

步骤 07 使用相同的方法，新建类选择器“.img”，在“CSS规则定义”对话框“方框”选项卡中设置参数，如图6-43所示。

步骤 08 完成后单击“确定”按钮，效果如图6-44所示。

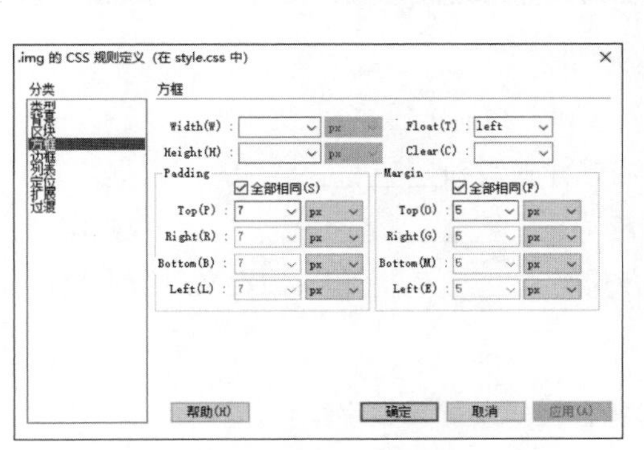

图 6-43

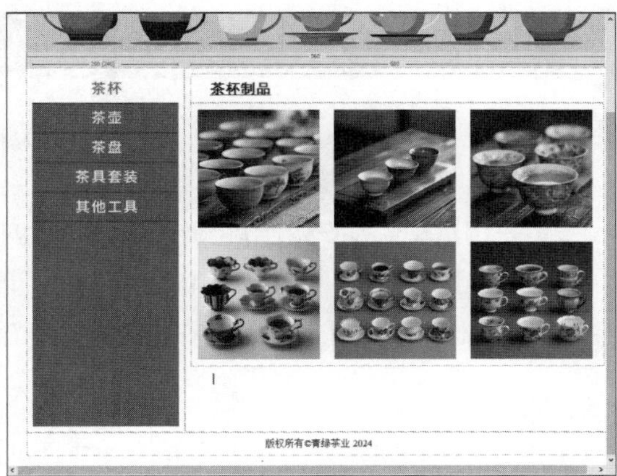

图 6-44

步骤 09 选中最底部文本，新建类选择器“.txt2”，在“CSS规则定义”对话框“类型”选项卡中设置参数，如图6-45所示。

步骤 10 选择“背景”选项卡设置参数，如图6-46所示。

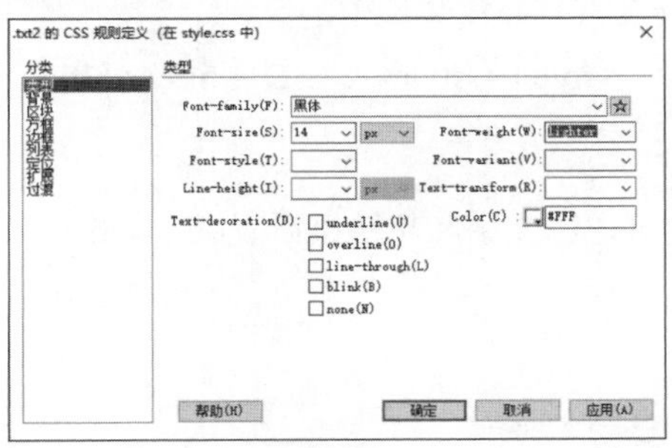

图 6-45

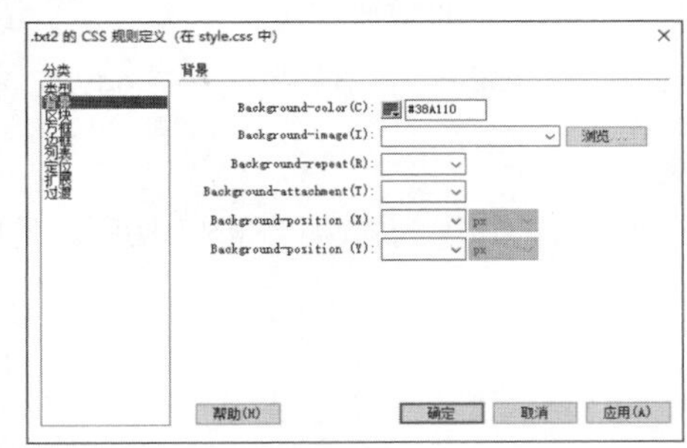

图 6-46

步骤 11 完成后单击“确定”按钮，效果如图6-47所示。

步骤 12 保存文件，按F12键在浏览器中预览效果，如图6-48所示。

图 6-47

图 6-48

至此完成网页样式的调整。

6.4 课后练习

1. 填空题

（1）CSS样式面板提供了两种模式：____________和“当前”模式。

（2）在网页中添加CSS样式表的方式主要包括内嵌样式表和____________等。

（3）“新建CSS规则”对话框中主要包括三部分：____________、____________和规则定义。

（4）“方框”选项可以对元素在页面上的放置方式的____________和属性定义进行设置。

2. 选择题

（1）类名称必须以（　　）为开头，并且可以包含任何字母和数字组合。

A. .　　B. #　　C. *　　D. _

（2）可以对网页中的文本、图像等元素的间距、对齐方式和文字缩进等属性进行设置的选项是（　　）。

A. 类型　　B. 区块　　C. 列表　　D. 定位

（3）内部样式表通常放在（　　）内，直接包含在HTML文档中。

A. <head></head>　　B. <body></body>　　C. <style></style>　　D. <title></title>

3. 操作题

利用所学过的知识为图6-49和图6-50所示的网页中的文字和超链接设置CSS样式。

图 6-49

图 6-50

操作提示：

步骤 01 打开“Index1-sc.html”网页，新建“css.css”和“layout.css”文件。

步骤 02 执行“窗口”|“CSS样式”命令，在“CSS样式”面板中定义，并将该样式应用至合适的位置。

第7章 Div+CSS布局

传统表格式布局方法过于依赖Table标签，这往往导致网页代码冗长，降低了代码的可读性，且减缓了网页的加载速度。与之相比，采用Div+CSS的布局方式不仅能够减少页面代码量，使得页面结构更为清晰，还能提升加载速度，方便网站的后期维护工作。

要点难点

- Div和CSS布局基础
- Web标准
- Div的创建
- CSS布局方法

7.1 Div与CSS布局基础

Div+CSS是当前主流的网页布局技术，它能够实现对网页元素的精确定位，让网页布局更加灵活和美观，同时也便于维护。本节将对此进行介绍。

7.1.1 什么是Web标准

Web标准不是某一个标准，而是一系列标准的集合，包括有关于全球资讯网各方面的定义和说明的正式标准以及技术规范。网页主要由结构、表现和行为三部分组成。对应的标准也分为三个方面。

1. 结构

结构用于对网页中用到的信息进行分类与整理。结构标准语言主要包括XHTML和XML。

XML是可扩展标记语言，最初设计是为了弥补HTML的不足。XML以强大的扩展性满足网络信息发布的需要，后来逐渐用于网络数据的转换和描述。

XHTML是可扩展超文本标记语言，是在HTML 4.0的基础上，使用XML的规则对其进行扩展发展起来的，目的是基于XML应用。

2. 表现

表现用于对信息的版式、颜色和大小等进行控制。表现的标准语言主要包括CSS。

CSS是层叠样式表。W3C创建CSS标准的目的是以CSS取代HTML表格式布局、帧和其他表现的语言。纯CSS布局与结构式XHTML相结合能帮助设计师分离外观与结构，使站点的访问及维护更加容易。

3. 行为

行为是指文档内部的模型定义及交互行为的编写，用于编写交互式的文档。行为标准主要包括DOM和ECMAScript。

DOM是文档对象模型，它定义了表示和修改文档所需的对象、这些对象的行为和属性以及这些对象之间的关系。DOM给Web设计者和开发者一个标准的方法，让他们来访问他们站点中的数据、脚本和表现层对象。

ECMAScript是由ECMA国际组织制定的标准脚本语言。目前推荐遵循的是ECMAScript 262，JavaScript或Jscript脚本语言实际上是ECMA-262标准的实现和扩展。

7.1.2 Div概述

Div（Division，划分）用于在页面中定义一个区域，使用CSS样式控制Div元素的表现效果。Div可以将复杂的网页内容分割成独立的区块，一个Div可以放置一张图片，也可以显示一行文本。简单来讲，Div就是容器，可以存放任何网页显示元素。

使用Div可以实现网页元素的重叠排列及动态浮动，还可以控制网页元素的显示和隐藏，实现对网页的精确定位。有时也把Div看作是一种网页定位技术。

CSS（Cascading Style Sheet，层叠样式表）是一种描述网页显示外观的样式定义文件，Div（Division，层）是网页元素的定位技术，可以将复杂网页分割成独立的Div区块，再通过CSS技术控制Div的显示外观，这就构成了目前主流的网页布局技术：Div+CSS。

使用Div+CSS进行网页布局与传统使用Table布局技术相比，具有以下3个优点。

1. 节省页面代码

传统的Table技术在布局网页时经常会在网页中插入大量的<table>、<tr>、<td>等标记，这些标记会使网页结构更加“臃肿”，为后期的代码维护造成很大干扰。而采用Div+CSS布局页面，则不会增加太多代码，也便于后期网页的维护。

2. 加快网页浏览速度

当网页结构非常复杂时，就需要使用嵌套表格完成网页布局，这就加重了网页下载的负担，使网页加载非常缓慢。而采用Div+CSS布局网页，将大的网页元素切分成小的网页元素，从而加快访问速度。

3. 便于网站推广

Internet中每天都有海量网页存在，这些网页需要有强大的搜索引擎，而作为搜索引擎的重要组成——网络爬虫则肩负着检索和更新网页链接的职能，有些网络爬虫遇到多层嵌套表格网页时会选择放弃，这就使得这类的网站不能为搜索引擎检索到，也就影响了该类网站的推广应用。采用Div+CSS布局网页则会避免该类问题。

除此之外，使用Div+CSS网页布局技术还可以根据浏览窗口大小自动调整当前网页布局，同一个CSS文件可以链接到多个网页，实现网站风格统一、结构相似。Div+CSS网页布局技术已经取代了传统的布局方式，成为当今主流的网页设计技术。

知识点拨 Div和Span都可以被看作是容器，可以用来插入文本、图片等网页元素。不同的是，Div是作为块级元素来使用，在网页中插入一个Div，一般都会自动换行。而Span是作为行内元素来使用的，可以实现同一行、同一个段落中的不同的布局，从而达到引人注意的目的。一般会将网页总体框架先划分成多个Div，然后再根据需要使用Span布局行内样式。

class和ID可以将CSS样式和应用样式的标签相关联，作为标签的属性来使用。不同的是，通过class属性关联的类选择器样式一般都表示一类元素通用的外观，ID属性关联的ID选择器样式则表示某个特殊的元素外观。

7.2 创建Div

Div是HTML中的基础容器标签，主要用于构建和组织网页布局与内容。它非常灵活，可以通过CSS实现丰富的样式化和布局管理，是构建现代网页结构的关键元素。本节将对Div的创建进行介绍。

7.2.1 创建Div

当需要使用Div进行网页布局或显示图片、段落等网页元素时，就可以在网页中创建Div区块。

在Dreamweaver中创建Div非常简单，可以执行“插入”|“布局对象”|“Div标签”命令，也可以打开“插入”面板，切换到“布局”选项面板单击“插入Div标签”按钮，这两种方式都将打开“插入Div标签”对话框，如图7-1所示。在该对话框中设置参数后，单击“确定”按钮，将在网页文档中插入Div，如图7-2所示。

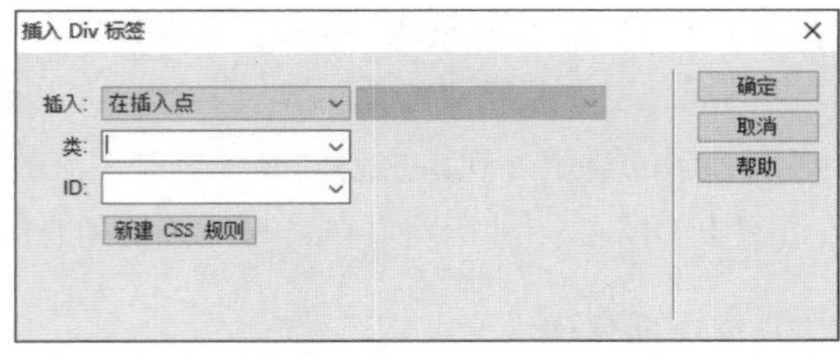

图 7-1

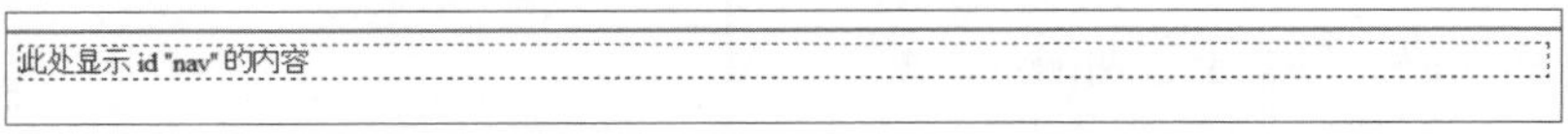

此处显示 id "nav" 的内容

图 7-2

7.2.2 设置AP Div的属性

AP Div就像浮动在网页上的一个窗口，可以插入任何网页元素，能被准确定位在网页中的任何位置，还可以通过属性设置AP Div的显示和隐藏，以及实现多个AP Div的重叠效果。

插入AP Div非常简单，用户既可以通过执行“插入”|“布局对象”|“AP Div”命令直接插入，也可以打开“插入”面板，切换到“布局”选项面板中单击“绘制AP Div”按钮，在文档窗口中进行绘制。

7.3 CSS布局方法

网页布局是基于浏览器分辨率来确定页面尺寸，并按内容和风格将页面分成多个区域，每个区域内放置相应的元素（如文本、图片、Flash等）。以前，布局常通过表格实现，即将页面设计为一张表格，并在相应单元格中添加内容。这种方法使得网页维护困难，阅读不便，且降低了加载速度。

现代更流行的是CSS+Div布局，通过Div将页面划分为若干区块，每个Div代表一个区块，再用CSS进行定位和样式设置。这种方法简化了设计代码，使结构清晰、加载速度快。本节将对此进行介绍。

7.3.1 盒子模型

盒子模型是CSS样式布局的重要概念，掌握盒子模型及其使用方法，才可以真正地控制页面中的各种元素。

盒子模型是指将页面中的各元素及其周围的空间看成一个盒子，该盒子占据一定的页面空间。用户可以通过调整盒子的边框和距离等参数，调节盒子的位置。

一个盒子模型由内容（content）、边框（border）、填充（padding）和空白边（margin）4部分组成。

内容区是盒子模型的中心，呈现盒子的主要信息内容。其次是padding区域，该区域可用来调节内容显示和边框之间的距离。然后是边框，边框是环绕内容区和填充的边界，可以使用

CSS样式设置边框的样式和粗细。最外面是margin区域，用来调节边框以外的空白间隔，使盒子之间不会紧凑地链接在一起。

盒子模型的每个区域都可具体再分为top、bottom、left、right 4个方向，多个区域的不同组合决定了盒子的最终显示效果。图7-3所示为盒子模型示例效果。

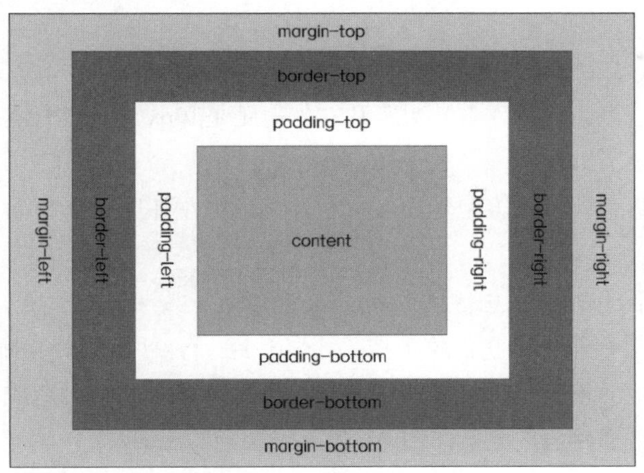

图 7-3

在对盒子进行定位时，可以通过总宽度和总高度来描述。

总宽度=margin-left+border-left+padding-left+width+padding-right+ border-right+margin-right。

总高度=margin-top+border-top+padding-top+height+padding-bottom+ border-bottom+margin-bottom。

在CSS中可以通过设定width和height的值来控制内容区的大小。对于任何一个盒子，都可以分别设定4条边各自的边框（border）、填充（padding）和空白边（margin）。因此只要利用好盒子的这些属性，就能够实现各种各样的排版效果。

7.3.2 外边距设置

margin属性可以设置外边距，margin边界环绕在该元素的content区域四周。若margin的值为0，则margin边界与border边界重合。

margin属性接受任何长度单位，可以使用像素、毫米、厘米和em等，也可以设置为auto（自动）。常见做法是为外边距设置长度值，允许使用负值。表7-1所示为外边距属性。

表7-1

属性	定义
margin	简写属性。在一个声明中设置所有的外边距属性
margin-top	设置元素的上边距
margin-right	设置元素的右边距
margin-bottom	设置元素的下边距
margin-left	设置元素的左边距

margin属性代码一般有以下4种描述方式。

（1）margin：10px、20px、30px、40px。

代码含义：上外边距是10px，右外边距是20px，下外边距是30px，左外边距是40px。

该代码中margin的值是按照上、右、下、左顺序进行设置的，即从上边距开始按照顺时针方向旋转。

（2）margin：10px、20px、30px。

代码含义：上外边距是10px，右外边距和左外边距是20px，下外边距是30px。

（3）margin：10px、20px。

代码含义：上外边距和下外边距是10px，右外边距和左外边距是20px。

（4）margin：10px。

代码含义：上、下、左、右边距都是10px。

当两个垂直外边距相遇时，它们将形成一个外边距。合并后的外边距的高度等于两个发生合并的外边距的高度中的较大者。在实践中对网页进行布局时，它会造成许多混淆。以下3种情况都有可能出现外边距合并的现象。

- 当一个元素出现在另一个元素上面时，第一个元素的下外边距与第二个元素的上外边距会发生合并。
- 当一个元素包含在另一个元素中时（假设没有内边距或边框把外边距分隔开），它们的上/或下外边距也会发生合并。
- 外边距甚至可以与自身发生合并。假设有一个空元素，它有外边距，但是没有边框或内边距。在这种情况下，上外边距与下外边距就碰到了一起，它们也会发生合并。

若需要在页面布局中避免发生这种外边距合并的现象，尤其是在父级元素与子级元素产生外边距合并时，可以通过添加边框消除外边距带来的困扰。

7.3.3 内边距设置

CSS中的padding属性控制元素的内边距。padding属性定义元素边框与元素内容之间的空白区域，接受长度值或百分比值，但不允许使用负值。

若希望所有 h2 元素的各边都有10像素的内边距，代码描述如下：

```
H2 {padding: 10px;}
```

用户还可以按照上、右、下、左的顺序分别设置各边的内边距，各边均可以使用不同的单位或百分比值，如下所示：

```
H2 {padding: 10px 5em 15ex 20%;}
```

完整代码如下：

```
h1 {
padding-top: 10px;
padding-right: 2em;
padding-bottom: 15ex;
```

```
padding-left: 20%;
}
```

也可以为元素的内边距设置百分数值。百分数值是相对于其父元素的width计算的，这一点与外边距一样。所以，如果父元素的width改变，它们也会改变。

把段落的内边距设置为父元素width的 50%的代码如下所示：

```
p {padding: 50%;}
```

若一个段落的父元素是Div元素，那么它的内边距要根据Div的width计算。

```
<div style="width: 300px;">
<p>This paragragh is contained within a DIV that has a width of 300 pixels.</p>
</div>
```

知识点拨 上下内边距与左右内边距一致；即上下内边距的百分数会相对于父元素宽度设置，而不是相对于高度设置。

7.3.4　动手练：左中右布局

案例素材：本书实例/第7章/动手练/左中右布局

本案例将以左中右布局的制作为例，对盒子模型、内外边距的设置等进行介绍。具体操作步骤如下。

步骤01 打开本章素材文件，单击“插入”面板“常用”选项卡中的“插入Div标签”按钮，打开“插入Div标签”对话框，设置参数，如图7-4所示。

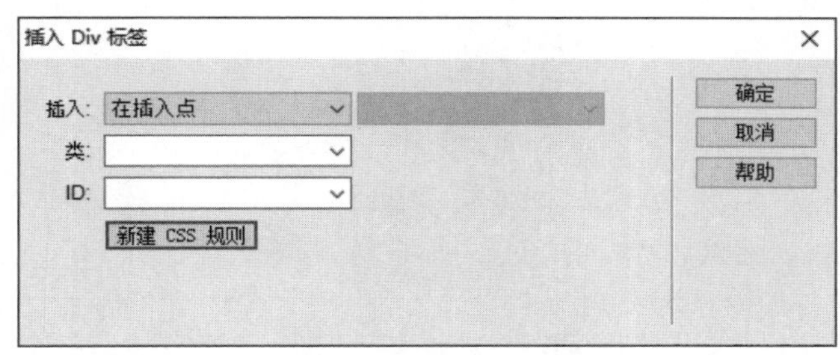

图 7-4

步骤02 完成后单击“新建CSS规则”按钮，打开“新建CSS规则”对话框，设置参数，如图7-5所示。

新建 CSS 规则
选择器类型：
为 CSS 规则选择上下文选择器类型。
标签（重新定义 HTML 元素）
选择器名称：
选择或输入选择器名称。
body
此选择器名称将规则应用于
所有 <body> 元素。
不太具体　更具体
规则定义：
选择定义规则的位置。
（仅限该文档）
确定　取消　帮助

图 7-5

步骤 03 完成后单击“确定”按钮，打开“CSS规则定义”对话框，选择“方框”选项卡，设置参数，如图7-6所示。

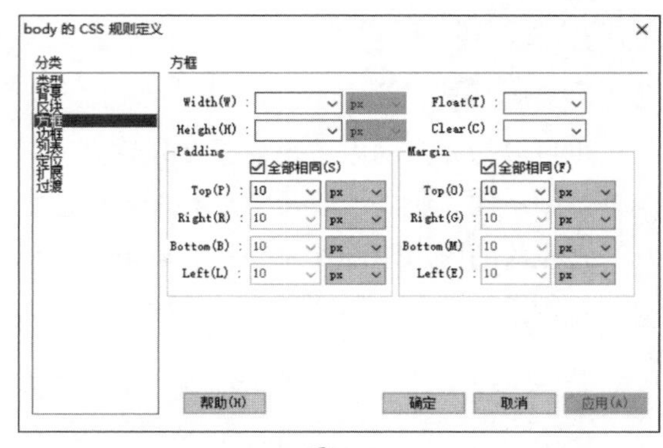

图 7-6

步骤 04 完成后单击“确定”按钮，返回“插入Div标签”对话框，单击“确定”按钮，插入Div标签并定义其样式，效果如图7-7所示。

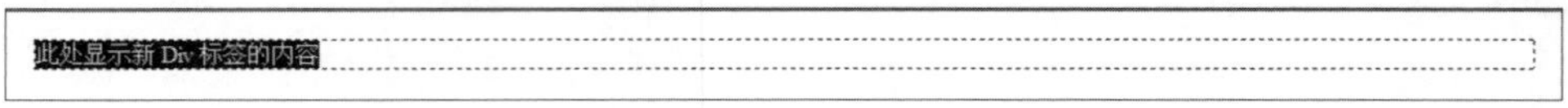

图 7-7

步骤 05 移动光标至Div内部，删除文本内容，插入一个ID为top的Div，并新建样式，设置完成后CSS部分代码如下：

```
#top {
        background-color: #CFC;
        margin: 2%;
        height: 80px;
        width: 96%;
}
```

效果如图7-8所示。

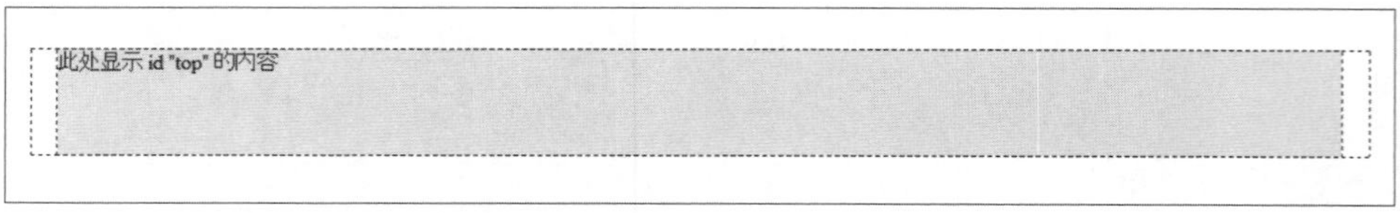

图 7-8

步骤 06 在ID为top的Div之后插入一个ID为main的Div，并新建样式，设置完成后CSS部分代码如下：

```
#main {
        background-color: #FC6;
        margin: 2%;
        height: 600px;
        width: 96%;
}
```

效果如图7-9所示。

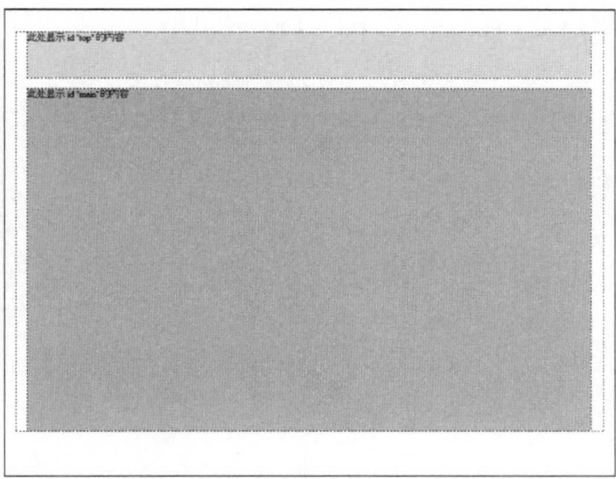

图 7-9

步骤 07 在ID为main的Div内部插入ID为left、middle、right的Div，并分别设置其样式，完成后CSS部分代码如下：

```
#main #left {
	background-color: #FFF;
	margin: 10px;
	padding: 1%;
	float: left;
	width: 20%;
	height: 560px;
}
#main #middle {
	background-color: #FFF;
	padding: 1%;
	float: left;
	height: 560px;
	width: 48%;
	margin-top: 10px;
	margin-right: 5px;
	margin-bottom: 10px;
	margin-left: 5px;
}
#main #right {
	background-color: #FFF;
	margin: 10px;
	padding: 1%;
	float: left;
	height: 560px;
	width: 20%;
}
```

效果如图7-10所示。

步骤 08 在ID为main的Div之后插入一个ID为footer的Div，并新建样式，设置完成后CSS部分代码如下：

```
#footer {
      background-color: #CFC;
      width: 96%;
      margin: 2%;
      height: 60px;
}
```

效果如图7-11所示。

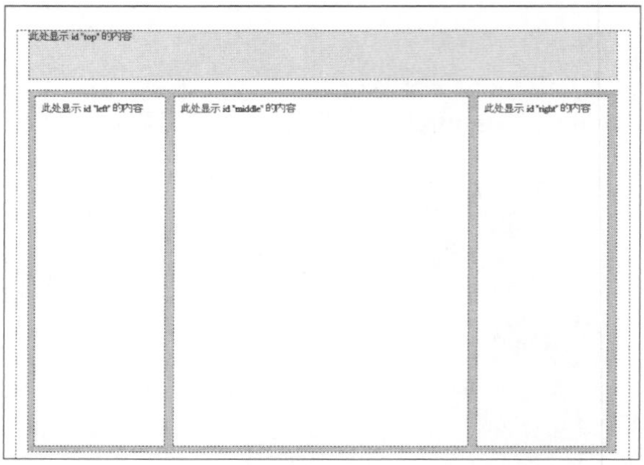

图 7-10

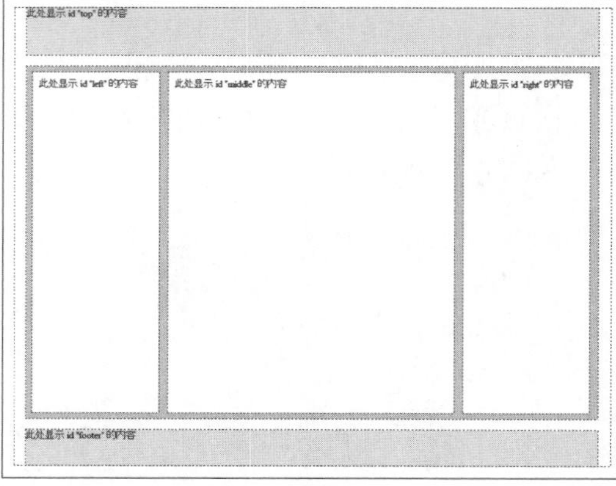

图 7-11

至此，完成左中右布局的制作。

7.4 使用Div布局

在网页上，一个Div就是一个盒子。首先将页面划分成大的区块，然后再将大区块划分成多个小区块，复杂页面的布局多使用Div嵌套。本节将对常见的三种布局方式进行介绍。

7.4.1 上中下布局

上中下布局方式将网页划分成header、container和footer三部分，如图7-12所示。其中header部分用来显示网页导航，container部分显示网页主体内容，footer部分则显示页脚内容，例如显示版权信息、管理员登录等。许多复杂的版面设计多是由该布局演变而来，所以该版面设计可以用于任何页面的布局。

图 7-12

对应的Div设计代码如下：

```
<body>Body
<div class="header">Header</div>
<div class="container">Container</div>
<div class="footer">Footer</div>
</body>
```

对应的CSS代码如下：

```
body{
	margin:100px 50px 100px 50px;
	border:1px solid;
}
.header {
	height: 80px;
	width: 800px;
	margin:10px auto;
	border:1px solid;
}
.container {
	height: 400px;
	width: 800px;
	margin:10px auto;
	border:1px solid;
}
.footer{
	height: 80px;
	width: 800px;
	margin:10px auto;
	border:1px solid;
}
```

7.4.2 左右下布局

左右下布局方式将网页划分成container、left、main和footer三部分，如图7-13所示。可以把container看成一个容器，left部分和main部分显示在父容器container中。left部分用来显示网页一级或二级导航，main部分显示网页主体内容，footer部分则显示页脚内容，该版面设计常用于结构简单的网页布局。

图 7-13

对应的Div设计代码如下：

```
<body>Body
<div class="container">Container<br />
<div class="left">Left</div>
<div class="main">Main</div>
</div>
<div class="footer">Footer</div>
</body>
```

对应的CSS代码如下：

```
body{
      margin:100px 50px 100px 50px;
      border:1px solid;
}
.container {
      height: 400px;
      width: 800px;
      margin:10px auto;
      border:1px solid;
}
.left {
      float: left;
      height: 350px;
      width: 150px;
      margin:10px auto;
      border:1px solid;
}
.main {
      float: right;
      height: 350px;
      width: 600px;
      margin:10px auto;
      border:1px solid;
}
.footer{
      clear:both;
      height: 80px;
      width: 800px;
      margin:10px auto;
      border:1px solid;
}
```

在设计left部分和main部分时，由于二者是嵌套在父容器container显示的，需要增加float属性，该属性用来设置在父容器中的浮动位置，父容器位置发生变化，子容器位置自动变化。

如果想要left部分和main部分显示位置互换，则只需要更改float属性值，让二者互换即可，如图7-14所示。

图 7-14

为了不使浮动属性对footer部分的定位产生影响，需要在footer中添加clear属性，清除浮动的影响。

7.4.3 上左右下布局

上左右下布局方式是前两个布局的组合，主要用于二级页面的布局，如图7-15所示。其中left部分用来显示二级导航，main部分显示网页内容。

图 7-15

对应的Div设计代码如下：

```
<body>Body
<div class="header">Header</div>
<div class="container">Container<br />
<div class="left">Left</div>
```

```
<div class="main">Main</div>
</div>
<div class="footer">Footer</div>
</body>
```

对应的CSS代码如下：

```
body{
margin:100px 50px 100px 50px;
border:1px solid;
}
.header {
height: 80px;
width: 800px;
margin:10px auto;
border:1px solid;
}
.container {
height: 400px;
width: 800px;
margin:10px auto;
border:1px solid;
}
.left {
float:left;
height: 350px;
width: 150px;
margin:10px auto;
border:1px solid;
}
.main {
float:right;
height: 350px;
width: 600px;
margin:10px auto;
border:1px solid;
}
.footer{
clear:both;
height: 80px;
width: 800px;
margin:10px auto;
border:1px solid;
}
```

7.4 案例实战：西餐厅网页

案例素材：本书实例/第7章/案例实战/西餐厅网页

本案例将以西餐厅网站首页的Div布局为例，对Div+CSS布局网页的操作进行介绍。具体操作步骤如下。

步骤01 执行“文件”|“新建”命令，新建空白文档，将其保存为“index1.html”文件，如图7-16所示。

步骤02 执行“插入”|“布局对象”|“Div标签”命令，在当前位置插入一个Div标签，如图7-17所示。

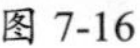

图 7-16

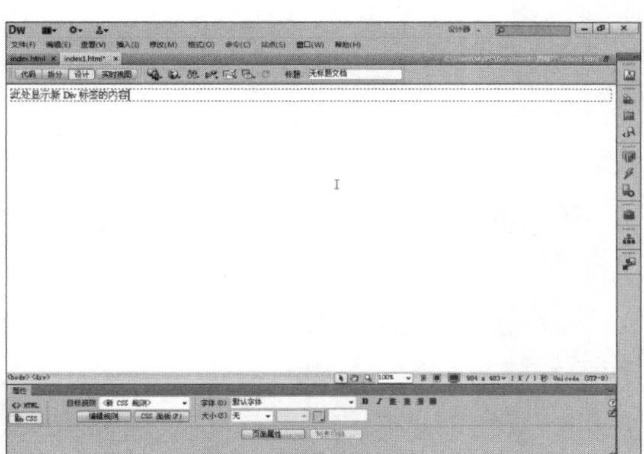

图 7-17

步骤03 执行“窗口”|“CSS样式”命令，在“CSS样式”面板中，单击“新建CSS规则”按钮，打开“新建CSS规则”对话框，选择器类型设置为“类（可应用于任何HTML元素）”，选择器名称输入“.header_right”，规则定义选择“新建样式表文件”选项，单击“确定”按钮，如图7-18所示。

步骤04 弹出“将样式表文件另存为”对话框，文件名输入style，单击“保存”按钮，弹出“.header_right的CSS规则定义”对话框，在“分类”列表中选择“方框”选项，设置相应属性，如图7-19所示。

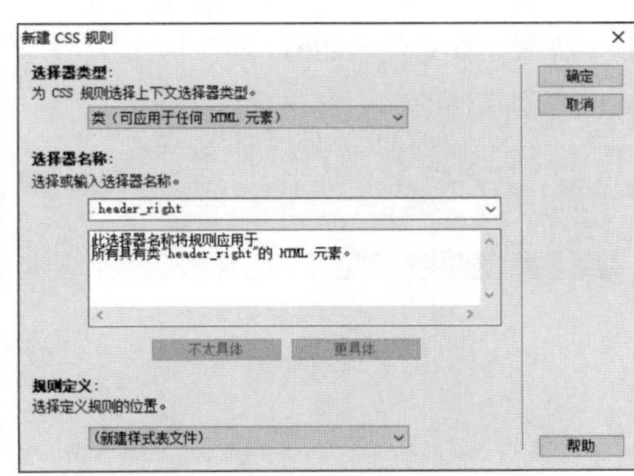

图 7-18

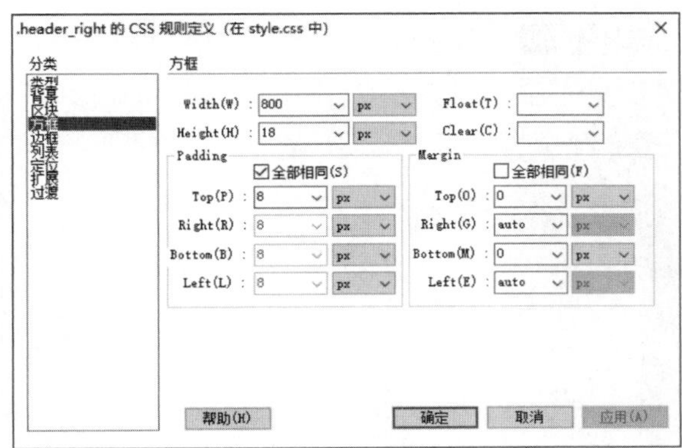

图 7-19

步骤05 在“分类”类表中选择“区块”选项，设置相应属性，单击“确定”按钮，如图7-20所示。

步骤 06 将光标移到Div中，删除原有文字，输入“Home|Login|Sitemap|Contact Us”文字，执行“插入”|“超级链接”命令，分别为Home、Login、Sitemap、Contact Us创建超链接，如图7-21所示。

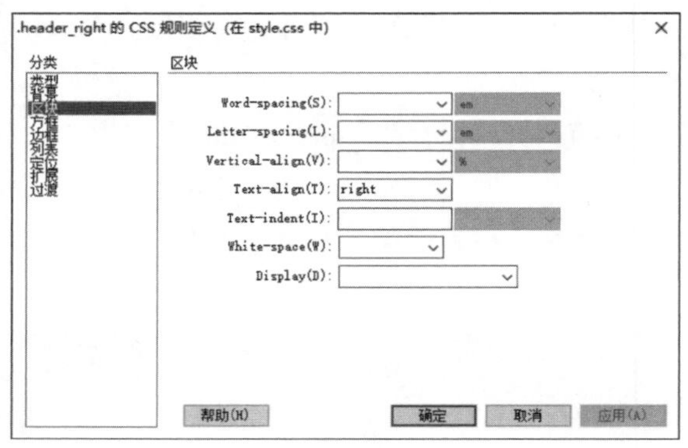

图 7-20

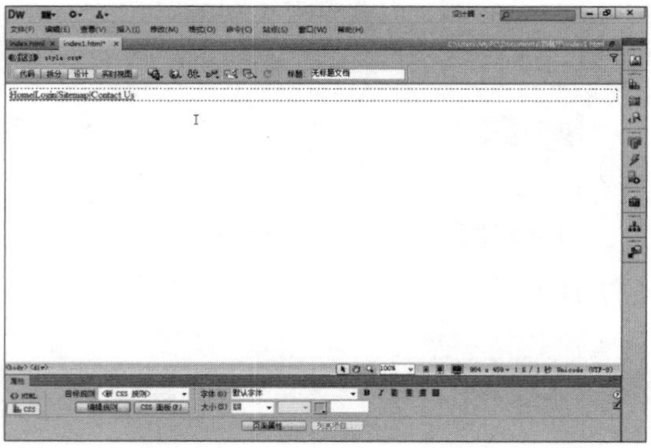

图 7-21

步骤 07 选中Div，在“CSS样式”面板中选中“.header_right”，右击，在弹出的快捷菜单中选择“应用”选项，将“.header_right”样式应用到Div上，如图7-22所示。

步骤 08 选中Div，执行“插入”|“布局对象”|“Div标签”命令，在结束标签之前插入一个Div标签，如图7-23所示。

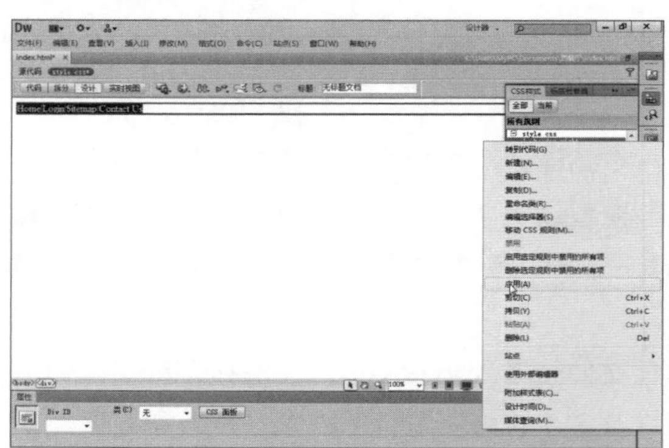

图 7-22

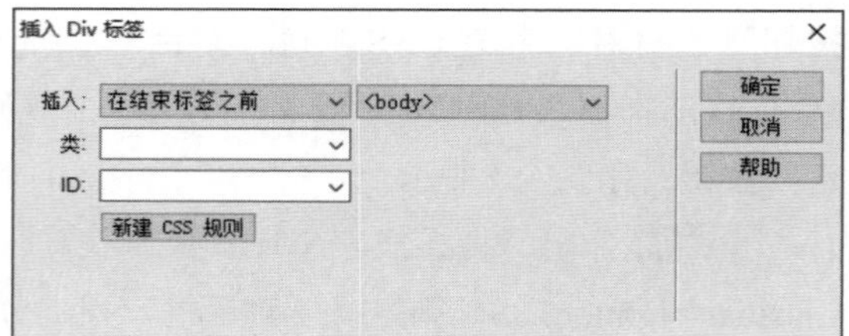

图 7-23

步骤 09 重复步骤03～05，创建“.header_navigator”样式。样式代码如图7-24所示。

步骤 10 重复步骤07，将“.header_navigator”样式应用到新建的Div上，如图7-25所示。

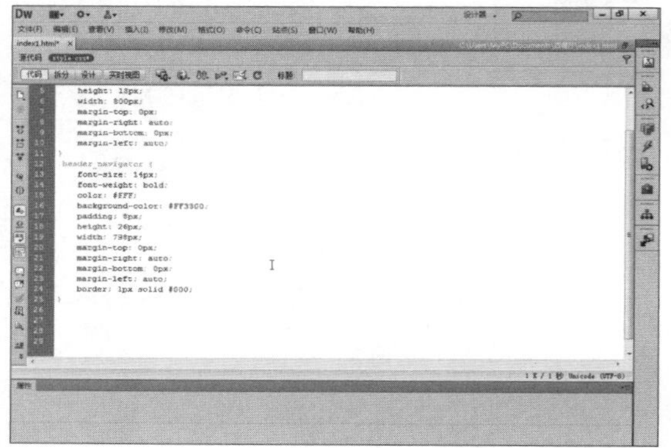

图 7-24

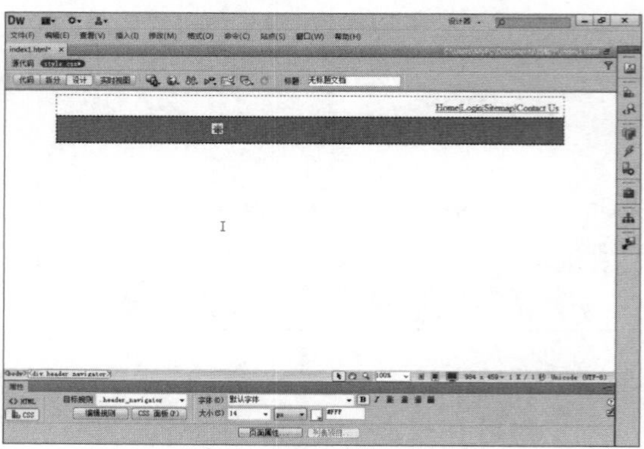

图 7-25

步骤 11 将光标移到当前Div内，在当前位置插入Div，删除Div中原有文字，输入“西餐”，为该文字创建超链接。然后为该Div定义样式“.header_navigator_left”，样式代码如图7-26所示。

步骤 12 将“.header_navigator_left”样式应用到新建的Div上，如图7-27所示。

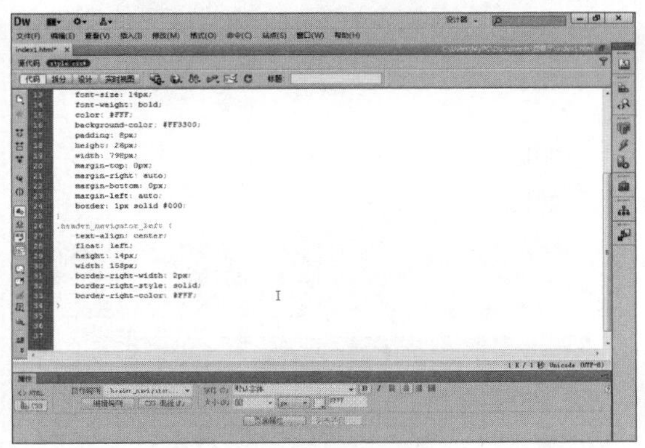

图 7-26

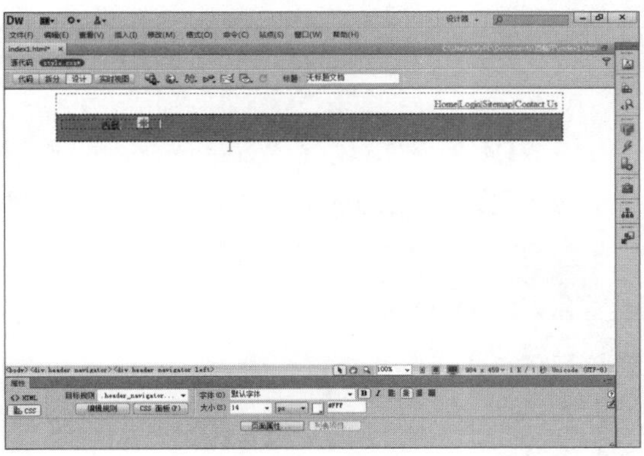

图 7-27

步骤 13 同理，在当前Div右边继续插入3个Div，输入文字分别为“中餐”“浓汤”“甜点”，并创建超链接。然后将“.header_navigator_left”样式分别应用到这3个Div上，如图7-28所示。

步骤 14 在当前Div右边继续插入1个Div，输入文字“饮料”，并创建超链接。为该Div定义样式“.header_navigator_right”，样式代码如图7-29所示。

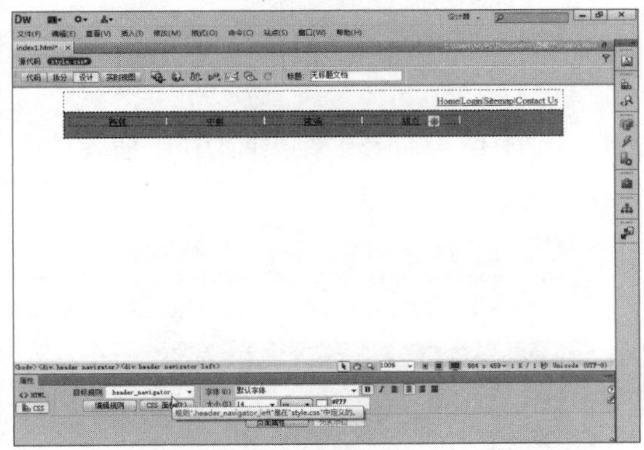

图 7-28

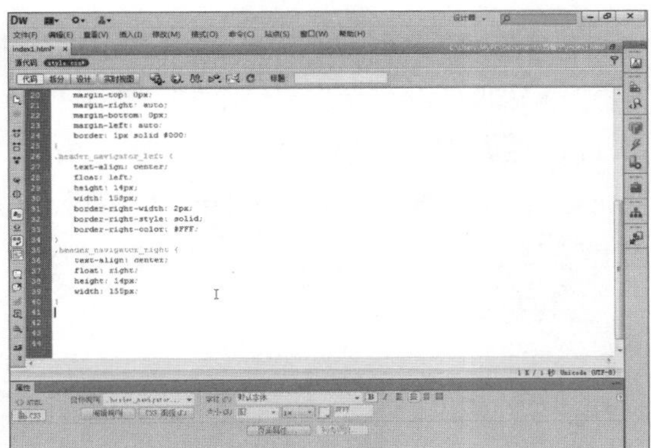

图 7-29

步骤 15 同理，将“.header_navigator_right”样式应用到新建的Div上，如图7-30所示。

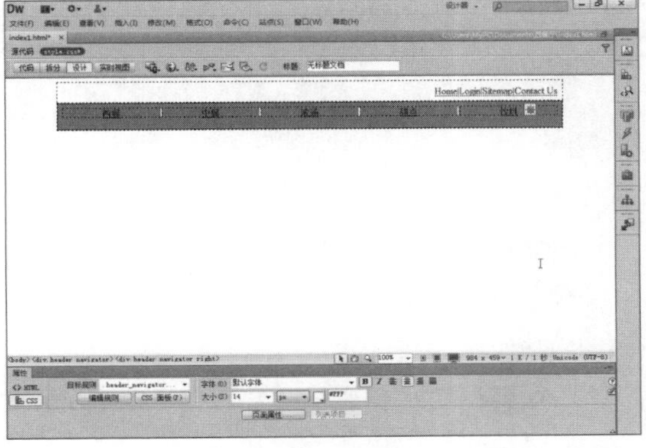

图 7-30

步骤 16 在下方选中“<div.head_navigator>”，执行“插入”|“布局对象”|“ Div标签”命令，插入一个Div，如图7-31所示。

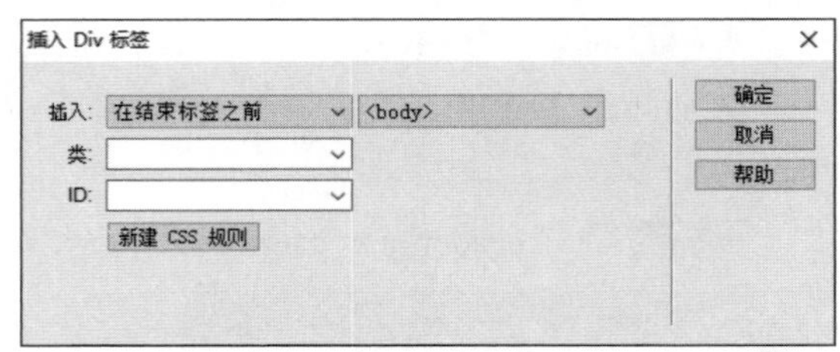

图 7-31

步骤 17 为该Div创建“.container”样式，样式代码如图7-32所示。

步骤 18 将“.container”样式应用到新建的Div上，如图7-33所示。

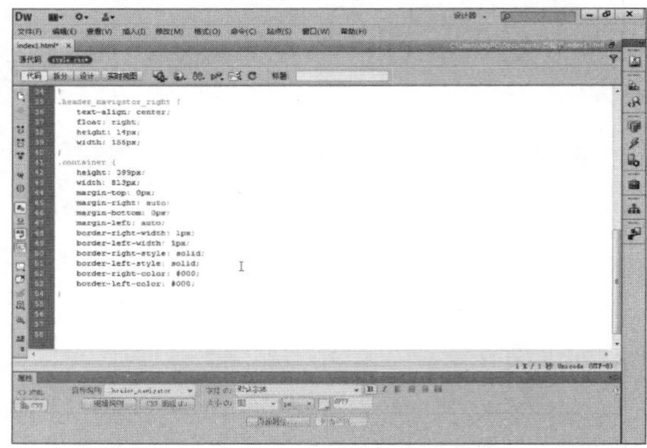

图 7-32

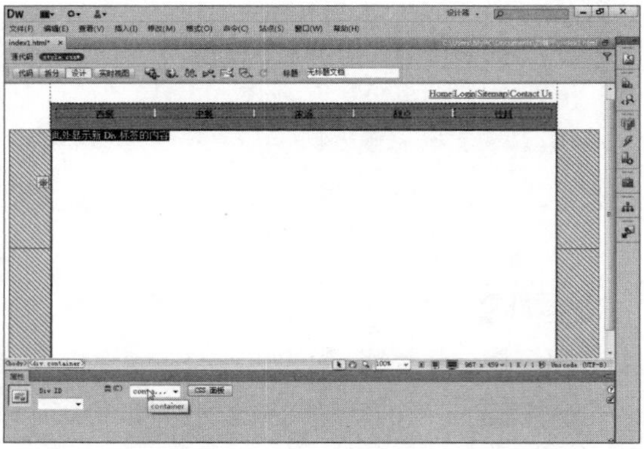

图 7-33

步骤 19 删除Div中原有文字，在当前Div内插入1个Div，为该Div定义样式“.container_left”，样式代码如图7-34所示。

步骤 20 删除当前Div中原有文字，执行“插入”|“图像”命令，在当前Div中插入“西餐.jpg”图像，将“.container_left”应用到当前的Div中，如图7-35所示。

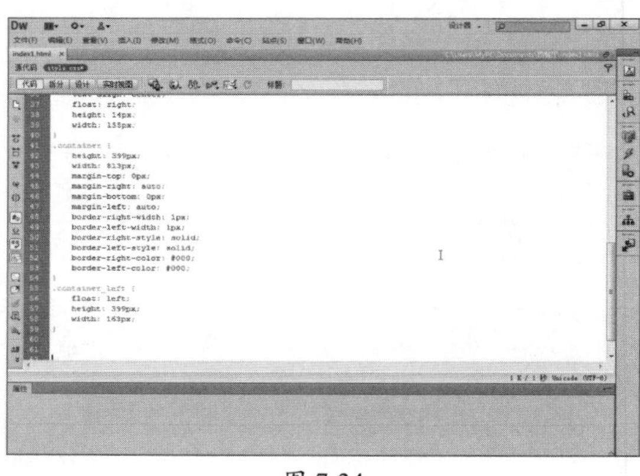

图 7-34

图 7-35

步骤 21 同理，在当前Div右边继续插入3个Div，删除Div中原有文字，在每个Div中分别插入图像“中餐.jpg”“浓汤.jpg”“甜点.jpg”，将“.container_left”样式分别应用到这3个Div上，如图7-36所示。

步骤 22 同理，继续插入1个Div，在该Div中插入图像“饮料.jpg”，为该Div创建“.container_right”样式，样式代码如图7-37所示。

图 7-36

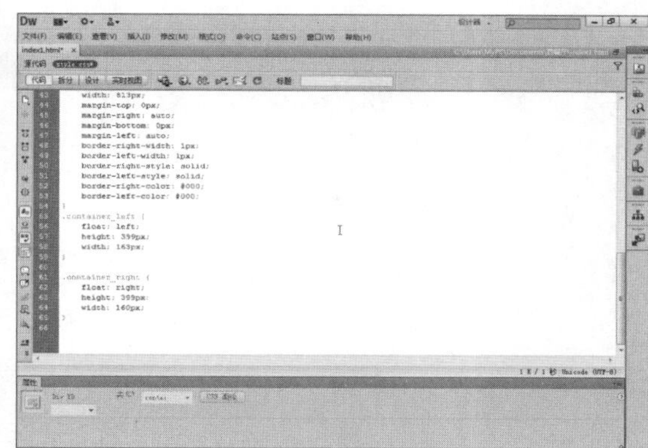

图 7-37

步骤 23 将“.container_right”样式应用到新建的Div上，如图7-38所示。

步骤 24 在下方选中“<div.container>”，执行“插入”|“布局对象”|“Div标签”，插入1个Div，如图7-39所示。

图 7-38

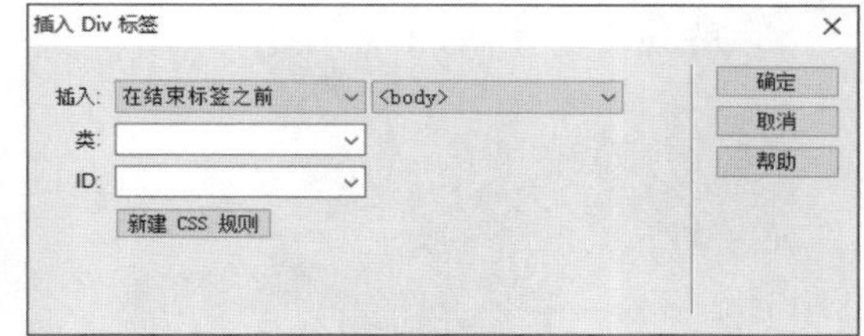

图 7-39

步骤 25 为当前Div定义“.container_bottom”样式，样式代码如图7-40所示。

步骤 26 将“.container_bottom”样式应用到新建的Div上，如图7-41所示。

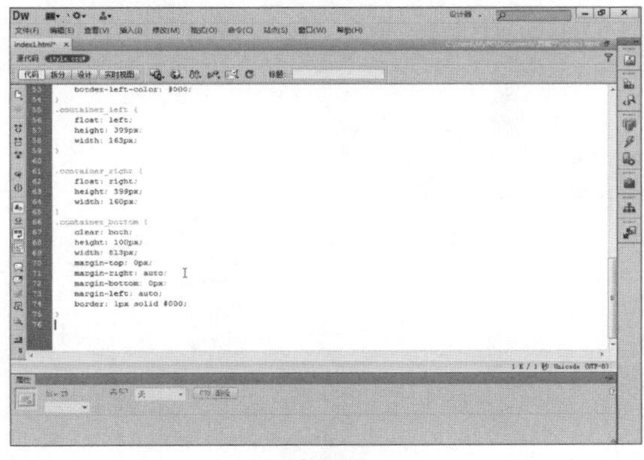

图 7-40

图 7-41

步骤 27 在当前Div中插入3个新Div，为这3个新建的Div分别创建“.container_bottom_left”样式、“.container_bottom_middle”样式和“.container_bottom_right”样式，样式代码如图7-42所示。

步骤 28 接着将3个Div分别应用这3个样式，如图7-43所示。

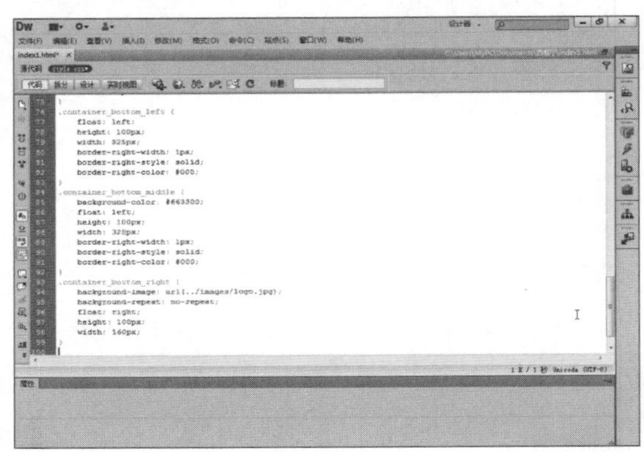

图 7-42

图 7-43

步骤 29 在第1个Div中插入1个5行1列表格，表格宽度设置为100%，各单元格输入文字，为文字创建超链接，如图7-44所示。

步骤 30 同理为第2个Div插入1个4行1列表格，各单元格输入文字，为文字创建超链接，如图7-45所示。

图 7-44

图 7-45

步骤 31 切换到“style.css”的“代码视图”中，添加图7-46所示的代码，用来设置网页中所有超链接的外观。

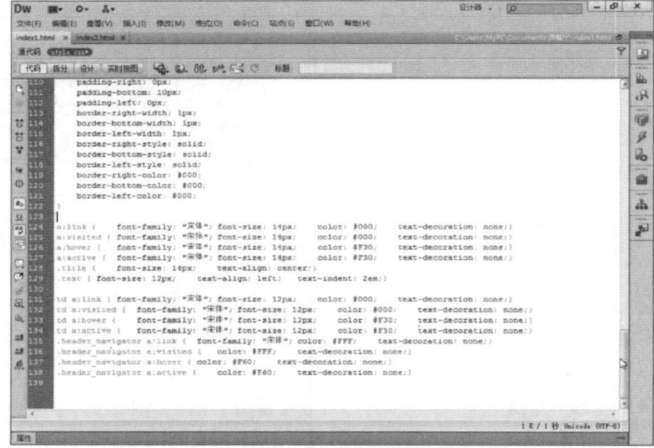

图 7-46

步骤 32 将“.title”样式应用到左边和中间Div中表格第1行单元格<td>上，将“.text”样式应用到中间Div中表格的剩余单元格<td>上，如图7-47所示。

步骤 33 在下方选中“<div.container_bottom>”，执行“插入”|“布局对象”|“Div标签”，插入1个Div，如图7-48所示。

图 7-47

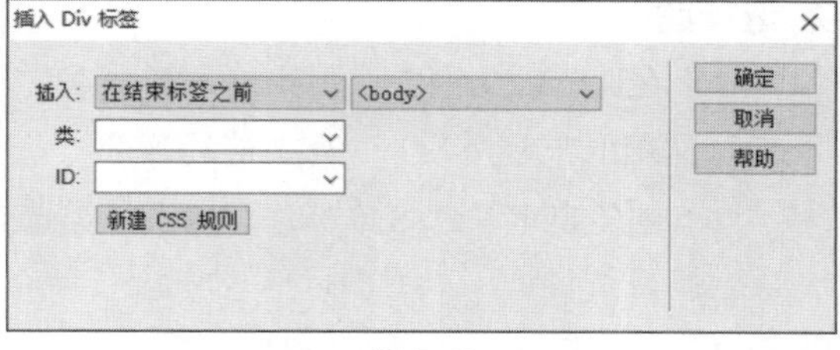

图 7-48

步骤 34 为该Div设计“.footer”样式，样式代码如图7-49所示。

步骤 35 将“.footer”样式应用到当前Div中，并输入文字，分别创建超链接，如图7-50所示。

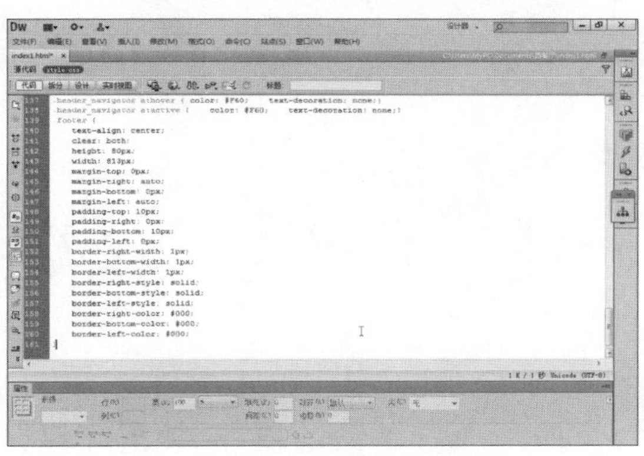

图 7-49

图 7-50

步骤 36 保存文件，按F12键预览效果，如图7-51所示。

图 7-51

至此，完成西餐厅网页的布局。

7.5 课后练习

1. 填空题

（1）CSS样式表的基本语法是__________。

（2）设置<body>中的元素对齐方式为居中的CSS代码是__________。

（3）改变元素的外边距用__________，改变元素的内边距用__________。

（4）一个盒子模型由__________、__________、__________和__________四部分组成。

2. 选择题

（1）在HTML文档中，引用外部样式表的正确位置是（　　）。

A. 文档的末尾　　B. 文档的顶部　　C. <body>部分　　D. <head>部分

（2）创建自定义CSS样式时，如果是类选择器，样式名称的前面必须加一个（　　）。

A. $　　B. ?　　C. .　　D. #

（3）定义标题的方法最合理的是（　　）。

A. <h1>文章标题</h1>　　B. <p><b>文章标题</b></p>

C. <span class=" heading">文章标题</span>　　D. <strong>文章标题</strong>

（4）下面说法错误的是（　　）。

A. CSS样式表可以使许多网页同时更新

B. CSS样式表可以将格式和结构分离

C. CSS样式表不能制作体积更小下载更快的网页

D. CSS样式表可以控制页面的布局

3. 操作题

利用所学的知识完成如图7-52所示的布局效果。

图 7-52

操作提示：

步骤01 执行“插入”|“布局对象”|“Div标签”命令，在网页中插入三个Div。

步骤02 执行“窗口”|“CSS样式”命令，在“CSS样式”面板中定义CSS外观。

步骤03 将CSS外观应用到网页中，保存网页即可。

第 8 章 模板和库

在进行网站规划时，一般都需要将网站中的网页设计成风格统一、结构相似的布局，大量的重复操作会降低网站的制作效率。为了简化操作，Dreamweaver提供了模板和库项目两种工具。本章将对模板和库在网页设计中的应用进行介绍。

要点难点

- 创建模板的操作
- 创建可编辑区域的操作
- 创建嵌套模板的操作
- 通过模板创建内容页的操作
- 创建和使用库项目的操作

8.1 创建模板

模板是网页设计中非常实用的功能，可以帮助设计师快速创建结构、风格一致的网站，用户可以直接创建新的模板，也可以通过现有网页创建模板。本节将对此进行介绍。

8.1.1 直接创建模板

直接创建模板需要执行以下操作。

执行“文件”|“新建”命令，打开“新建文档”对话框，选择“空模板”选项卡中的“HTML模板”，布局选择“无”选项，单击“创建”按钮，如图8-1所示。执行“文件”|“保存”命令，打开“另存模板”对话框，如图8-2所示。在该对话框中进行设置，完成后单击“保存”按钮即可。

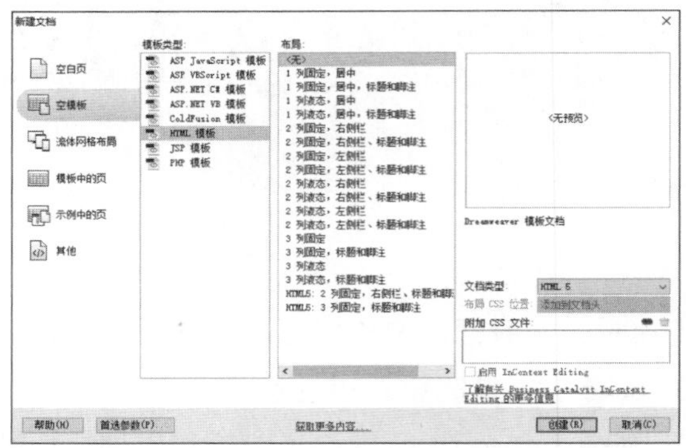

图 8-1

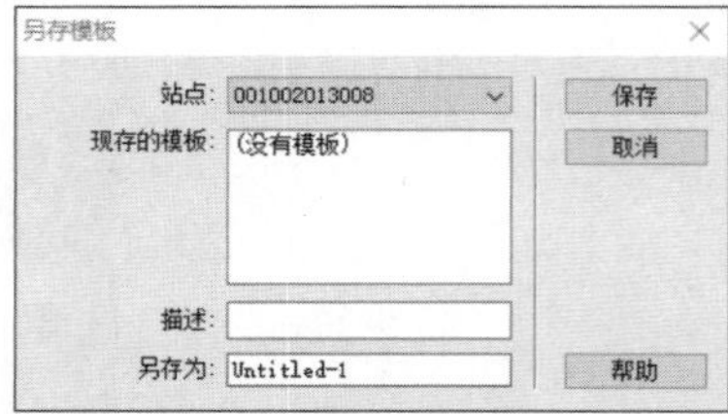

图 8-2

创建并保存模板后，当前站点的根目录下将自动创建一个Templates文件夹，模板文件以“.dwt”格式存储在该文件夹中。

8.1.2 从现有网页中创建模板

对于网站设计人员来说，采用从现有网页中创建模板相比直接创建模板更加简化了网站制作步骤，节约了大量时间，可以将网站设计人员从烦琐、重复的劳动中解放出来，将更多时间用来美化页面，设计合理布局。

从现有网页中创建模板需要执行以下操作。

执行“文件”|“打开”命令，在Dreamweaver中打开要创建为模板的网页，如图8-3所示。

图 8-3

执行“文件”|“另存为模板”命令，打开“另存模板”对话框。选择模板存储的站点名称，在“另存为”文本框中输入模板名称，单击“保存”按钮，如图8-4所示。

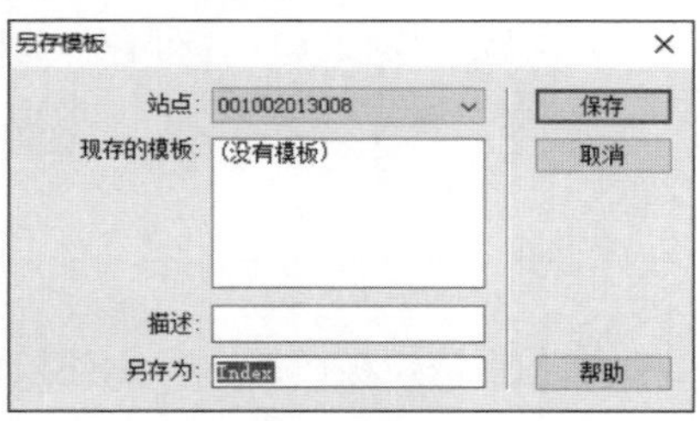

图 8-4

打开Dreamweaver提示对话框，单击“是”按钮，在Templates文件夹中将看到保存的模板文件。

8.1.3 创建可编辑区域

一旦模板创建成功，就可以编辑模板，设计模板布局。在设计模板时，除了设计布局外，还需要指定可编辑区域以及锁定区域。一旦模板中的部分区域设置成可编辑区域，则该区域允许在使用模板的那些网页中得到重新编辑和布局；如果为了保证网页的统一结构而不希望一些区域被修改，则需要设置这些区域为锁定区域。

默认情况下，在创建模板时模板中的布局就已被设置为锁定区域。对锁定区域修改，需要重新打开模板文件，对模板内容编辑修改。

创建可编辑区域大致操作过程如下。

打开模板，将光标移到需要创建可编辑区域的位置，如图8-5所示。执行“插入”|“模板对象”|“可编辑区域”命令，打开“新建可编辑区域”对话框，在“名称”文本框中输入可编辑区域的名称，如图8-6所示。完成后单击“确定”按钮即可。

图 8-5

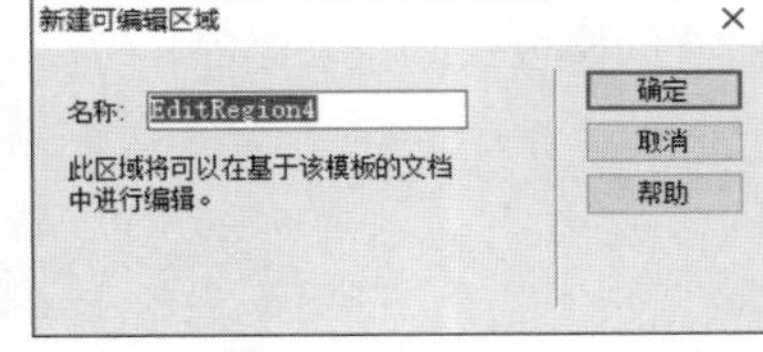

图 8-6

选中可编辑区域，执行“工具”|“模板”|“删除模板标记”命令可取消可编辑区域。

8.2 管理和使用模板

模板创建成功，网站设计人员就可以对模板文件进行各种管理操作，例如应用模板、分离模板等。

8.2.1 应用模板

模板创建成功之后，就可以创建应用该模板的网页，创建模板的内容页，该页面将会具有模板中预先定义的布局结构。创建模板的内容页，需要执行以下操作。

执行“文件”|“新建”命令，弹出“新建文档”对话框，在对话框中选择“模板中的页”|个人Blog“站点”中的模板，如图8-7所示。单击“创建”按钮，创建一个基于模板的网页文档，如图8-8所示。

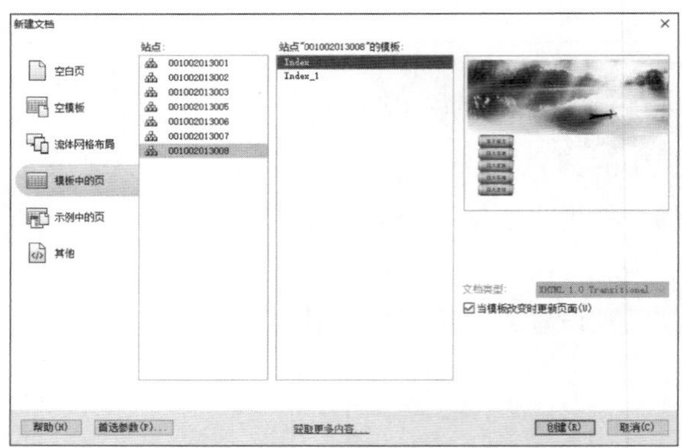

图 8-7

图 8-8

8.2.2 从模板中分离

将模板应用到网页中时，只有定义为可编辑的区域内容可以修改，其他区域是被锁定的，不能修改编辑。如果想更改锁定区域，必须修改模板文件，这就需要将网页从模板中分离。

具体操作为，执行“修改”|“模板”|“从模板中分离”命令，如图8-9所示。将当前网页从模板中分离，网页中所有的模板代码将被删除。

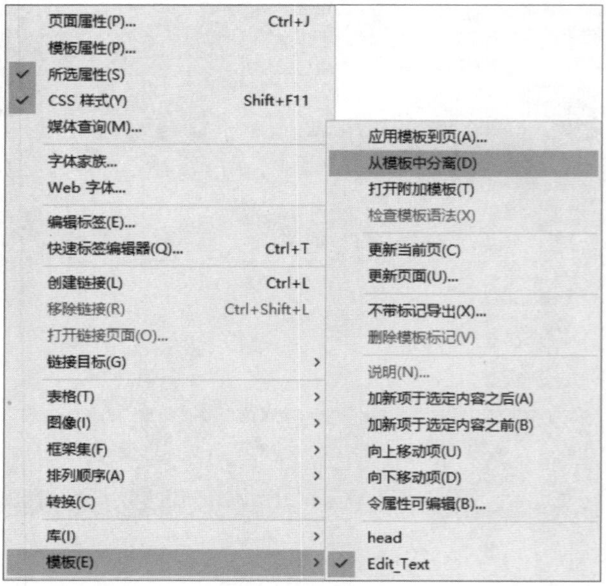

图 8-9

8.2.3　更新模板及模板内容页

对模板进行修改之后，就需要对使用该模板的网页进行更新。可以手动使用更新命令进行更新，也可以借助“更新模板文件”提示对话框进行更新。具体操作步骤如下。

打开使用模板的网页，执行“工具”|“模板”|“更新页面”命令，打开“更新页面”对话框，如图8-10所示。从中设置参数，完成后单击“开始”按钮更新模板。

该对话框中各选项的作用如下。

- **查看：**用于设置更新的范围。
- **更新：**用于设置更新级别。
- **显示记录：**用于显示更新文件记录。

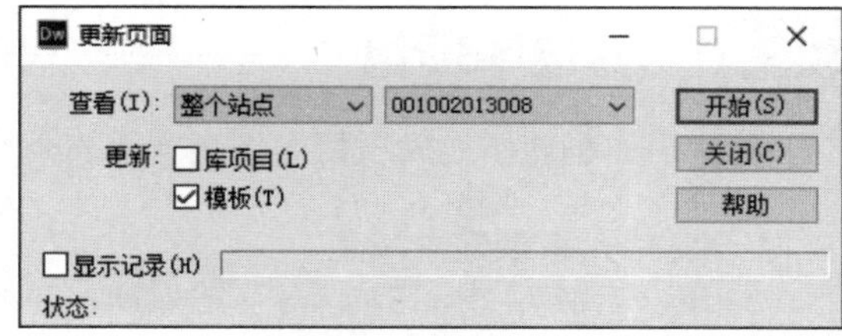

图 8-10

8.2.4　创建嵌套模板

有时需要在一个模板文件中使用其他模板，这就是模板嵌套。在创建嵌套模板（新模板）时，需要首先保存被嵌套模板文件（基本模板），然后创建应用基本模板的网页，再将该网页另存为模板。新模板拥有基本模板的可编辑区域，还可以继续添加新的可编辑区域。

执行“文件”|“新建”命令，打开“新建文档”对话框，在对话框中选择本地站点文件夹中的模板，单击“创建”按钮，创建一个基于模板的网页文档。执行“文件”|“另存为模板”命令，将该文件另存为模板，新文件即为嵌套模板。

8.2.5　创建可选区域

可选区域是在模板中定义的，使用模板创建的网页，可以选择可选区域的内容显示或不显示。创建可选区域步骤如下。

打开模板文件，执行“插入”|“模板对象”|“可选区域”命令，弹出“新建可选区域”对话框，为可选区域命名，单击“确定”按钮，如图8-11所示。单击“高级”标签，切换到“高级”选项卡。在其中进行各项参数设置，如图8-12所示。

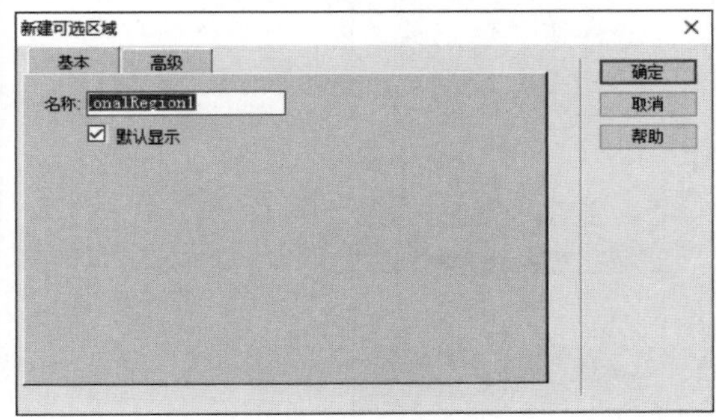

图 8-11

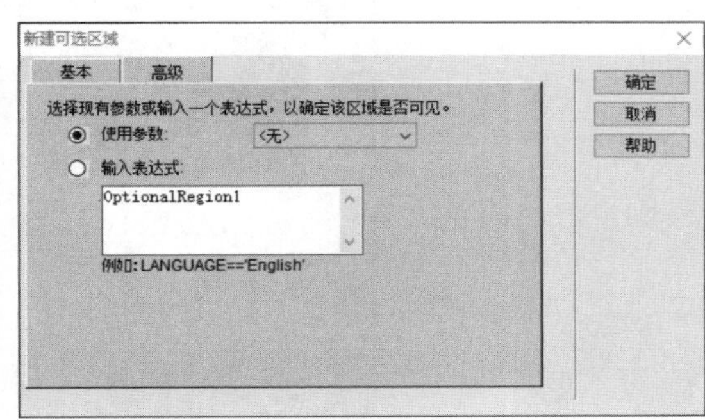

图 8-12

8.3 创建和使用库

库是一种用来存储在网页上经常重复使用或更新的页面元素的方法，例如图像、文本和其他对象，这些元素称为库项目。可以将网页上的任何内容存储为库项目。对库项目进行更改，会自动更新所有使用该库项目的网页，避免了频繁手动更新带来的不便。

8.3.1 创建库项目

用户可以创建空白库项目或将文档<body>部分中的元素创建为库项目。

1. 基于现有元素创建库项目

打开网页文档，选中要创建为库项目的元素，执行“窗口”|“资源”命令，打开“资源”面板。单击左侧底部的“库”按钮，切换至“库”选项卡，如图8-13所示。单击面板底部的“新建库项目”按钮，将基于选定对象创建库项目，如图8-14所示。

图 8-13

图 8-14

2. 创建空白库项目

不选中任何对象的情况下，单击“资源”面板底部的“新建库项目”按钮，将新建空的库项目，如图8-15和图8-16所示。

图 8-15

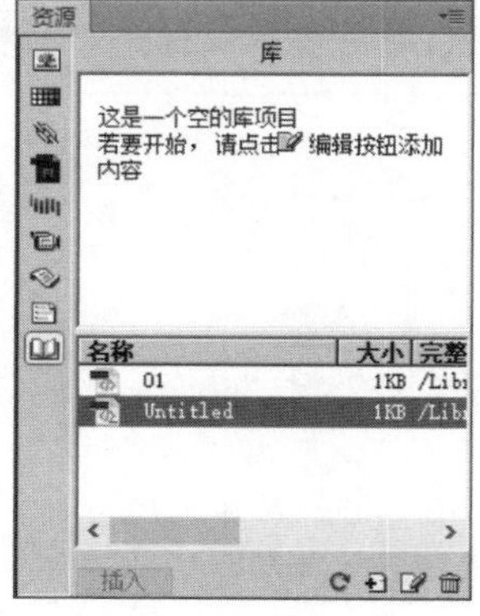

图 8-16

注意事项 创建库项目后，软件会自动在站点根目录下创建名为Library的文件夹，所有库项目文件都保存在该文件夹中。更改库项目后，所有使用该库项目的网页会自动更新，避免了频繁手动更新带来的不便。

8.3.2 插入库项目

“库”中的库项目可以很便捷地插入网页文档中使用。新建网页文档，移动光标至要插入库项目的位置，执行“窗口”|“资源”命令打开“资源”面板，选择要使用的库项目，如图8-17所示。单击“插入”按钮，将选中对象插入网页中，如图8-18所示。

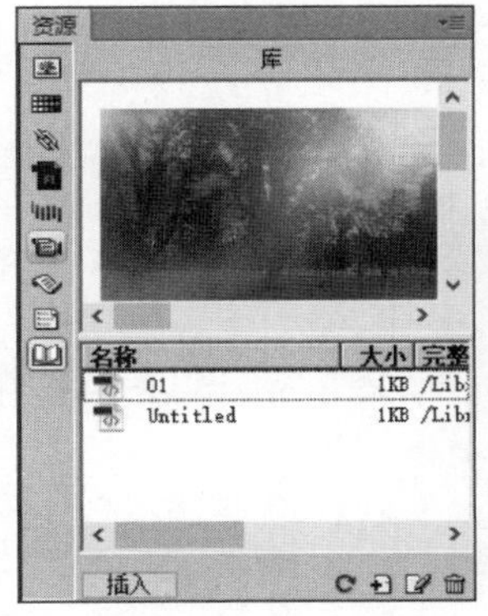

图 8-17

图 8-18

8.3.3 编辑和更新库项目

创建的库项目可以进行编辑修改，下面对此进行介绍。

若要编辑库项目，需要在“资源”面板中选中要编辑的库项目，双击或单击面板底部的“编辑”按钮，打开库项目文件进行编辑，如图8-19所示。

图 8-19

更改库项目后，执行“修改”|“库”|“更新页面”命令，打开“更新页面”对话框，如图8-20所示。进行设置后单击“开始”按钮，按照设置更新库项目。

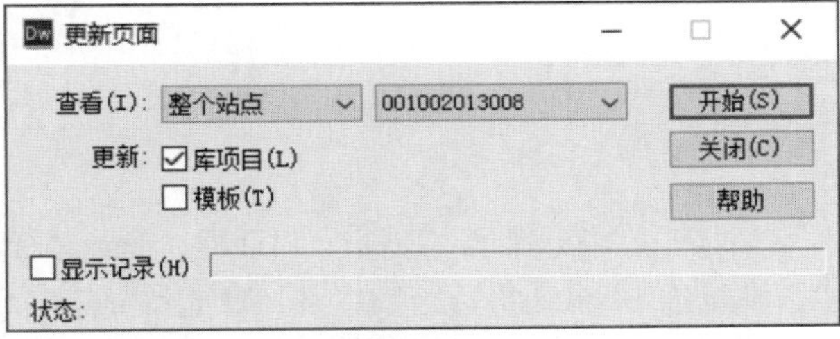

图 8-20

8.4 案例实战：模板的创建及应用

案例素材：本书实例/第8章/案例实战/模板的创建及应用

本案例将以模板的创建及应用为例，对模板的编辑与应用等知识进行介绍。具体操作步骤如下。

步骤 01 执行“文件”|“新建”命令，打开“新建文档”对话框，选择“空模板”选项卡中的“HTML模板”选项，布局选择“无”选项，如图8-21所示。

步骤 02 单击“创建”按钮，新建空白模板文档。执行“文件”|“保存”命令，弹出Dreamweaver提示对话框，如图8-22所示。

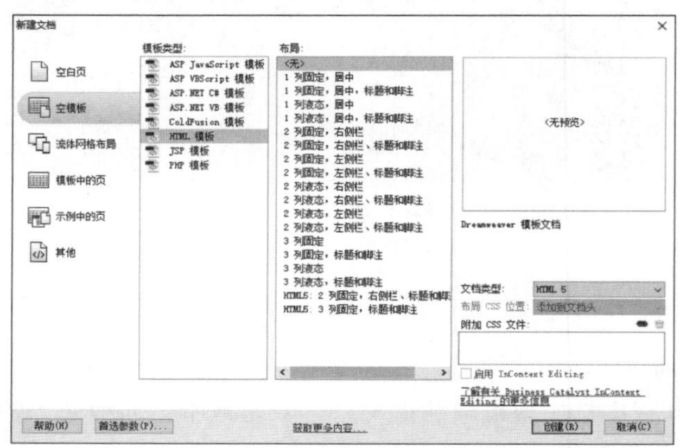

图 8-21

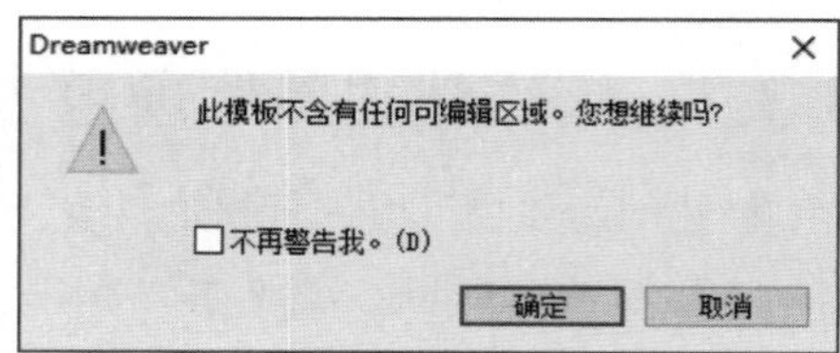

图 8-22

步骤 03 单击“确定”按钮，打开“另存模板”对话框，将当前模板重命名为“Index”，选择模板存储的站点名称，单击“保存”按钮，如图8-23所示。

步骤 04 单击“属性”面板中“页面属性”按钮，打开“页面属性”对话框，选择“外观（CSS）”选项卡，设置“页面字体”为“宋体”“大小”为12px、“文本颜色”为“#000”、“背景颜色”为“#FFF”，单击“确定”按钮，如图8-24所示。

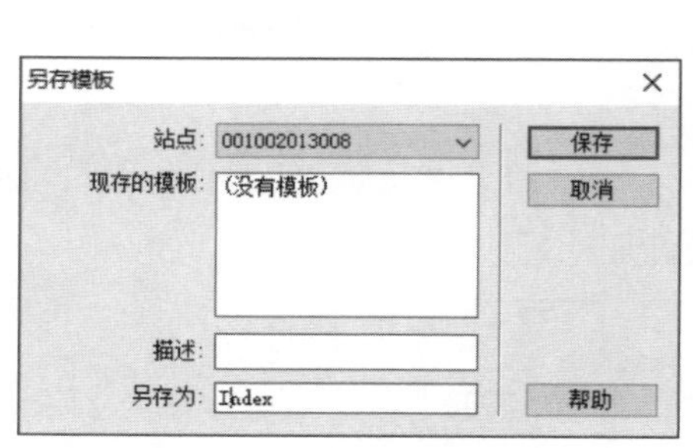

图 8-23

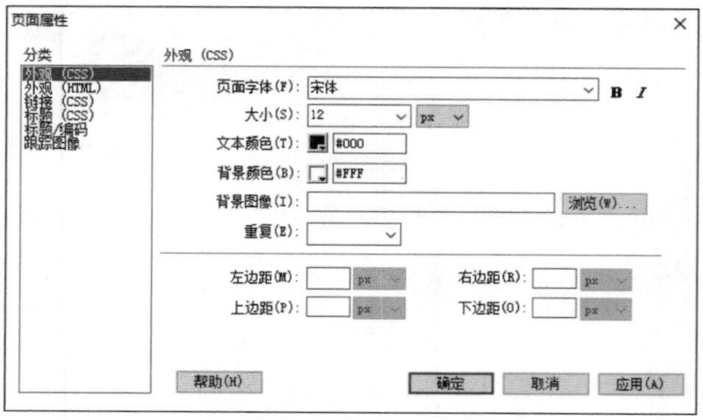

图 8-24

步骤 05 执行“插入”|“表格”命令，打开“表格”对话框，设置“行数”和“列”值为1、表格宽度为948像素，“边框粗细”“单元格边距”以及“单元格间距”均设置为0，单击“确定”按钮，如图8-25所示。

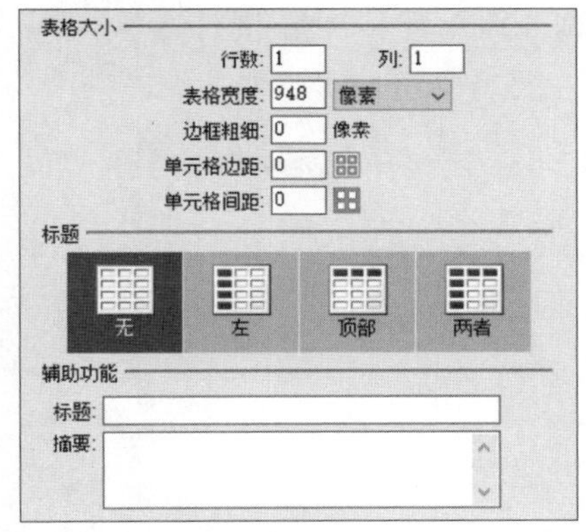

图 8-25

步骤 06 选中表格，在“属性”面板中将对齐方式设置为“居中对齐”，如图8-26所示。

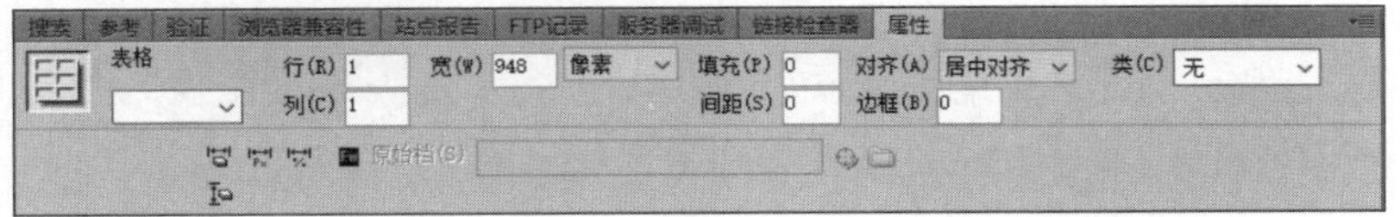

图 8-26

步骤 07 将光标移到表格的单元格中，执行“插入”|“图像”命令，在单元格中插入“title.jpg”图像，如图8-27所示。

步骤 08 将光标移到表格右边，重复步骤5和步骤6，在当前表格下面再插入一个1行2列的表格，如图8-28所示。

图 8-27

图 8-28

步骤 09 将光标移到表格第1列单元格中，在“属性”面板中，设置水平对齐方式为“左对齐”，设置垂直对齐方式为“顶端”，单元格宽度设置为204像素，效果如图8-29所示。

图 8-29

步骤 10 将光标移到表格第1列单元格中，执行“插入”|“表格”命令，插入一个5行1列的表格，单击“确定”按钮，如图8-30所示。

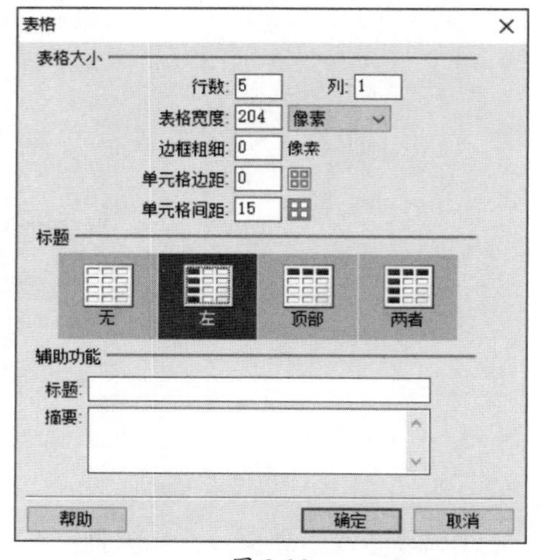

图 8-30

步骤 11 将光标移到新建表格的第1行单元格中，执行“插入”|“图像”命令，插入素材图像，如图8-31所示。

步骤 12 使用相同的方法，依次将“menu2.jpg”“menu3.jpg”“menu4.jpg”“menu5.jpg”图像插入第2～5行单元格中，如图8-32所示。

图 8-31

图 8-32

步骤 13 将光标移到右侧单元格中，在“属性”面板中，设置单元格的水平对齐方式为“左对齐”、垂直对齐方式为“顶端”、单元格高度为684像素，如图8-33所示。

图 8-33

步骤14 设置“目标规则”为“新CSS规则”，单击“编辑规则”按钮，弹出“新建CSS规则”对话框，设置选择器类型为“类（可应用于任何HTML元素）”，设置选择器名称为“.style_body”，设置规则定义为“新建样式表文件”，如图8-34所示。

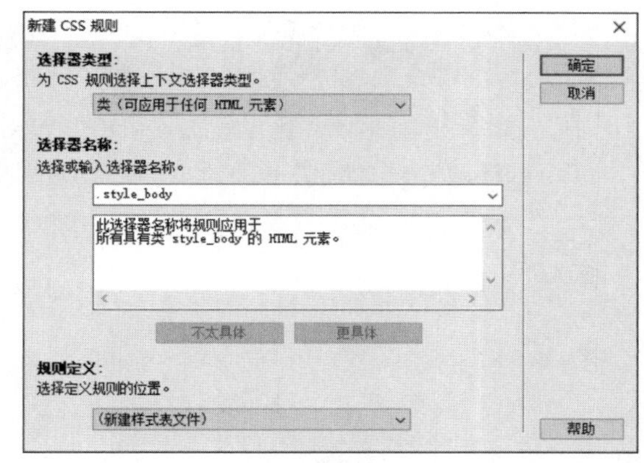

图 8-34

步骤15 单击“确定”按钮，打开“将样式表文件另存为”对话框，指定存储路径，为样式表文件命名为“style1.css”文件，如图8-35所示。

步骤16 单击“保存”按钮，打开“.style1_body的CSS规则定义”对话框，选择“背景”选项卡，设置单元格的背景图像、平铺模式以及背景是固定或随页面滚动显示，如图8-36所示。

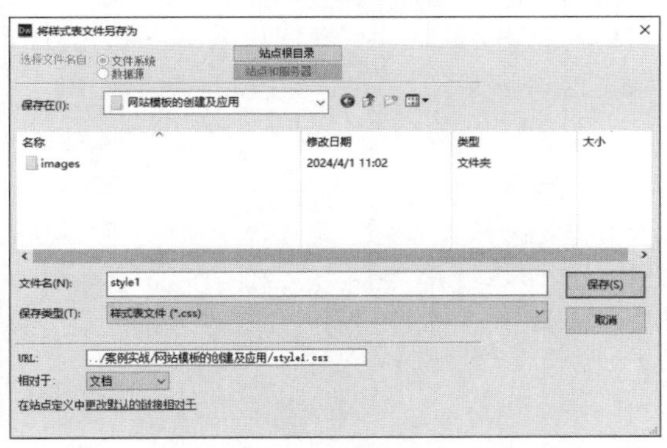

图 8-35

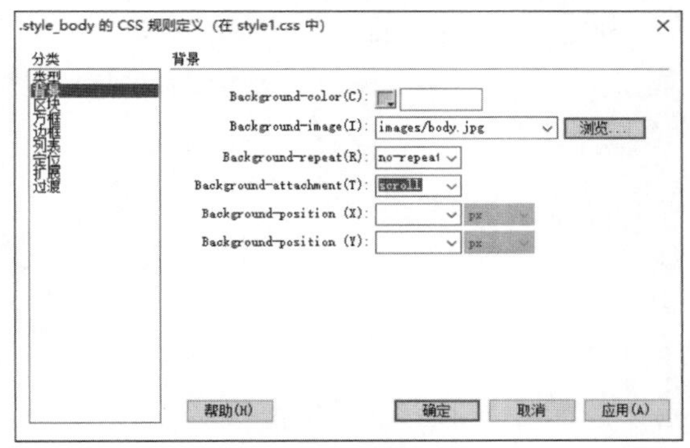

图 8-36

步骤17 单击“确定”按钮，将“body.jpg”图像设置为右边单元格的背景图片，如图8-37所示。

步骤18 将光标移到表格右边，执行“插入”|“表格”命令，在网页底端插入一个1行1列的表格，如图8-38所示。

图 8-37

图 8-38

步骤 19 在单元格中输入版权信息，在“属性”面板中，新建CSS规则为“.td”、定义字体为宋体、大小为12、颜色为黑色，设置单元格水平对齐方式为“居中对齐”、垂直对齐方式为“居中”，单元格的背景颜色设置为“#DCCA9A”，效果如图8-39所示。

步骤 20 将光标移到需要创建可编辑区域的位置，如图8-40所示。

图 8-39

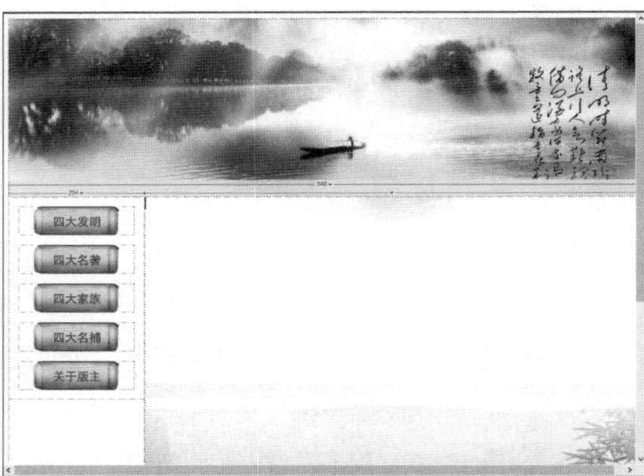

图 8-40

步骤 21 执行“插入”|“模板对象”|“可编辑区域”命令，打开“新建可编辑区域”对话框，在“名称”文本框中输入可编辑区域的名称，如图8-41所示。

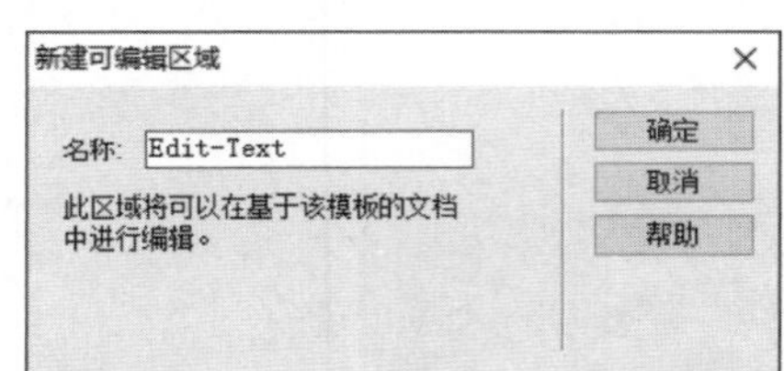

图 8-41

步骤 22 设置完成后单击“确定”按钮。将光标移到可编辑区域“Edite_Text”内，删除原有文本。保存模板文件，模板创建完成，效果如图8-42所示。

图 8-42

步骤 23 启动Dreamweaver，执行“文件”|“新建”命令，打开“新建文档”对话框，在“模板中的页”选项卡中选择模板文件，如图8-43所示。

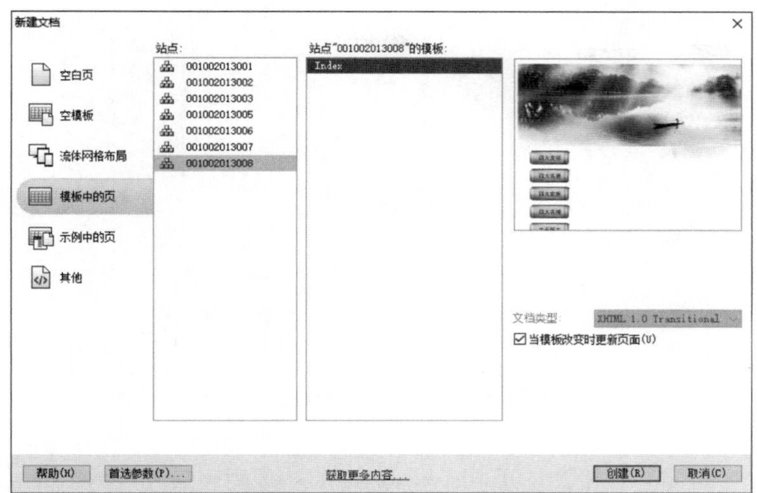

图 8-43

步骤24 设置完成后单击“创建”按钮，创建一个应用Index模板的网页。接着执行“文件”|“另存为”命令，打开“另存为”对话框设置参数，如图8-44所示。单击“保存”按钮，保存文档。

步骤25 将光标移到“四大发明.html”网页的可编辑区域中，执行“插入”|“表格”命令，插入一个5行1列的表格，如图8-45所示。

图 8-44

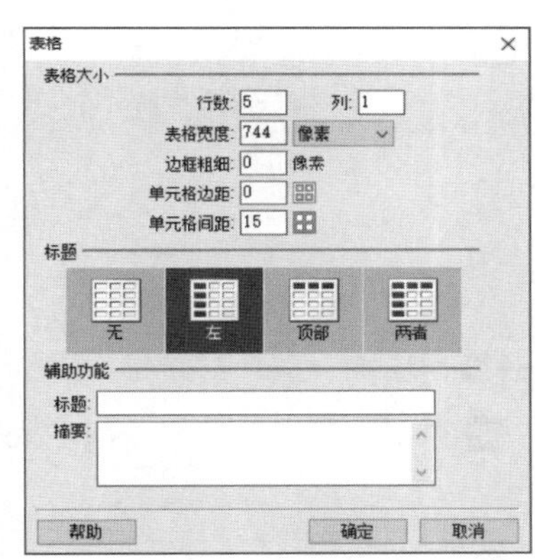

图 8-45

步骤26 选中新建的表格，在“属性”面板中设置水平对齐方式为“左对齐”、垂直对齐方式为“顶端”，如图8-46所示。

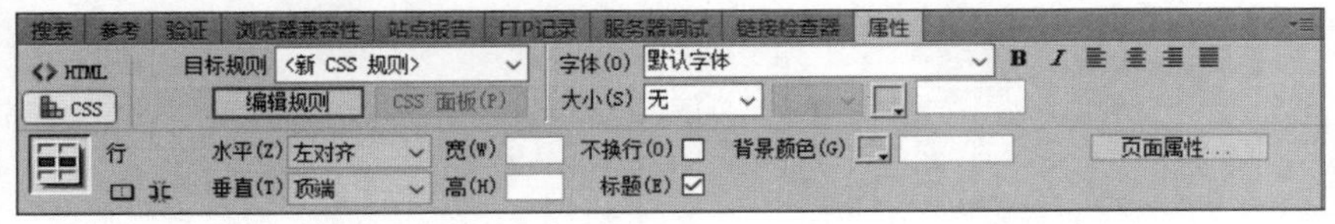

图 8-46

步骤27 将光标移到表格的第1行单元格中，输入文本并选中，在“属性”面板中，将目标规则设置为“新CSS规则”，单击“编辑规则”按钮，打开“新建CSS规则”对话框中，输入选择器名称为“.style_text”，设置规则定义在“style1.css”文件中，如图8-47所示。

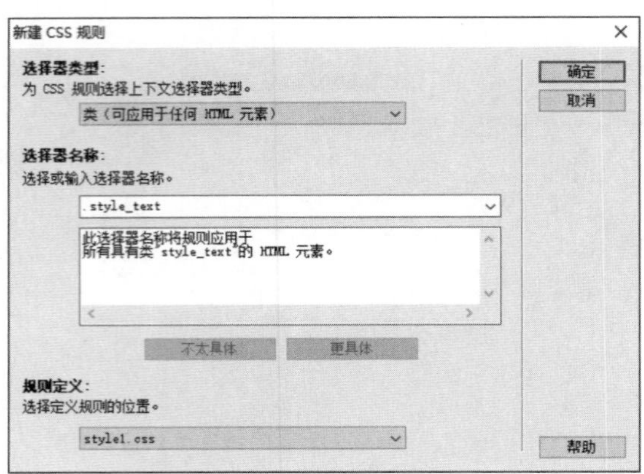

图 8-47

步骤 28 单击“确定”按钮，打开“.style_text的CSS规则定义（在style1.css中）”对话框，“分类”选择“类型”选项，右边设置字体为“宋体”、大小为12像素、字体样式为normal、字体粗细为normal、行高为16px、字体颜色为“#000”，如图8-48所示。

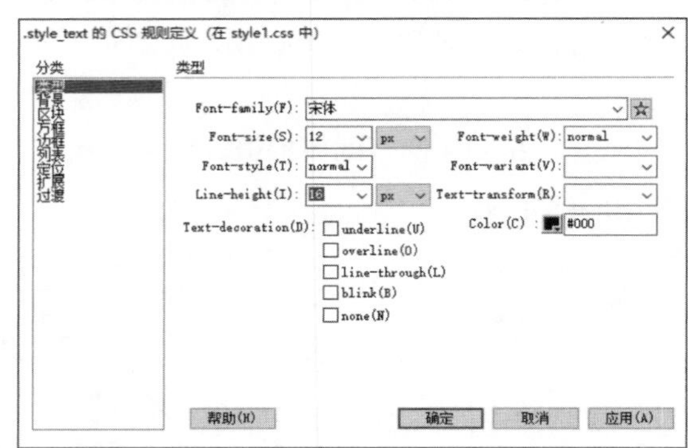

图 8-48

步骤 29 切换到“区块”选项卡，右边设置文本缩进为2ems，如图8-49所示。

步骤 30 单击“确定”，将“.style_text”样式应用到第1行单元格中，如图8-50所示。

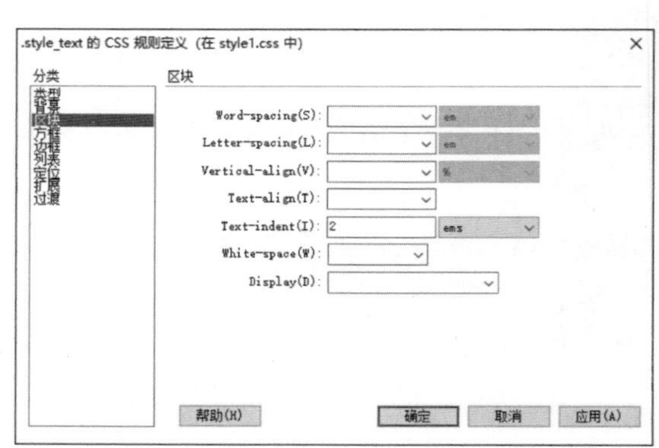

图 8-49

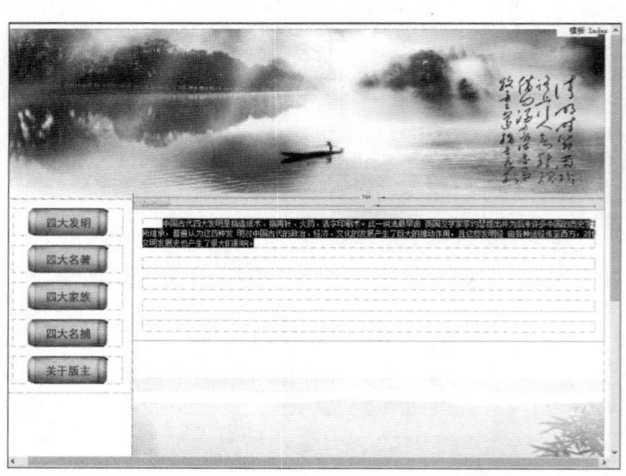

图 8-50

步骤 31 将光标移到第2行单元格中，输入文本并选中，在“属性”面板中，将目标规则设置为“style_text”，将定义好的样式应用到当前文本上，如图8-51所示。

步骤 32 重复操作，分别在第3～5行单元格中输入文本，设置样式，效果如图8-52所示。至此，完成网站模板的创建及应用。

图 8-51

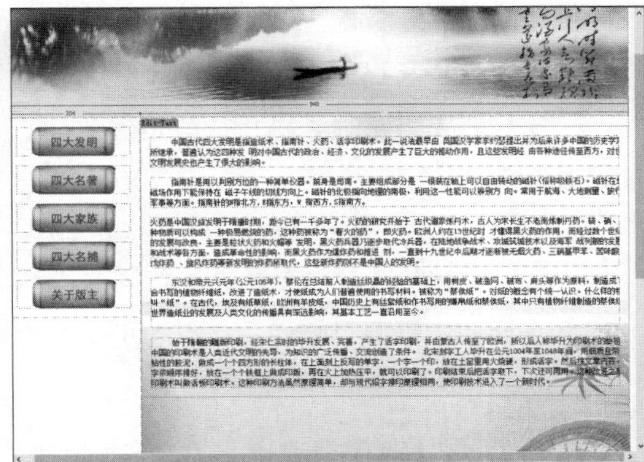

图 8-52

步骤 33 保存文件，按F12键预览效果，如图8-53所示。至此，完成网站模板的创建及应用。

图 8-53

8.5 课后练习

1. 填空题

（1）创建模板可以基于新文档创建____________，也可以基于现有文档将网页保存为模板。

（2）模板文件最显著的特征就是包括____________和____________，在应用模板文档中，只能修改____________。

（3）在应用模板网页时，有时需要对模板的不可编辑区域进行编辑，只需要将该页面从____________，就可以进行修改。

（4）网站中需要重复使用或经常更新的页面元素存入库中，存入库中的元素称为_______。

2. 选择题

（1）Dreamweaver的模板文件的扩展名是（　　）。

A. .html　　B. .htm　　C. .dwt　　D. .txt

（2）在创建模板时，下面关于可编辑区域的说法正确的是（　　）。

A. 只有定义了可编辑区域才能把它应用到网页上

B. 在编辑模板时，可编辑区域是可以编辑的，不可编辑区域是不可以编辑的

C. 一般把共同特征的标题和标签设置为可编辑区域

D. 以上说法都错误

3. 操作题

通过本章的学习，制作一个如图8-54所示的模板网页并应用，效果如图8-55所示。

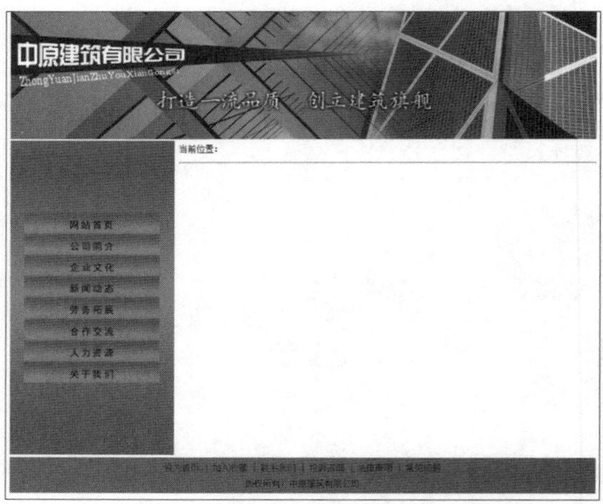

图 8-54

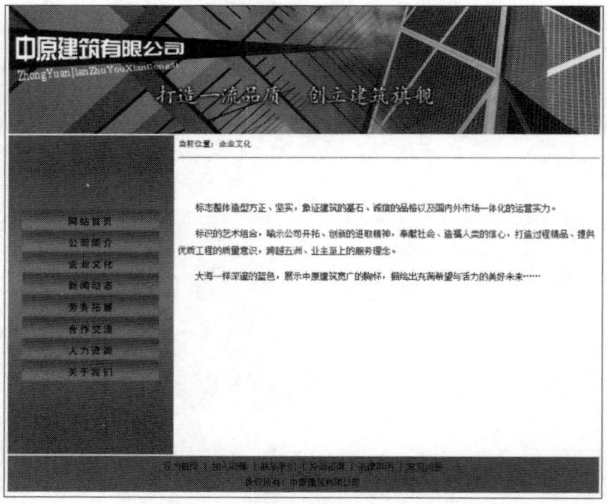

图 8-55

操作提示：

步骤 01 应用表格布局网页。

步骤 02 创建可编辑区域。

步骤 03 保存模板页面。

步骤 04 基于模板新建文档，并添加内容。

第9章 行为

Dreamweaver通过一种名为Behavior（行为）的机制简化了页面交互的构建过程。这种机制允许设计人员通过预设的动作来实现用户与页面之间的互动，创造出丰富的动态效果。本章将对行为进行介绍。

要点难点

- 创建行为的方式
- 利用行为制作图像特效的方法
- 利用行为显示文本的方法
- 利用行为控制表单的方法

9.1 什么是行为

行为是事件和该事件触发的动作的组合，其实质是Dreamweaver预设的一组JavaScript代码，不熟悉JavaScript的设计师也可通过预设的行为实现交互效果。本节将对行为进行介绍。

9.1.1 行为

行为由事件（Event）和动作（Action）两部分组成，事件是由浏览器定义的消息，可以理解为行为中动作的触发条件；动作是行为的具体实现过程。Dreamweaver中内置了一组行为，执行"窗口"|"行为"命令，打开"标签检查器"中的"行为"面板，如图9-1所示。

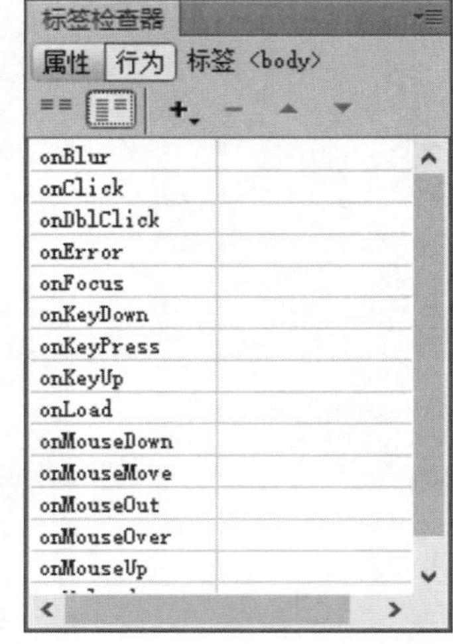

图 9-1

部分选项作用如下。

- **添加行为+**：单击该按钮，将打开快捷菜单，其中包含可以附加到当前所选元素的动作。当从该菜单中选择一个动作时，将弹出一个对话框，可以在该对话框中指定该动作的各项参数。
- **删除事件-**：单击该按钮，将从行为列表中删除所选的事件。

在将行为附加到某个页面元素之后，当该元素的某个事件发生时，行为即会调用与这一事件关联的动作（JavaScript代码）。Dreamweaver中的动作提供了最大程度的跨浏览器兼容性。

每个浏览器都提供一组事件，这些事件可以与"行为"面板的动作菜单中列出的动作相关联。当浏览者与网页进行交互时，浏览器生成事件，这些事件可以调用引起动作发生的JavaScript函数。Dreamweaver中提供许多可以使用这些事件触发的常用动作，如表9-1所示。

表9-1

动作	说明
调用JavaScript	调用JavaScript函数
改变属性	选择对象的属性
拖曳AP元素	允许在浏览器中自由拖曳AP Div
转到URL	可以转到特定的站点或网页文档上
跳转菜单	可以创建若干个链接的跳转菜单
跳转菜单开始	跳转菜单中选定要移动的站点之后，只有单击GO按钮才可以移动到链接的站点上
打开浏览器窗口	在新窗口中打开URL
弹出信息	设置的事件发生之后，弹出警告信息
预先载入图像	为了在浏览器中快速显示图片，事先下载图片之后显示出来

（续表）

动作	说明
设置框架文本	在选定的帧上显示指定的内容
设置状态栏文本	在状态栏中显示指定的内容
设置文本域文字	在文本字段区域显示指定的内容
显示-隐藏元素	显示或隐藏特定的AP Div
交换图像	发生设置的事件后，用其他图片替代选定的图片
恢复交换图像	在运用交换图像动作之后，显示原来的图片
检查表单	在检查表单文档有效性时使用

9.1.2 事件

每个浏览器都提供一组事件，这些事件可以与“行为”面板的动作（+）弹出菜单中列出的动作相关联。当网页的浏览者与页面进行交互时（例如，单击某个图像），浏览器会生成事件；这些事件可用于调用执行动作的JavaScript函数。Dreamweaver提供多个可通过这些事件触发的常用动作。

根据所选对象和在“显示事件”子菜单中指定的浏览器的不同，“事件”菜单中显示的事件也会有所不同。若要查明对于给定页面元素中给定的浏览器支持哪些事件，在文档中插入该页面元素并向其附加一个行为，然后查看“行为”面板中的“事件”菜单。如果页面中尚不存在相关的对象或所选的对象不能接收事件，则菜单中的事件将处于禁用状态（灰显）。如果未显示所需的事件，确保选择了正确的对象，或者在“显示事件”子菜单中更改目标浏览器。

如果要将行为附加到某个图像，则一些事件（例如onMouseOver）显示在括号中。这些事件仅用于链接。当选择其中之一时，Dreamweaver在图像周围使用<a>标签来定义一个空链接。在属性检查器的“链接”文本框中，该空链接表示为javascript:;。如果要将其变为一个指向另一页面的真正链接，可以更改链接值，但是如果删除了JavaScript链接而没有用另一个链接来替换它，则将删除该行为。

网页事件分为不同的种类。有的与鼠标有关，有的与键盘有关，如单击或键盘输入，有的事件还和网页相关，如网页下载完毕、网页切换等。对于同一个对象，不同版本的浏览器支持的事件种类和多少也是不一样的。事件用于指定选定的行为动作在何种情况下发生。例如想应用单击图像时跳转到指定网站的行为，则需要把事件指定为单击瞬间onClick。Dreamweaver提供的事件种类如表9-2所示。

表9-2

事件	说明
onAbort	在浏览器中停止加载网页文档的操作时发生的事件
onMOVE	移动窗口或框架时发生的事件

（续表）

事件	说明
onLoad	选定的客体显示在浏览器上时发生的事件
onResize	浏览者改变窗口或框架的大小时发生的事件
onUnLoad	浏览者退出网页文档时发生的事件
onClick	单击选定的要素时发生的事件
onBlur	光标移动到窗口或框架外侧等非激活状态时发生的事件
onDragDrop	拖曳选定的要素后放开鼠标左键时发生的事件
onDragStart	拖曳选定的要素时发生的事件
onFocus	光标到窗口或框架中处于激活状态时发生的事件
onMouseDown	单击时发生的事件
onMouseMove	光标经过选定的要素上面时发生的事件
onMouseOut	光标离开选定的要素上面时发生的事件
onMouseOver	光标在选定的要素上面时发生的事件
onMouseUp	放开按住的鼠标左键时发生的事件
onScroll	浏览者在浏览器中移动了滚动条时发生的事件
onKeyDown	键盘上某个按键被按下时触发此事件
onKeyPress	键盘上的某个按键被按下并且释放时触发此事件
onKeyUp	放开按下的键盘中的指定键时发生的事件
onAfterUpdate	表单文档的内容被更新时发生的事件
onBeforeUpdate	表单文档的项目发生变化时发生的事件
onChange	浏览者更改表单文档的初始设定值时发生的事件
onReset	把表单文档重新设定为初始值时发生的事件
onSubmit	浏览者传送表单文档时发生的事件
onSelect	浏览者选择文本区域中的内容时发生的事件
onError	加载网页文档的过程中发生错误时发生的事件
onFilterChange	应用到选定要素上的滤镜被更改时发生的事件
onFinish	结束移动文字（Marquee）功能时发生的事件
onStart	开始移动文字（Marquee）功能时发生的事件

用户可以为整个页面、表格、链接、图像、表单或其他任何HTML元素增加行为，最后由浏览器决定是否执行这些行为。在页面中添加行为的大致过程如下。

首先，选择一个对象元素，例如单击选中文档窗口底部的页面元素标签<body>。单击“行为”

面板中的“添加行为”按钮，在打开的菜单中选择一种行为。选择行为后，一般会打开一个参数设置对话框，根据需要设置完成。单击“确定”按钮，这时在“行为”面板中将显示添加的事件及对应的动作。如果要设置其他触发事件，可以单击事件列表右边的下拉按钮，打开事件下拉菜单，从中选择一个需要的事件。

9.2 浏览器窗口行为

调用JavaScript、转到URL、打开浏览器窗口等是常见的窗口交互行为，本节将对其应用进行介绍。

9.2.1 打开浏览器窗口

打开浏览器窗口行为可以在一个新的窗口中打开网页，并可以指定新窗口的属性（包括其大小）、特性（是否可以调整大小、是否具有菜单栏等）和名称。使用此行为可以在浏览者单击缩略图时，在一个单独的窗口中打开一个较大的图像，也可以使新窗口与该图像恰好一样大。

如果不指定该窗口的任何属性，在打开时它的大小和属性将与打开它的窗口相同。指定窗口的任何属性都将自动关闭所有其他未明确打开的属性。例如，如果不为窗口设置任何属性，它将以1024像素×768像素的大小打开，并具有导航条（显示“后退”“前进”“主页”和“重新加载”按钮）、地址工具栏（显示URL）、状态栏（位于窗口底部，显示状态消息）和菜单栏（显示“文件”“编辑”“查看”和其他菜单）。如果将宽度明确设置为640，将高度设置为480，但不设置其他属性，则该窗口将以640像素×480像素的大小打开，并且不具有工具栏。

选中对象，打开“行为”面板，单击“添加行为”按钮+，在弹出的快捷菜单中执行“打开浏览器窗口”命令，打开“打开浏览器窗口”对话框，如图9-2所示。在该对话框中可以针对新窗口的属性、特性等进行设置，完成后单击“确定”按钮应用效果。

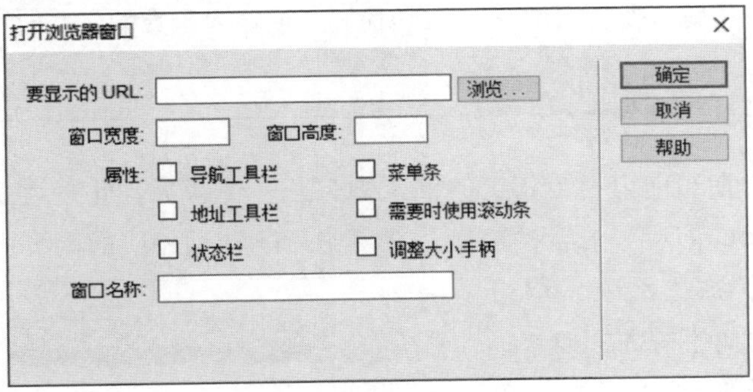

图 9-2

“打开浏览器窗口”对话框中各选项作用如下。

- **要显示的URL：**用于设置要显示的网页的地址，属于必选项。单击“浏览”按钮可在本地站点中选择。

- **窗口宽度：** 用于设置窗口的宽度。
- **窗口高度：** 用于设置窗口的高度。
- **导航工具栏：** 用于设置是否在浏览器顶部包含导航条。
- **菜单条：** 用于设置是否包含菜单条。
- **地址工具栏：** 用于设置是否在打开浏览器窗口中显示地址栏。
- **需要时使用滚动条：** 用于设置如果窗口中内容超出窗口大小，是否显示滚动条。
- **状态栏：** 用于设置是否在浏览器窗口底部显示状态栏。
- **调整大小手柄：** 用于设置浏览者是否可以调整窗口大小。
- **窗口名称：** 用于命名当前窗口。

9.2.2　调用脚本

调用JavaScript行为在事件发生时执行自定义的函数或JavaScript代码行。用户既可以自己编写JavaScript，也可以使用Web上各种免费的JavaScript库中提供的代码。调用JavaScript动作允许使用“行为”面板指定一个自定义功能，或当发生某个事件时应该执行的一段JavaScript代码。

选中文档窗口底部的<body>标签，执行“窗口”|“行为”命令，打开“行为”面板，在“行为”面板中单击“添加行为”按钮，在弹出的菜单中执行“调用JavaScript”命令，打开“调用JavaScript”对话框，如图9-3所示。在文本框中输入JavaScript代码，然后单击“确定”按钮，将行为添加到“行为”面板。

图 9-3

读者可以使用自己编写的JavaScript代码或网络上多个免费的JavaScript库中提供的代码。在“JavaScript：”文本框中输入要执行的JavaScript代码，或输入函数的名称。

9.2.3　转到URL

转到URL行为可在当前窗口或指定的框架中打开一个新页。此行为适用于通过一次单击更改两个或多个框架的内容。通常的链接是在单击后跳转到相应的网页文档中，但是“转到URL”动作在把光标放上后或者双击时，都可以设置不同的事件来加以链接。

选中对象，打开“行为”面板，单击“添加行为”按钮，在弹出的菜单中执行“转到URL”命令，打开如图9-4所示的“转到URL”对话框，从中输入相应的内容后，单击“确定”按钮即可。

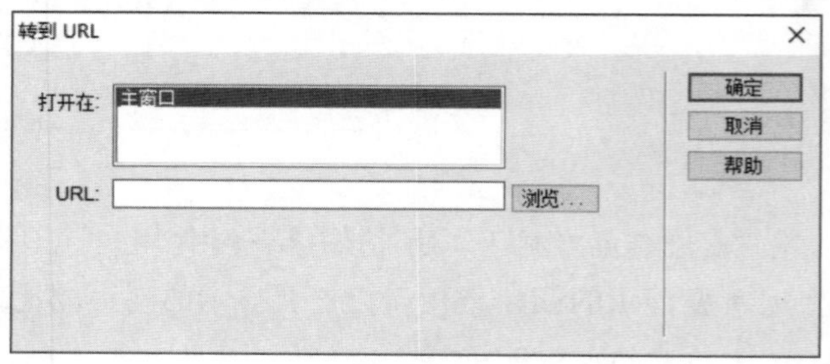

图 9-4

“转到URL”对话框中部分选项作用如下。

- **打开在**：选择打开链接的窗口。如果是框架网页，选择打开链接的框架。
- URL：输入链接的地址，也可以单击“浏览”按钮在本地硬盘中查找链接的文件。

9.2.4 动手练：打开浏览器窗口

案例素材：本书实例/第9章/动手练/打开浏览器窗口

本案例将以打开浏览器窗口的制作为例，对浏览器窗口的属性进行设置，具体操作步骤如下。

步骤01 打开本章素材文件，选中主图，如图9-5所示。

步骤02 执行“窗口”|“行为”命令，打开“行为”面板，单击面板中的“添加行为”按钮，在弹出的菜单中执行“打开浏览器窗口”命令，如图9-6所示。

图 9-5

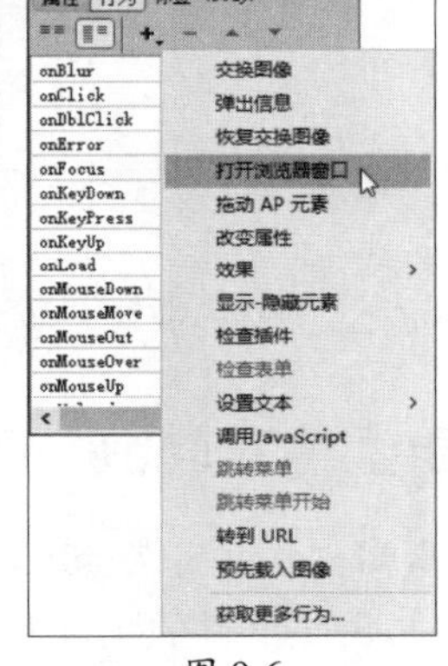

图 9-6

步骤03 打开“打开浏览器窗口”对话框，单击“要显示的URL”文本框右边的“浏览”按钮，打开“选择文件”对话框，选择文件，如图9-7所示。

步骤04 单击“确定”按钮，返回“打开浏览器窗口”对话框，设置其他参数，如图9-8所示。

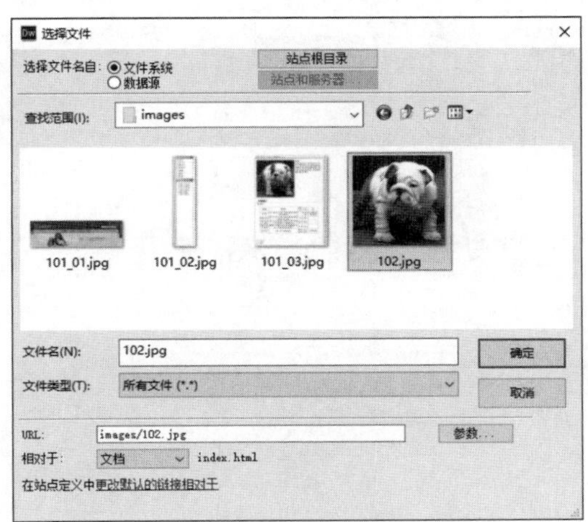

图 9-7

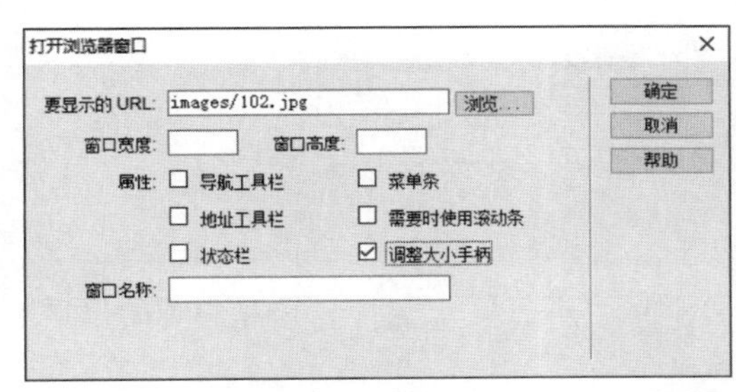

图 9-8

步骤 05 完成设置后单击“确定”按钮，关闭“打开浏览器窗口”对话框，在“行为”面板中可查看添加的行为，如图9-9所示。

步骤 06 保存文档，按F12键在浏览器中预览效果，如图9-10所示。

图 9-9

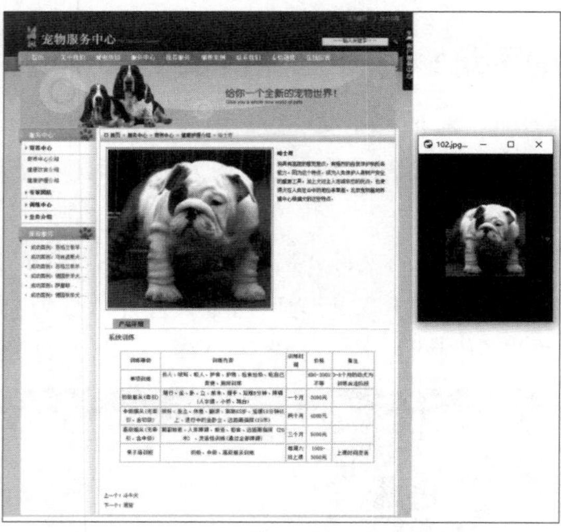

图 9-10

至此，完成打开浏览器窗口的操作。

9.2.5 动手练：转到URL网页

案例素材：本书实例/第9章/动手练/转到URL网页

本案例将以网页文件的跳转为例，介绍转到URL行为的应用，具体操作步骤如下。

步骤 01 打开本章素材文档，执行“窗口”|“行为”命令，打开“行为”面板，单击“添加行为”按钮，在弹出的菜单中执行“转到URL”命令，打开“转到URL”对话框，如图9-11所示。

步骤 02 单击“浏览”按钮，打开“选择文件”对话框，选择文件，如图9-12所示。

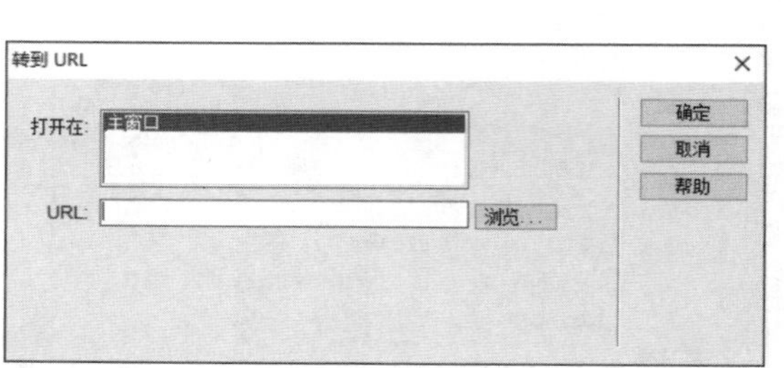

图 9-11

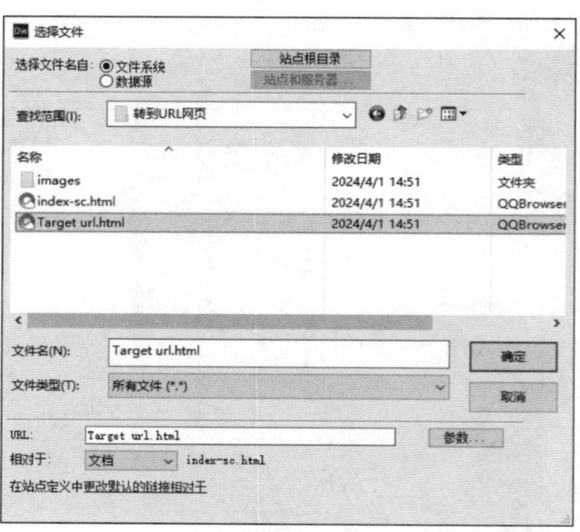

图 9-12

步骤 03 单击“确定”按钮返回“转到URL”对话框，如图9-13所示。

步骤04 单击“确定”按钮，在“行为”面板中可查看添加的行为，如图9-14所示。

步骤05 保存文档，按F12键预览效果，如图9-15所示。

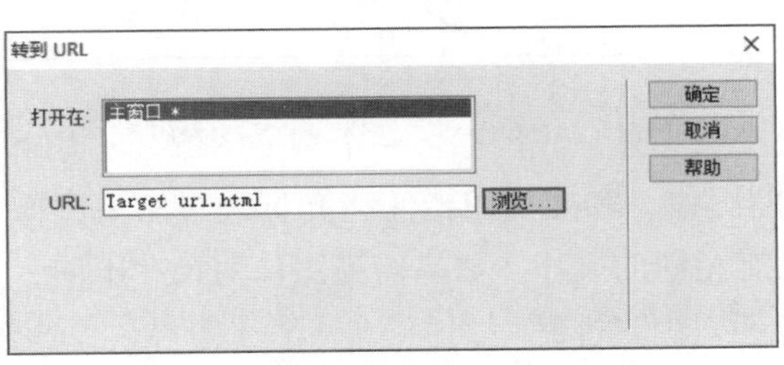

图 9-13

图 9-14

图 9-15

至此，完成转到URL网页的操作。

9.2.6 动手练：自动关闭网页

案例素材：本书实例/第9章/动手练/自动关闭网页

本案例将以自动关闭网页的制作为例，介绍调用JavaScript行为，具体操作步骤如下。

步骤01 打开本章素材文件，单击选中标签选择器中的<body>标签，如图9-16所示。

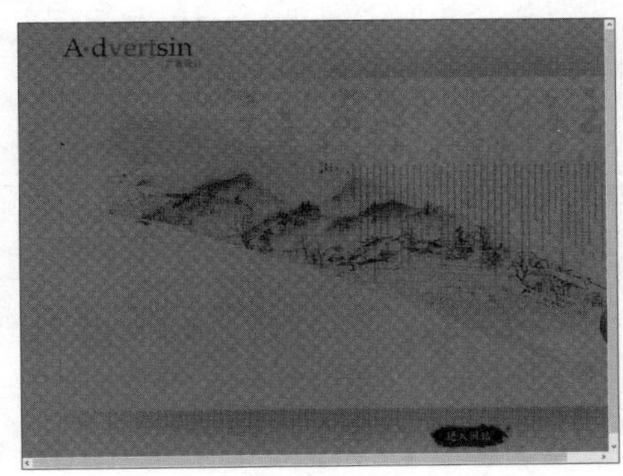

图 9-16

步骤02 在“行为”面板中单击“添加行为”按钮，执行“调用JavaScript”命令，在文本框中输入“window.close()”，如图9-17所示。

步骤03 单击“确定”按钮，将行为添加到“行为”面板，如图9-18所示。保存文档，按F12键预览，软件将自动关闭该页面。

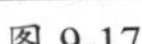

图 9-17

图 9-18

9.3 图像行为

设计人员利用行为可以使对象产生各种特效。下面介绍交换图像与恢复交换图像、预载入图像以及拖曳AP元素等行为的使用。

9.3.1 交换图像与恢复交换图像

交换图像就是当光标经过图像时，原图像会变成另外一张图像。一个交换图像其实是由两张图像组成的：第一图像（页面初始显示时的图像）和交换图像（当光标经过第一图像时显示的图像）。组成图像交换的两张图像必须有相同的尺寸；如果两张图像的尺寸不同，Dreamweaver会自动将第二张图像的尺寸调整为第一张图像的同样大小。

打开“行为”面板，单击“添加行为”按钮，在弹出的快捷菜单中执行“交换图像”命令，打开“交换图像”对话框，如图9-19所示。单击“设定原始文档为”文本框右边的“浏览”按钮，在弹出的对话框中选择要交换的文件，单击“确定”按钮，返回“交换图像”对话框，单击“确定”按钮即可。

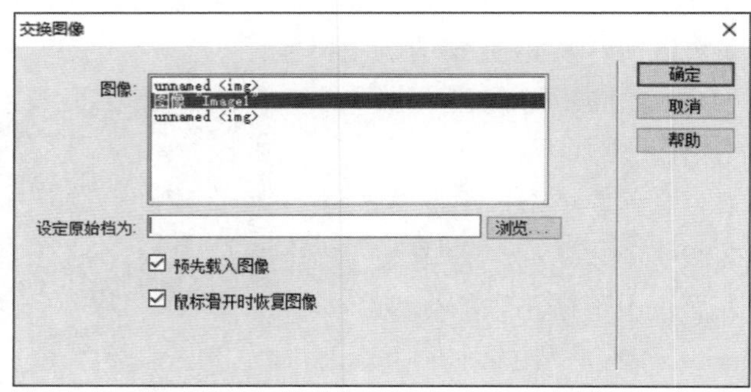

图 9-19

“交换图像”对话框中各选项作用如下。

- **图像：** 在列表中选择要更改其源的图像。
- **设定原始档为：** 单击“浏览”按钮选择新图像文件，文本框中显示新图像的路径和文件名。
- **预先载入图像：** 勾选该复选框，在载入网页时，新图像将载入浏览器的缓冲中，防止当图像该出现时由于下载而导致的延迟。
- **鼠标滑开时恢复图像：** 用于设置是否在鼠标滑开时恢复图像。一般为默认选择状态，这样当光标离开对象时就会自动恢复原始图像。

9.3.2 预先载入图像

预先载入图像行为可以在载入网页时将新图像载入浏览器的缓冲中，从而避免当图像该出现时由于下载而导致的延迟。

选中要附加行为的对象，单击“添加行为”按钮+，在弹出的快捷菜单中执行“预先载入图像”命令，打开“预先载入图像”对话框，如图9-20所示。单击“图像源文件”文本框右侧的“浏览”按钮，在弹出的“选择图像源文件”对话框中选择文件后单击“确定”按钮，“预先载入图像”对话框“图像源文件”文本框中将出现选中图像的路径，如图9-21所示。完成后单击“确定”按钮即可。

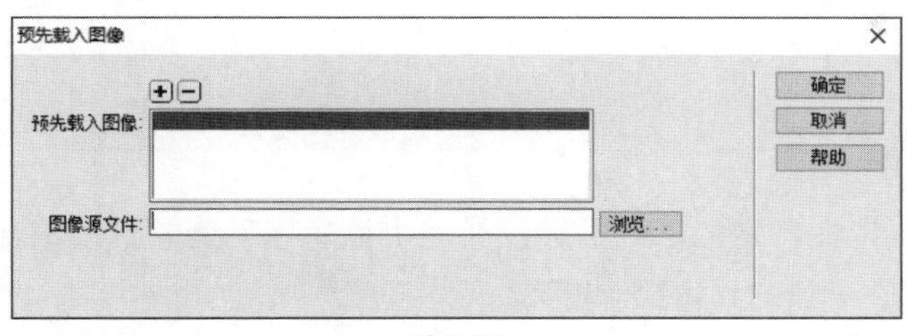

图 9-20

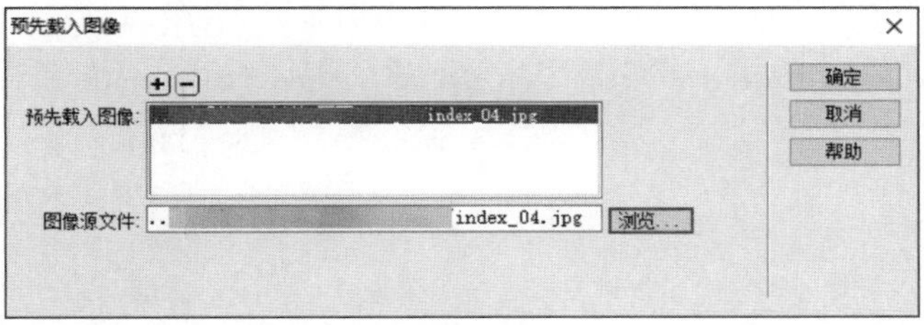

图 9-21

“预先载入图像”对话框中各选项作用如下。

- **预先载入图像：** 在列表中列出所有需要预先载入的图像。
- **图像源文件：** 单击“浏览”按钮，选择要预先载入的图像文件，或者在文本框中输入图像的路径和文件名。

9.3.3 显示-隐藏元素

显示-隐藏元素行为可以通过用户响应事件，触发改变一个或多个网页元素的可见性。选中要附加行为的网页元素，单击“添加行为”按钮，在弹出的快捷菜单中执行“显示-隐藏元素”命令，打开“显示-隐藏元素”对话框，如图9-22所示。在该对话框中选择元素后单击“显示”“隐藏”或“默认”按钮设置显示-隐藏效果，完成后单击“确定”按钮即可。

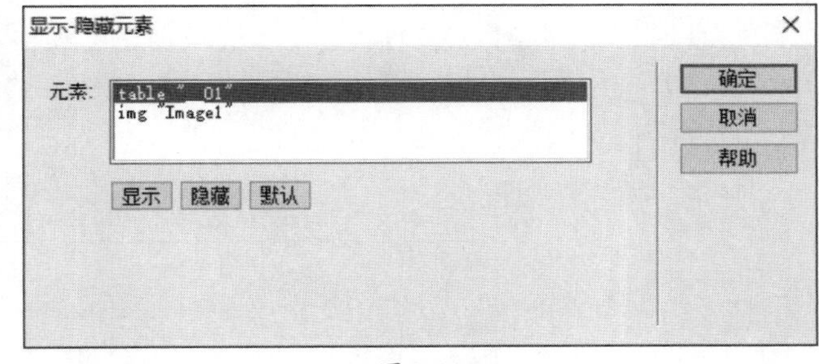

图 9-22

“显示-隐藏元素”对话框中各选项作用如下。

- 元素：在列表中列出可用于显示或隐藏的网页元素。设置完成后列表中将显示事件触发后网页元素的显示或隐藏状态。
- **显示：** 设置某一个元素为显示状态。
- **隐藏：** 设置某一个元素为隐藏状态。
- **默认：** 设置某一个元素为默认状态。

9.4 文本行为

设计人员利用行为可以添加各种文本特效。下面介绍弹出信息、设置状态栏文本、设置容器的文本、设置文本域文本等行为的使用。

9.4.1 弹出信息

弹出信息行为可以在特定的事件被触发时弹出信息框，能够给浏览者提供动态的导航功能。创建“弹出信息”动作的具体操作步骤如下。

单击文档窗口底部的<body>标签，执行“窗口”|“行为”命令，打开“行为”面板，单击“添加行为”按钮，在弹出的快捷菜单中执行“弹出信息”命令，打开“弹出信息”对话框，如图9-23所示。在对话框中输入文本内容，完成后单击“确定”按钮添加该行为，如图9-24所示。

图 9-23

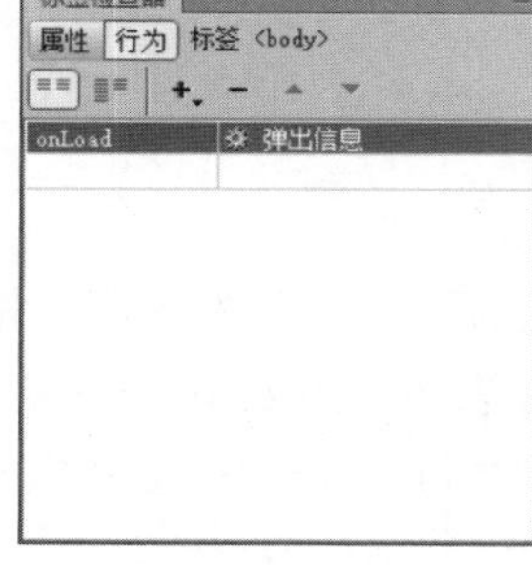

图 9-24

9.4.2 设置状态栏文本

设置状态栏文本行为可以在浏览器窗口底部左侧的状态栏中显示消息。

打开要加入状态栏文本的网页，并且选择左下角的<body>标签。执行“窗口”|“行为”命令，打开“行为”面板，单击“添加行为”按钮，执行“设置文本”|“设置状态栏文本”命令，打开“设置状态栏文本”对话框，如图9-25所示。在该对话框中输入文本内容，完成后单击“确定”按钮添加行为。

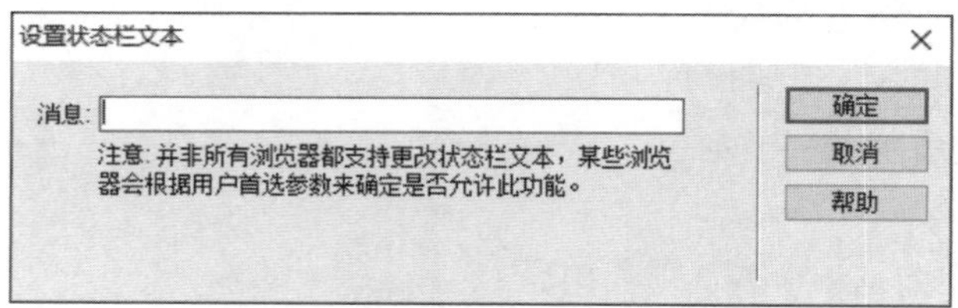

图 9-25

9.4.3 设置容器的文本

设置容器的文本行为可以在触发时将指定容器中的文本替换为其他内容。

选中容器中的对象，单击“行为”面板中的“添加行为”按钮+，在弹出的快捷菜单中执

行“设置文本”|“设置容器的文本”命令，打开“设置容器的文本”对话框，如图9-26所示。在该对话框中设置参数，完成后单击“确定”按钮即可。

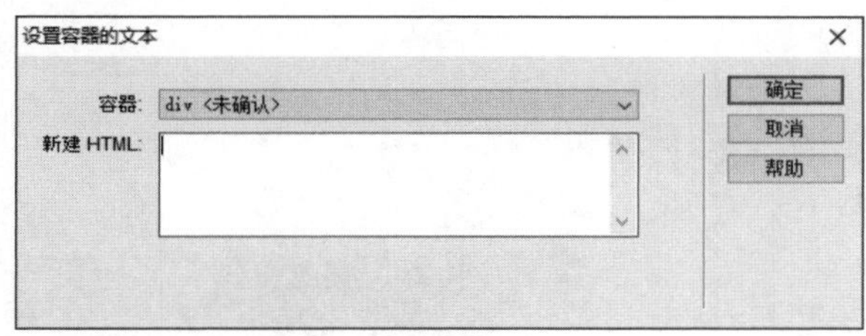

图 9-26

9.4.4　设置文本域文字

设置文本域文字行为可以在触发时使用指定的内容替换表单文本域的内容。

选中页面中的文本域对象，单击“行为”面板中的“添加行为”按钮，在弹出的快捷菜单中执行“设置文本”|“设置文本域文字”命令，打开“设置文本域文字”对话框，如图9-27所示。

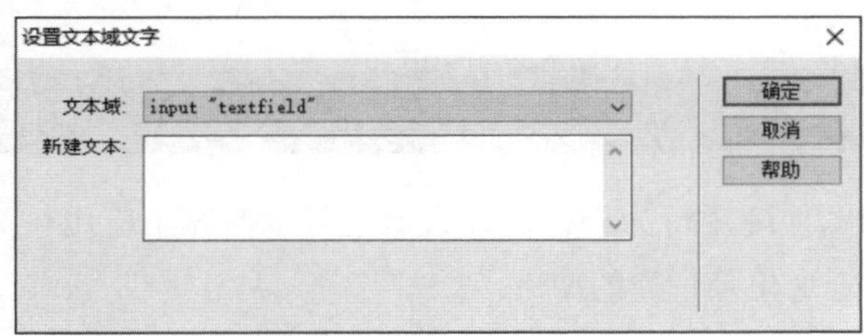

图 9-27

该对话框中各选项作用如下。

- **文本域：**选择要设置的文本域。
- **新建文本：**在文本框中输入文本。

9.4.5　动手练：网页弹出信息

案例素材：本书实例/第9章/动手练/网页弹出信息

本案例将以网页弹出信息的制作为例，介绍弹出信息行为的应用，具体操作步骤如下。

步骤 01 打开本章素材文件，如图9-28所示。

步骤 02 选中<body>标签，单击“行为”面板中的“添加行为”按钮，在弹出的快捷菜单中执行“弹出信息”命令，打开“弹出信息”对话框设置参数，如图9-29所示。

图 9-28

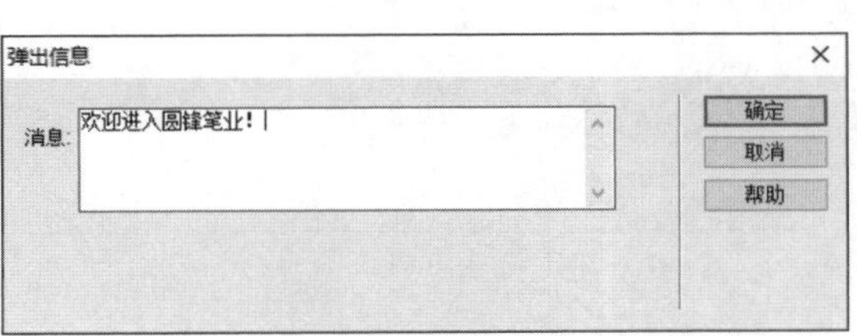

图 9-29

步骤 03 完成后单击“确定”按钮，将行为添加至“行为”面板，如图9-30所示。

步骤 04 另存文件，按F12键预览效果，如图9-31所示。

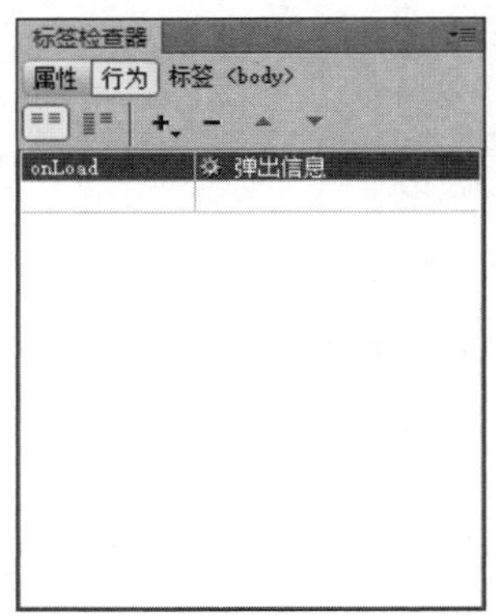

图 9-30

图 9-31

至此，完成网页弹出信息的制作。

9.5 表单行为

除了可以对文本和图像应用行为外，设计人员还可以对表单应用行为。下面讲述跳转菜单和跳转菜单开始以及检查表单等行为的使用。

9.5.1 跳转菜单

使用跳转菜单行为，可以编辑和重新排列菜单项、更改要跳转到的文件以及编辑文件的窗口等。如果页面中尚无跳转菜单对象，则要创建一个跳转菜单对象，其操作步骤如下。

执行“插入”|“表单”|“跳转菜单”命令，打开“插入跳转菜单”对话框，如图9-32所示。在该对话框中设置参数后单击“确定”按钮插入跳转菜单，将其选中，单击“行为”面板中的“添加行为”按钮，打开“跳转菜单”对话框，如图9-33所示。设置参数后单击“确定”按钮即可。

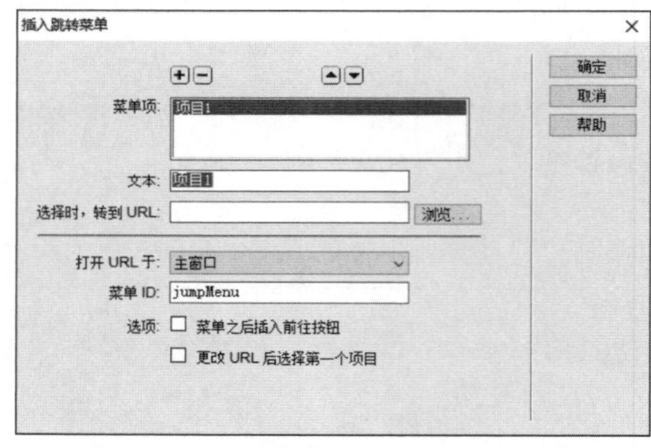

图 9-32

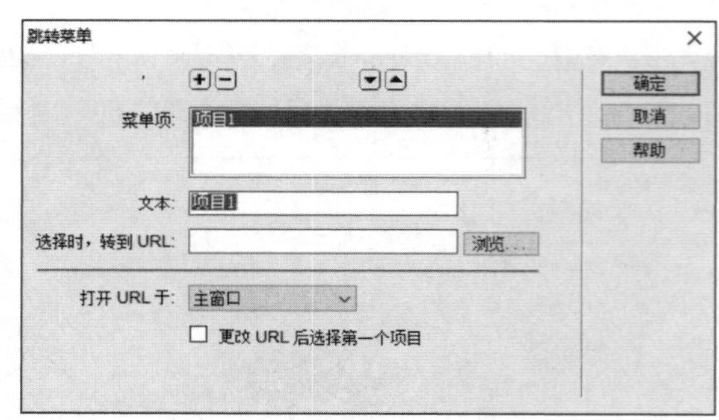

图 9-33

该对话框中的部分常用选项作用如下。

- **菜单项**：显示所有菜单项。
- **文本**：设置当前菜单项的显示文字，它会出现在菜单项列表中。
- **选择时，转到URL**：为当前菜单项设置当浏览者单击它时要打开的网页地址。

9.5.2 检查表单

检查表单行为可检查指定文本域的内容，以确保用户输入的数据类型正确。通过onBlur事件将此行为附加到单独的文本字段，以便用户填写表单时验证这些字段，或通过onSubmit事件将此行为附加到表单，以便用户单击“提交”按钮时同时计算多个文本字段。将此行为附加到表单可以防止在提交表单时出现无效数据。

单击“行为”面板中的“添加行为”按钮，在弹出的快捷菜单中执行“检查表单”命令，打开“检查表单”对话框，如图9-34所示。

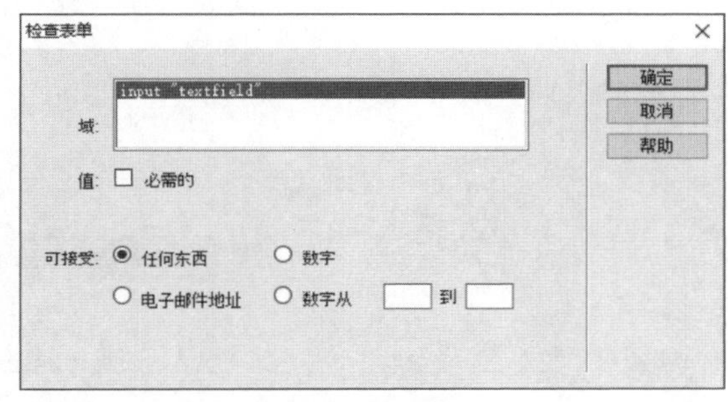

图 9-34

该对话框中的部分常用选项作用如下。

- **域**：在文本框中选择要检查的一个文本域。
- **值**：如果该文本必须包含某种数据，则勾选“必需的”复选框。
- **可接受**：用于为各表单字段指定验证规则。

9.6 案例实战：交换图像效果

案例素材：本书实例/第9章/案例实战/交换图像效果

本案例将以交换图像效果的制作为例，对交互网页的制作进行介绍。具体操作步骤如下。

步骤 01 打开网页文档，选中要交换的图像，如图9-35所示。

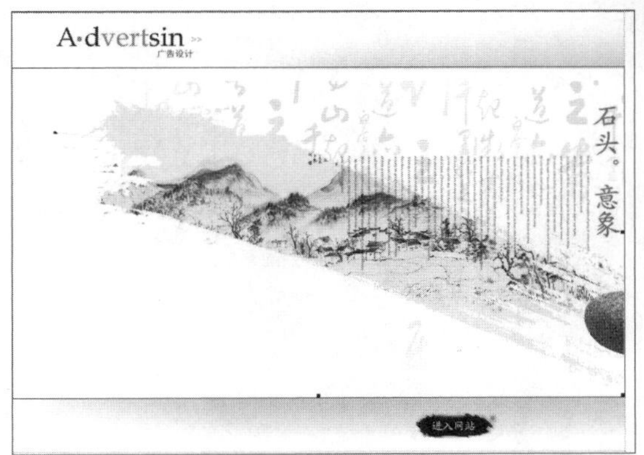

图 9-35

步骤 02 打开“行为”面板，在面板中单击“添加行为”按钮。在弹出的菜单中执行“交换图像”命令，打开“交换图像”对话框，如图9-36所示。

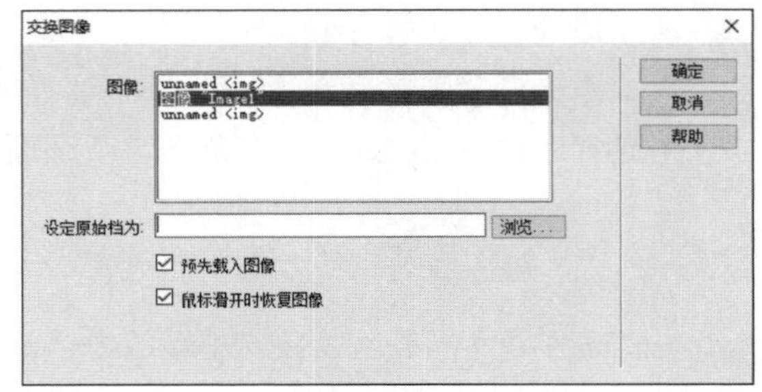

图 9-36

步骤 03 单击“浏览”按钮打开“选择图像源文件”对话框，在对话框中选择相应的图像文件“images/index_04.jpg”，如图9-37所示。

步骤 04 单击“确定”按钮，“设定原始档为”文本框中将显示新图像的路径和文件名。勾选“预先载入图像”复选框，如图9-38所示。

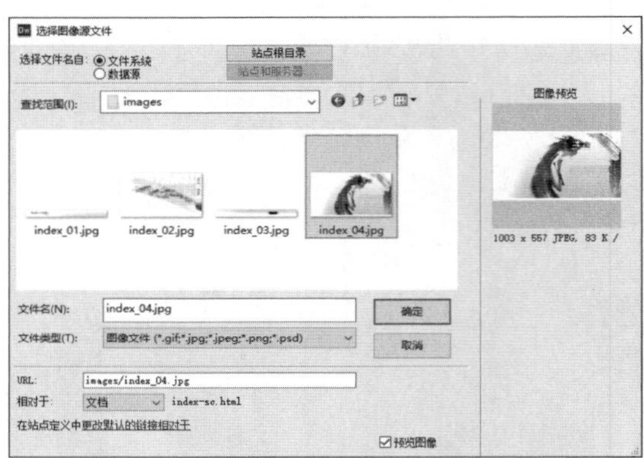

图 9-37

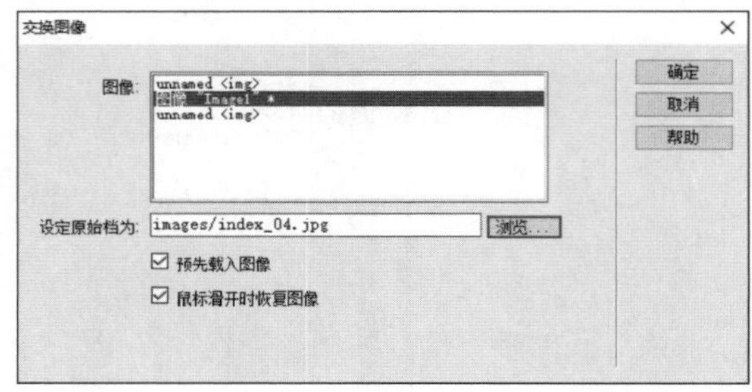

图 9-38

步骤 05 单击“确定”按钮，将行为添加到“行为”面板。保存文档，按F12键在浏览器中预览效果，如图9-39和图9-40所示。

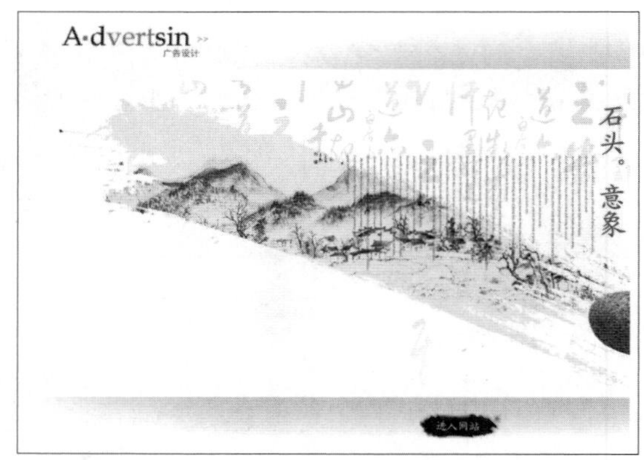

图 9-39

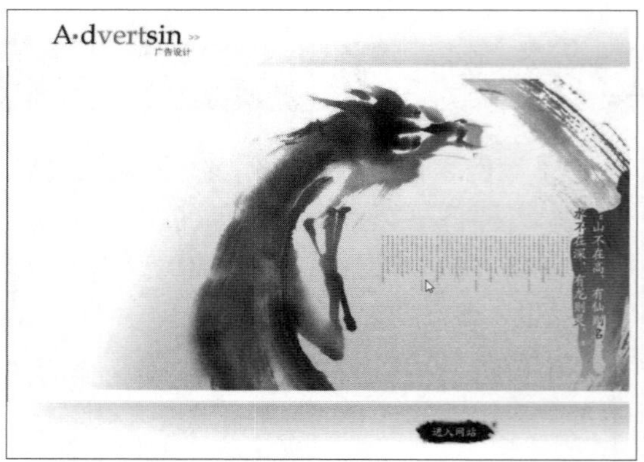

图 9-40

9.7 课后练习

1. 填空题

（1）“标签检查器”面板的作用是显示当前用户选择的网页对象的各种____________，以及在该网页对象上应用的____________。

（2）菜单栏构件是一组可导航的____________，当站点访问者将光标悬停在其中的某个按钮上时，将显示相应的子菜单。

（3）JavaScript是Netscape公司开发的一种基于____________和____________驱动并具有相对安全性的客户端脚本语言。

2. 选择题

（1）如果想在打开一个页面的同时弹出另一个新窗口，应该进行的设置是（　　）。

A. 在“行为”面板中选择“弹出信息”

B. 在“行为”面板中选择“打开浏览器窗口”

C. 在“行为”面板中选择“转到URL”

D. 在“行为”面板中选择“显示弹出式菜单”

（2）<img src="name" align="left">的意思是（　　）。

A. 图像向左对齐　　B. 图像向右对齐　　C. 图像与底部对齐　　D. 图像与顶部对齐

（3）在Dreamweaver中，行为由（　　）构成。

A. 动作　　B. 事件和动作　　C. 初级行为　　D. 最终动作

3. 操作题

利用已经学过的知识制作如图9-41所示的弹出信息效果。

操作提示：

步骤01 单击文档窗口底部的<body>标签，执行“窗口”|“行为”命令，打开“行为”面板，单击“添加行为”按钮，选择“弹出信息”命令，弹出“弹出信息”对话框。

步骤02 在对话框中的“消息”文本框中输入内容。

步骤03 单击“确定”按钮，将行为添加到“行为”面板。

步骤04 按F12键，在浏览器预览最终效果即可。

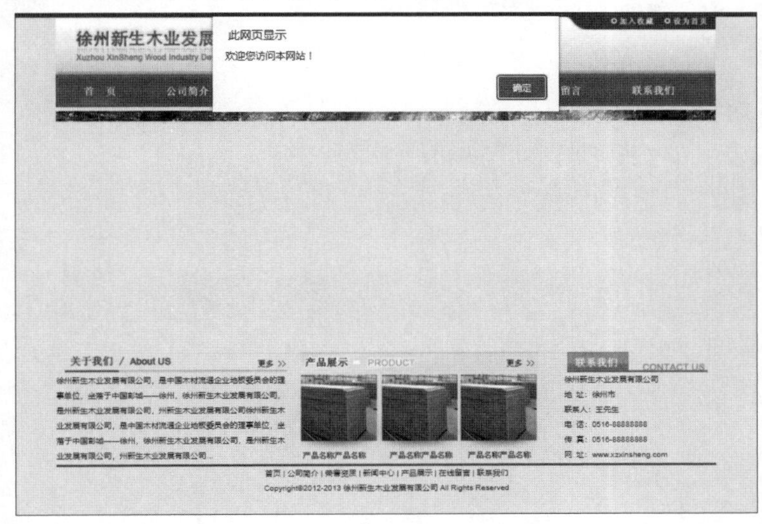

图 9-41

第10章 表单和jQuery Mobile

表单在网页中可以起到收集信息、实现服务器和用户之间信息交流和传递的作用，是提升网页交互性的重要工具。jQuery是广泛应用的JavaScript库，Dreamweaver将jQuery Mobile插件引入系统，提供了快速制作列表、布局网格等功能。本章将对表单和jQuery Mobile进行介绍。

要点难点

- 表单的概念与作用
- 表单域和不同类型表单的创建
- 表单的设置
- jQuery Mobile的应用

10.1 使用表单

表单是用户和服务器之间的桥梁，目的是收集用户信息。动态网页中需要交互的内容都需要添加到表单中，由用户填写，然后提交给服务器端脚本程序执行，并将执行的结果以网页形式反馈到用户浏览器。所以学会使用表单是制作动态网页的第一步。

10.1.1 认识表单

表单也称为表单域，可以被看成一个容器，其中可以存储其他对象，例如文本域、密码域、单选按钮、复选框、列表以及提交按钮等，这些对象也被称为表单对象。制作动态网页时，首先插入表单，然后在表单中继续插入其他表单对象。如果执行顺序反过来，或没有将表单对象插入表单中，则数据不能被提交到服务器，这一点也是初学者最容易出现的问题。

执行“插入”|“表单”|“表单”命令，或单击“插入”面板“表单”选项卡中的“表单”按钮，在网页中创建一个由红色虚线确定的表单域，如图10-1所示。

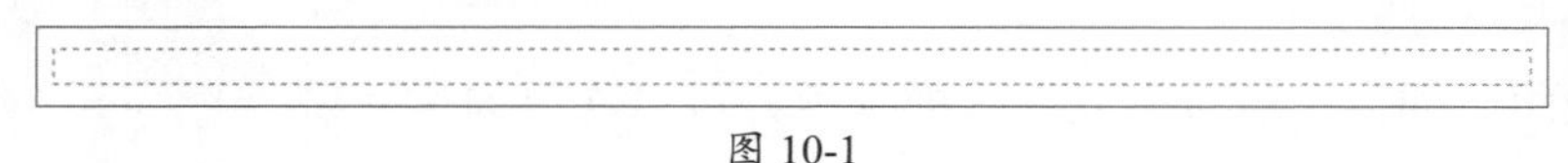

图 10-1

选中表单域，在“属性”面板中可以设置其ID、Action等参数，如图10-2所示。

图 10-2

“属性”面板中部分选项作用如下。

- **表单ID：** 用于设置表单名称。
- **动作：** 用于设置处理表单信息的服务程序，可以是URL，也可以是电子邮件地址。
- **方法：** 用于设置表单提交的方法，包括默认、GET和POST3个选项。
- **目标：** 用于设置处理表单返回的数据页面的显示窗口。
- **编码类型：** 用于设置对提交服务器的数据的编码类型。

除了“插入”命令外，用户也可以选择在“代码”视图<body></body>之间添加<form></form>标签插入表单，如下所示：

```
<body>
<form id="form1" name="form1" method="post">
</form>
</body>
```

10.1.2 基本表单对象

在Dreamweaver中插入表单和表单对象很简单，可以通过执行“插入”|“表单”命令，在弹出的子菜单中选择要插入的表单对象或表单菜单即可，也可以通过执行“窗口”|“插入”命

令，将“插入”面板切换到“表单”视图，选择插入的表单对象或表单按钮。下面对“插入”面板的“表单”视图上的表单对象进行说明，如图10-3所示。

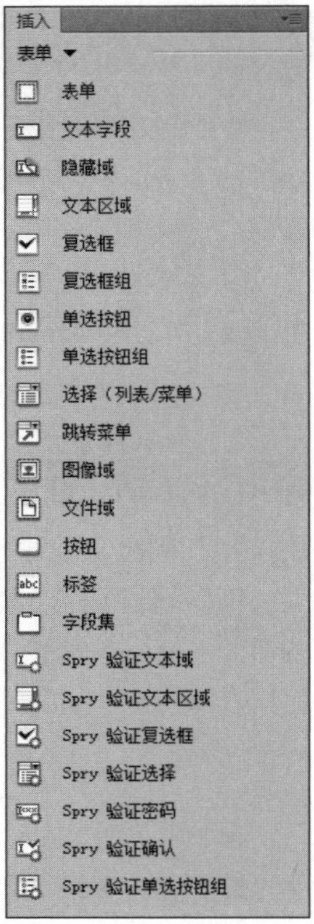

- **表单：** 插入一个表单。其他表单对象必须放在该表单标签之间。
- **文本字段：** 插入一个文本域，用户可以在文本域中输入字母或数字，可以是单行或多行，或者作为密码文本域，将用户输入的密码以“*”字符显示。
- **隐藏域：** 插入一个区域，该区域可以存储信息，但是不能显示在网页中。
- **文本区域：** 插入一个多行文本域，接受用户大容量文本信息的录入。
- **复选框：** 插入一个复选框选项，接受用户的选择，可以勾选也可以取消勾选。
- **复选框组：** 插入一组带有复选框的选项，可以同时勾选一项或多项，可同时接受用户的多项选择。
- **单选按钮：** 插入一个单选按钮选项，接受用户的选择。
- **单选按钮组：** 插入一组单选按钮，同一组内容单选按钮只能有一个被选中，接受用户的唯一选择。

图 10-3

- **选择（列表/菜单）：** 插入一个列表或者菜单，将选择项以列表或菜单形式显示，方便用户操作。
- **跳转菜单：** 单击选项实现页面的跳转，如友情链接等。
- **图像域：** 可以使用指定的图像作为提交按钮。
- **文件域：** 用于获取本地文件或文件夹的路径。
- **按钮：** 插入一个按钮，单击该按钮可以执行相应操作，按钮执行的动作有“提交表单”“重设表单”和“无”。“提交表单”可以将表单数据提交到服务器端，“重设表单”可以将表单中的各输入对象恢复初值，“无”则会在本地计算机上执行自定义函数。
- **标签：** 提供一种在结构上将域的文本标签和该域关联起来的方法。
- **字段集：** 是一个容器标签，可以将表单对象组织在一起显示。

知识点拨 执行“插入”|“表单”命令，在其子菜单中执行命令同样可以插入表单。

10.1.3 动手练：创建注册页面

案例素材：本书实例/第10章/动手练/创建注册页面

本案例将以注册页面的创建为例，介绍表单的应用，具体操作步骤如下。

步骤 01 启动Dreamweaver，打开网页文档，将光标移到表单插入位置，如图10-4所示。

步骤 02 执行“窗口”|“插入”命令，打开“插入”面板，切换至“表单”面板，单击“表单”按钮插入表单域，如图10-5所示。

图 10-4

图 10-5

步骤 03 将光标移到表单中，执行“插入”|“表格”命令，在表单中插入一个8行2列的表格。设置表格宽度为500像素、间距为10、边框和填充为0、对齐方式为“居中对齐”，如图10-6所示。

步骤 04 选中表格第1列，设置水平对齐方式为“左对齐”、垂直对齐方式为“居中”、宽度为150像素、高度为30、背景颜色为“#FB99C8”。同理设置表格第2列，如图10-7所示。

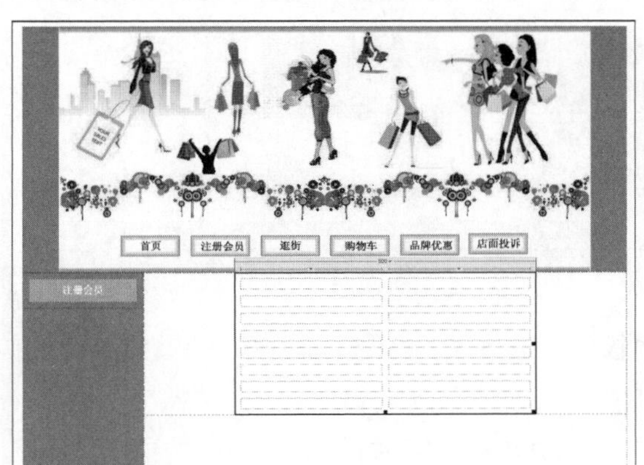

图 10-6

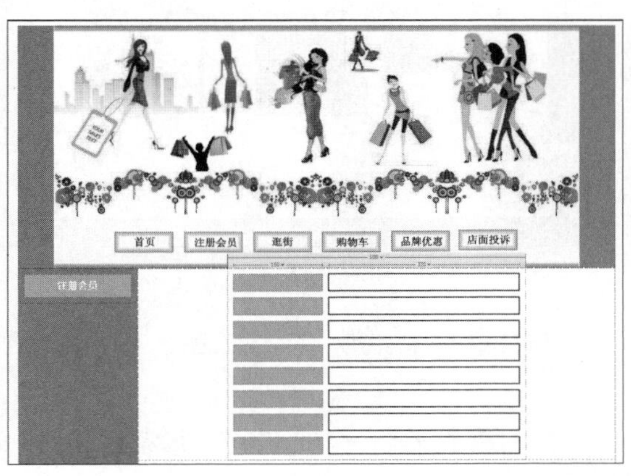

图 10-7

步骤 05 将光标移到表格的第1行第1列中，输入文字。移动光标到表格的第1行第2列中，在“插入”面板中，单击“文本字段”按钮，插入文本框，如图10-8所示。

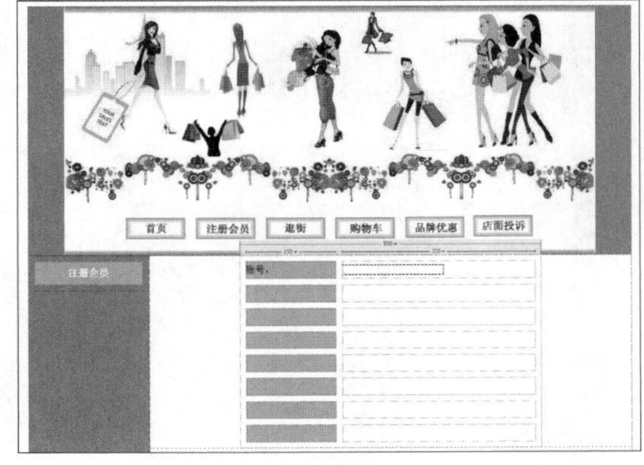

图 10-8

步骤 06 弹出“输入标签辅助功能属性”对话框，选中刚插入的文本字段，在“属性”面板中，设置ID为“txt_zh”、“字符宽度”为25、“最多字符数”为15、“类型”为“单行”，如图10-9所示。

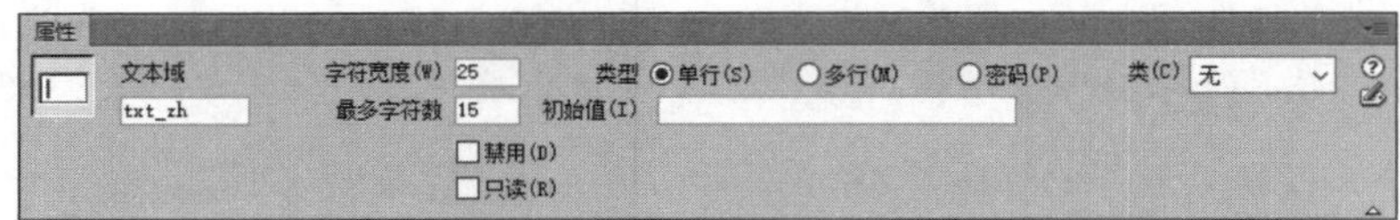

图 10-9

步骤 07 重复步骤03和步骤04，在表格第2行第2列插入文本字段，设置ID属性为“txt_mm”，“类型”设置为“密码”；在表格第3行第2列插入文本字段，设置ID属性为“txt_mm1”，“类型”设置为“密码”，效果如图10-10所示。

步骤 08 将光标移到第4行第1列，输入文字。移动光标至第4行第2列，在“插入”面板中，单击“单选按钮组”，打开“单选按钮组”对话框，“名称”设置为“RadioGroup1”，将单选按钮标签分别设置为“男”“女”，如图10-11所示。完成后单击“确定”按钮插入单选按钮组。

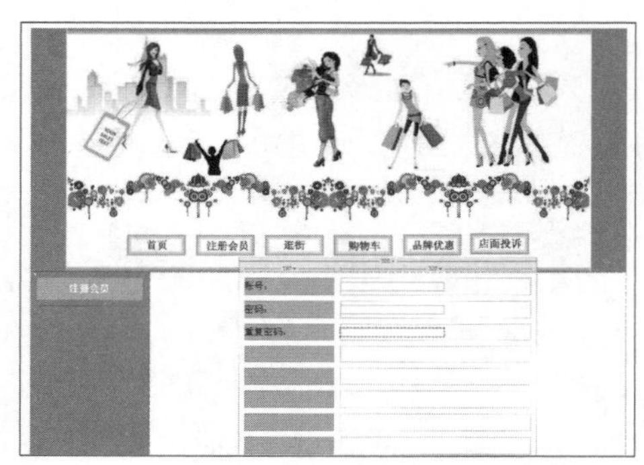

图 10-10

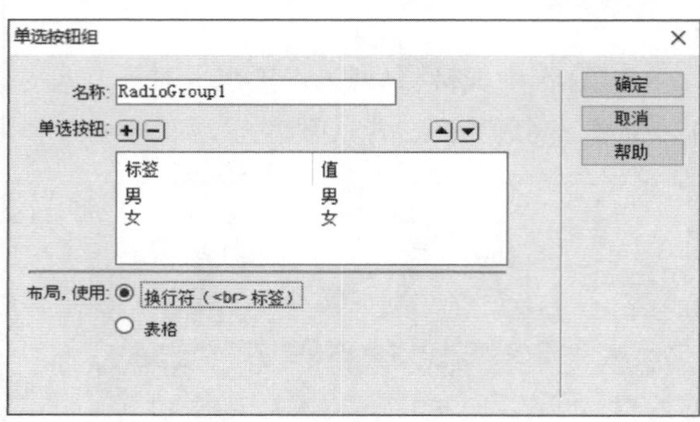

图 10-11

步骤 09 选中“男”单选按钮，在“属性”面板中，选择“已勾选”选项，效果如图10-12所示。

步骤 10 接着将光标移到第5行第1列输入文本。移动光标至第5行第2列，在“插入”面板中，单击“选择（列表/菜单）”按钮，插入“选择（列表/菜单）”，设置ID为“select_hy”、“类型”为“菜单”。单击“列表值”按钮，弹出“列表值”对话框，单击“增加”按钮，设置“项目标签”为“计算机”、“值”为0。同理增加其他项目标签，单击“确定”按钮。返回“属性”面板，设定“初始化时选定”值为“计算机”，效果如图10-13所示。

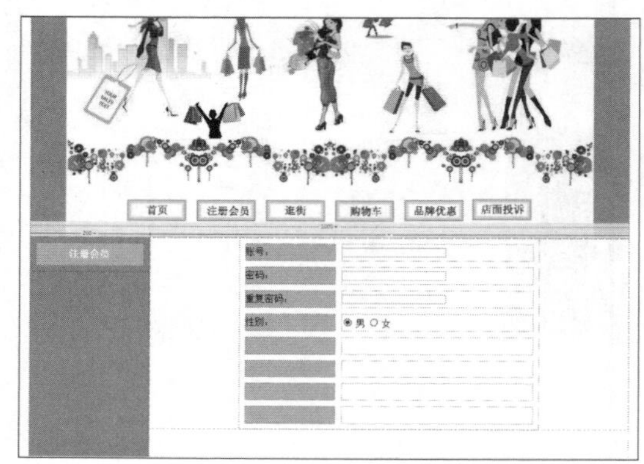

图 10-12

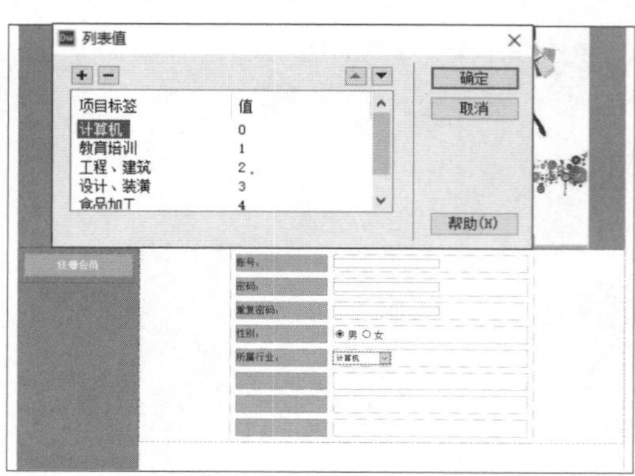

图 10-13

步骤 11 重复步骤03和步骤04，在第6行第2列插入“文本字段”，设置ID为“txt_email”。重复步骤06和步骤07，在表格第7行第2列插入“单选按钮组”，将“已阅读”单选按钮设置为“已勾选”，效果如图10-14所示。

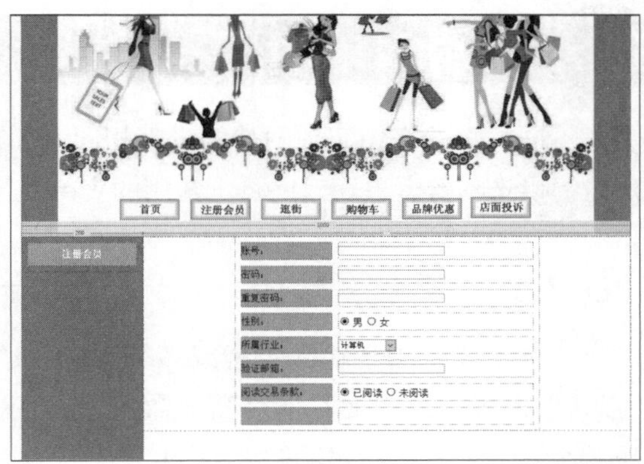

图 10-14

步骤 12 单击“插入”面板的“按钮”，在第8行第2列插入“提交”按钮，设置ID为submit、“动作”为“提交表单”，如图10-15所示。

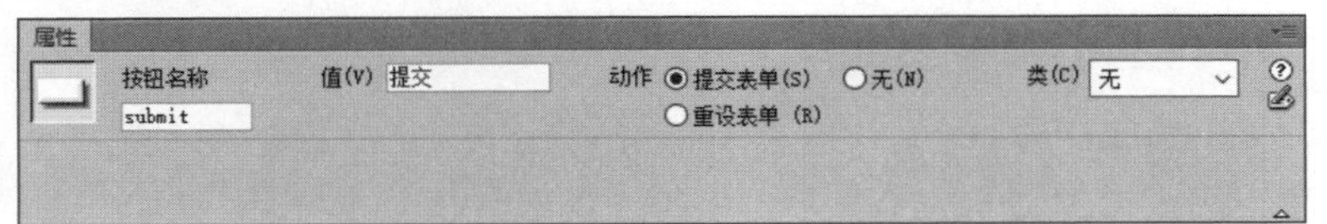

图 10-15

步骤 13 重复步骤11，在当前单元格中继续插入“按钮”，设置ID为reset、“动作”为“重设表单”，如图10-16所示。

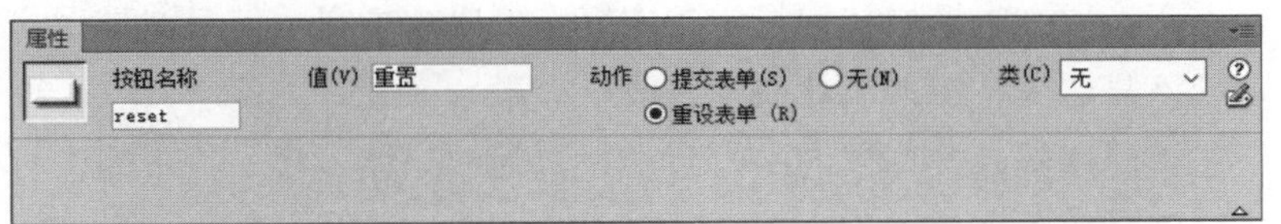

图 10-16

步骤 14 执行“文件”|“另存为”命令，将当前网页重命名为“register.html”。按F12键在浏览器中浏览效果，如图10-17所示。

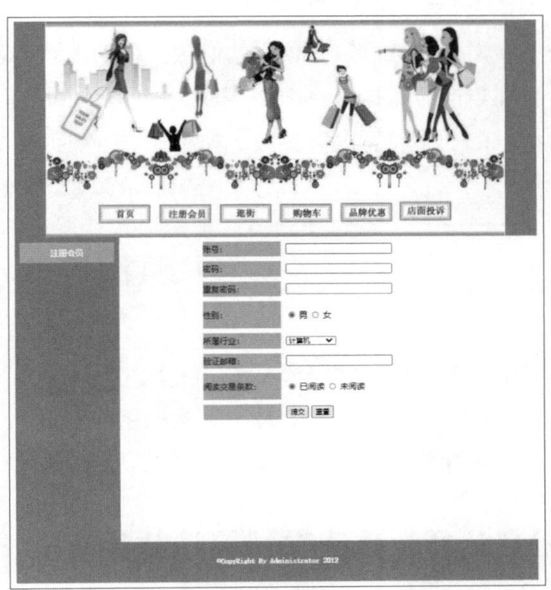

图 10-17

10.2 常用表单应用

不同类型的表单实现的功能也不相同，如文本类表单可以实现文本的输入，选择类表单为用户提供选项等。下面对网页中常用的表单进行介绍。

10.2.1 文本字段

文本字段可用于输入单行或多行文本，还可用于输入密码。移动光标至表单域内，单击“插入”面板中的“文本字段”，将在当前位置插入一个文本域，如图10-18所示。选中该文本域，在“属性”面板中可设置其类型、ID、字符数等参数，如图10-19所示。

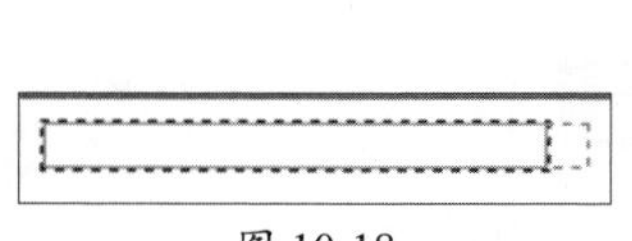

图 10-18

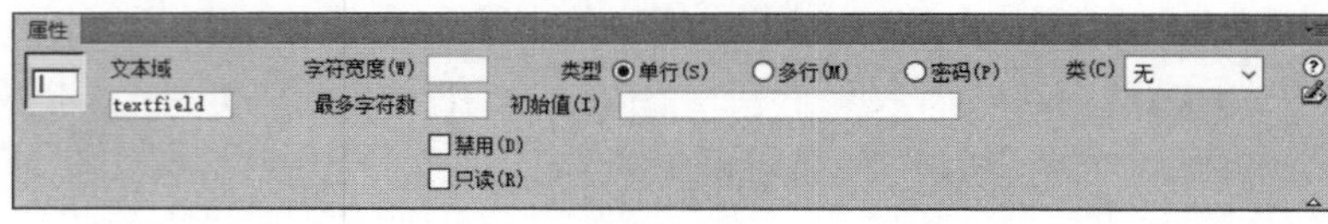

图 10-19

其中，部分常用选项作用如下。

- **字符宽度：** 用于设置文本域中显示的字符数的最大值。
- **最多字符数：** 用于设置文本域中输入的字符数的最大值。
- **类型：** 用于设置文本框类型。选择“密码”选项时，输入的文本将被替换为隐藏符号，以保护这些信息。
- **初始值：** 用于设置文本框内初始显示的内容，可以添加提示信息引导用户填写。
- **禁用：** 勾选该复选框，将禁用此文本字段。
- **只读：** 勾选该复选框，文本框内的内容将设置为“只读”模式，不能进行修改。

10.2.2 文本区域

文本区域可输入较多的信息。移动光标至表单域内，单击“插入”面板中的“文本区域”，将在当前位置插入一个文本域，如图10-20所示。选中该文本域，在“属性”面板中可设置其类型、ID、字符宽度等参数，如图10-21所示。

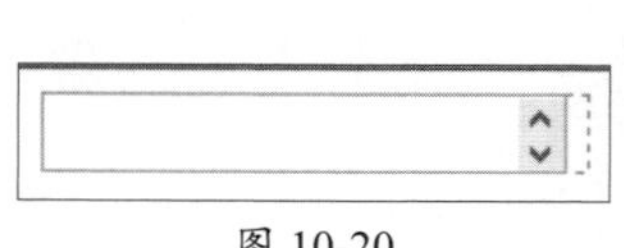

图 10-20

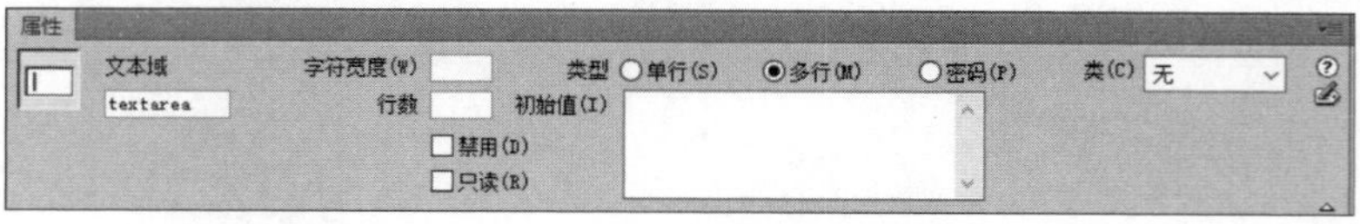

图 10-21

其中，部分常用选项作用如下。

- **字符宽度：** 用于设置文本框字符宽度。
- **行数：** 用于设置文本框可见高度。

10.2.3 复选框和复选框组

“复选框”和“复选框组”均可以创建可多选的选项，区别在于“复选框”一次只能创建一个选项，而“复选框组”一次可以创建多个选项。

单击“插入”面板中的“复选框组”按钮，打开“复选框组”对话框，在该对话框中单击➕按钮可增加复选框项目，如图10-22所示，完成后单击“确定”按钮即可。

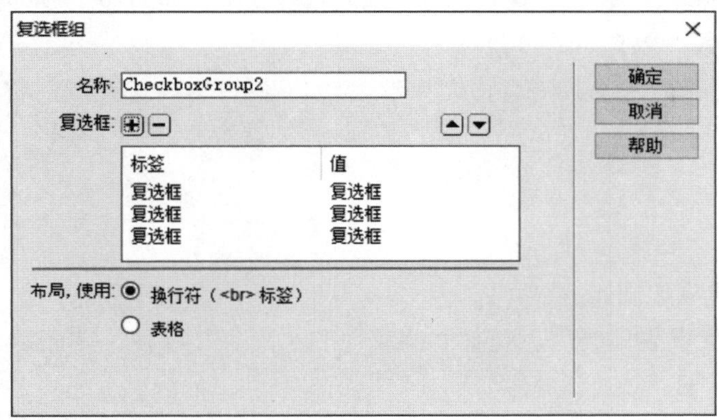

图 10-22

选中添加的复选框，在“属性”面板中可以对其值、ID、初始状态进行设置，如图10-23所示。

图 10-23

10.2.4　单选按钮和单选按钮组

“单选按钮”和“单选按钮组”选项都可以创建单选按钮，区别在于“单选按钮组”可以一次性生成多个单选按钮，且多个单选选项中仅有一个能被选中。

注意事项 单选按钮的name值必须相同，所以才支持每次只选中一个。

单击“插入”面板中的“单选按钮组”按钮，打开“单选按钮组”对话框，如图10-24所示。在该对话框中单击➕按钮可增加单选按钮数量，完成后单击“确定”按钮即可，如图10-25所示。用户可以选中单选按钮及其值，调整位置将所有单选按钮放置在一行，如图10-26所示。

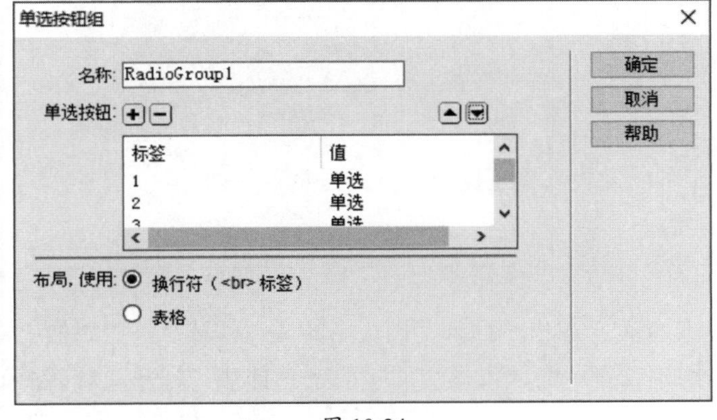

图 10-24

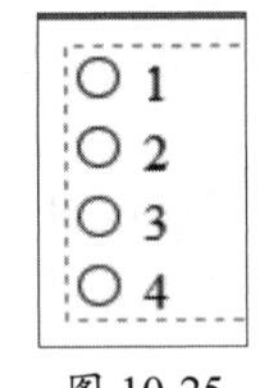

图 10-25

图 10-26

10.2.5 选择（列表/菜单）

“选择（列表/菜单）”表单可以制作下拉列表框，增加选项的延展性。单击“插入”面板中的“选择（列表/菜单）”按钮，在表单域中插入选择表单，如图10-27所示。选中该表单，在“属性”面板中可设置参数，如图10-28所示。

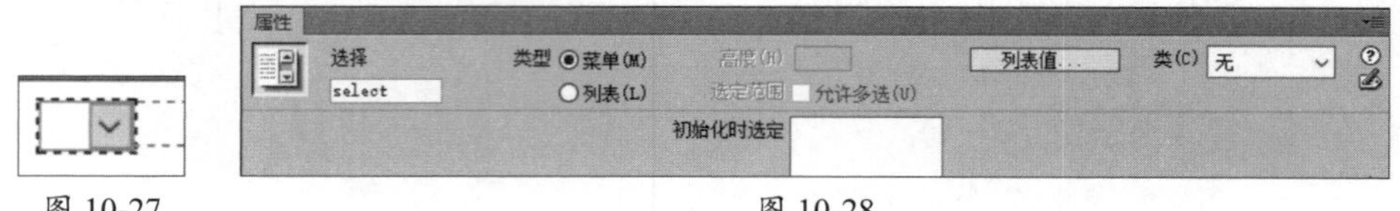

图 10-27 图 10-28

其中部分常用选项作用如下。

- **类型：**用于设置表单类型，包括“菜单”和“列表”两种，其区别在于“列表”可显示多行选项，且可支持多选。
- **高度：**当表单类型为“列表”时，可设置列表显示的行数。
- **列表值：**用于设置列表值。单击该按钮将打开“列表值”对话框，用户可以自行添加项目标签及值，如图10-29所示。

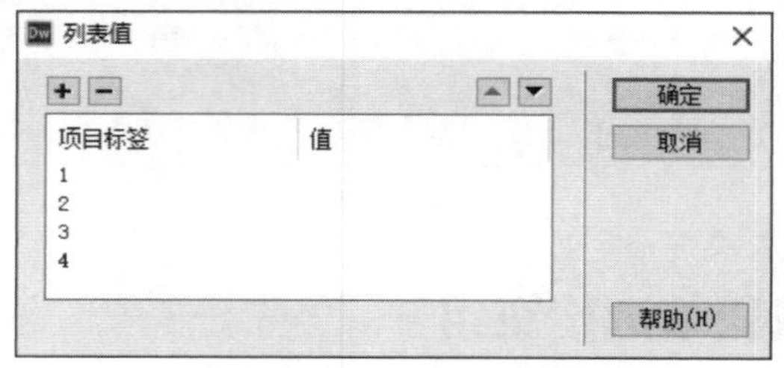

图 10-29

10.2.6 按钮

将表单数据提交到服务器或重置表单中输入的信息，取决于表单动作。单击“插入”面板中的“按钮”按钮，在表单域中插入按钮，如图10-30所示。选中该按钮，在“属性”面板中可设置其值、动作等参数，如图10-31所示。

图 10-30 图 10-31

其中“值”为按钮显示的内容，动作可以设置表单是提交数据还是重置数据。

10.2.7 文件域

“文件域”表单支持用户在网页中上传文件。单击“插入”面板中的“文件域”按钮添加表单，保存文件后按F12键预览。单击如图10-32所示的“选择文件”按钮，打开“打开”对话框进行选择，如图10-33所示。

选择文件 未选择任何文件

图 10-32

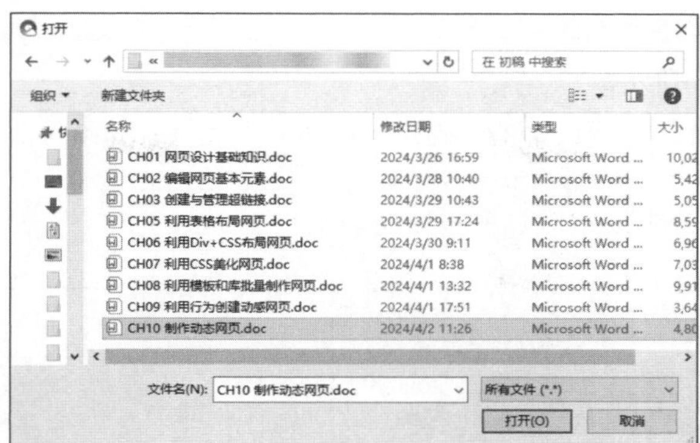

图 10-33

用户也可以在<form></form>标签之间输入代码添加“文件”表单，代码如下：

```
<form method="post" enctype="multipart/form-data" name="form1" id="form1">
  <label for="fileField">File:</label>
  <input type="file" name="fileField" id="fileField">
</form>
```

10.2.8　动手练：登录页面

案例素材：本书实例/第10章/动手练/登录页面

本案例将以登录页面的制作为例，对文本类表单的应用进行介绍，具体操作步骤如下。

步骤01 打开本章素材文件，如图10-34所示。

图 10-34

步骤02 移动光标至表格第2行单元格中，执行“窗口”|“插入”命令，打开“插入”面板，切换至“表单”面板，单击“表单”按钮插入表单域，如图10-35所示。

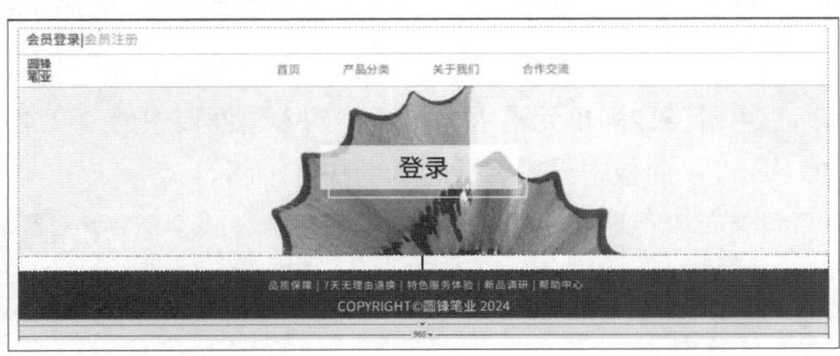

图 10-35

步骤 03 将光标移到表单中，执行"插入"|"表格"命令，打开"表格"对话框设置参数，如图10-36所示。

步骤 04 完成后单击"确定"按钮插入表格，如图10-37所示。

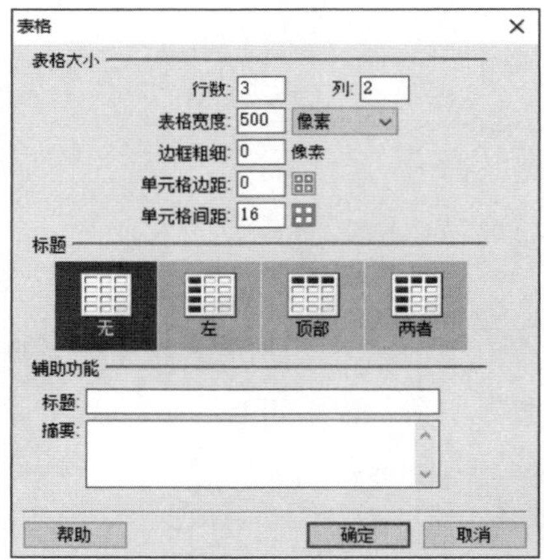

图 10-36

图 10-37

步骤 05 选中表格第1列，设置水平对齐方式为"左对齐"、垂直对齐方式为"居中"、宽度为150像素、高度为40。同理设置表格第2列，如图10-38所示。

步骤 06 在第1列单元格中输入文本，并设置其格式为"标题3"，效果如图10-39所示。

图 10-38

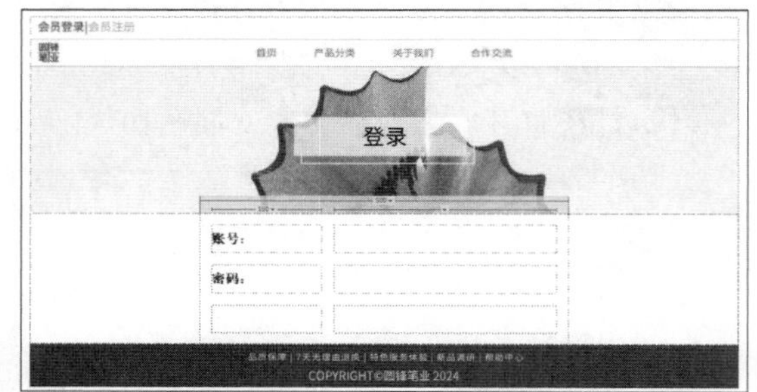

图 10-39

步骤 07 移动光标至第1行第2列单元格中，单击"插入"面板中的"文本字段"按钮将其插入，选中文本域，在"属性"面板中设置参数，如图10-40所示。

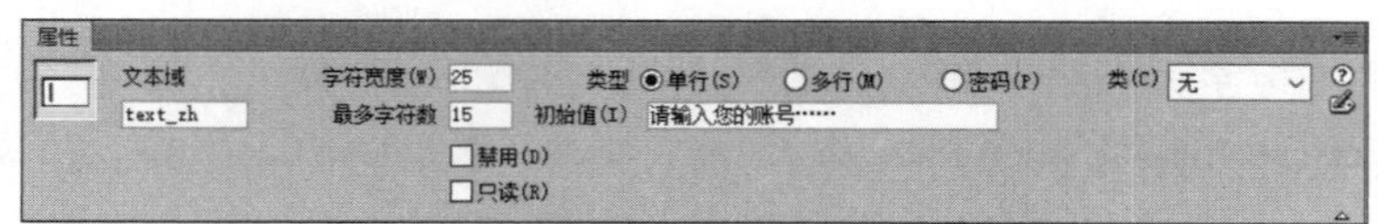

图 10-40

步骤 08 移动光标至第2行第2列单元格中，单击"插入"面板中的"文本字段"按钮将其插入，选中文本域，在"属性"面板中设置参数，如图10-41所示。

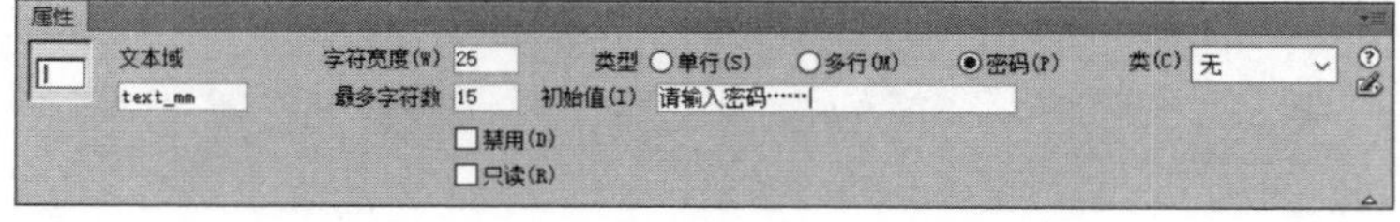

图 10-41

步骤 09 移动光标至第3行第2列单元格中，单击“插入”面板中的“按钮”按钮将其插入，选中按钮，在“属性”面板中设置参数，如图10-42所示。

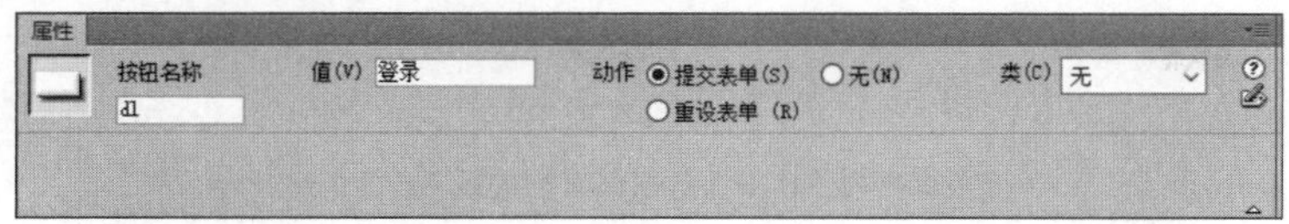

图 10-42

步骤 10 选中按钮所在的单元格，设置其对齐方式为“水平右对齐”，如图10-43所示。

图 10-43

步骤 11 保存文件，按F12键在浏览器中预览，如图10-44所示。

图 10-44

至此，完成登录页面的制作。

10.3 认识jQuery

jQuery是一个快速、简洁的JavaScript类库，它使得HTML文档遍历和操作、事件处理、动画以及Ajax等操作变得简单快捷，极大地简化了JavaScript编程。本节将对jQuery进行介绍。

10.3.1 jQuery简介

jQuery集JavaScript、CSS、DOM、AJAX于一体，是由John Resig于2006年1月创建的一个开源项目，其核心理念是“write less,do more（用更少的代码，做更多的事情）”。作为一个强大的JavaScript类库，jQuery封装了很多预定义的对象和使用函数，能帮助使用者轻松地建立有高难度交互的页面，并兼容各大浏览器，便于Web前端开发者直接使用，而不需要使用JavaScript语句进行大量的书写。

jQuery具有以下特点。

- **简化DOM操作：** jQuery提供了丰富的方法来创建、读取、修改和删除DOM元素，既减少了代码的编写，又大幅度提升了页面的体验度。
- **控制页面样式：** jQuery的选择器引擎允许开发者使用CSS选择器来选取DOM元素，这使得操作DOM变得非常方便和高效。
- **对页面事件的处理：** 引用jQuery之后，可使页面的表现层与功能开发分离，Web前端开发者更多地专注于程序的逻辑与功能；Web前端设计人员则侧重于页面的优化与用户体验，然后通过事件绑定机制，轻松结合两者。
- **AJAX支持：** AJAX是异步读取服务器数据的方法，极大地方便了程序的开发，提升了用户的页面体验度。引用jQuery库后，不仅完善了原有的功能，而且减少了代码的书写量，通过其内部对象或函数，就可以实现复杂的AJAX功能。

10.3.2 为什么要使用jQuery

jQuery独特的选择器、链式操作、事件处理机制和封装完整的AJAX是其他JavaScript类库难以比拟的，其主要优势包括以下内容。

- **轻量级：** jQuery非常轻巧，总大小只有几十千字节（KB），当只需要它的一部分功能时，可以只包含必要的模块。
- **强大的选择器：** jQuery支持包括CSS、jQuery独创的选择器在内的多种选择器，甚至Web前端开发者可以自己编写选择器。
- **出色的DOM操作封装：** jQuery封装了大量常用的DOM操作，使得DOM元素的添加、删除、修改等变得非常容易，初学者也可以轻松使用。
- **可靠的事件处理机制：** jQuery提供了一致的方式来添加、管理和触发事件，支持事件委托等高级功能。
- **完善的AJAX：** jQuery提供了对 AJAX 的内置支持，可以方便地发起异步请求，与服务器端交互数据，实现无刷新页面更新。
- **不污染顶级变量：** jQuery只创建一个名为jQuery的对象，其所有的函数方法都在该对象下，其别名“$”也可以随时交出控制权，不会污染其他对象。
- **出色的浏览器兼容性：** jQuery对不同的浏览器进行了很好的兼容性处理，消除了因浏览器差异导致的JavaScript开发难题。
- **链式操作方式：** jQuery中最有特色的是链式操作，即对同一个jQuery对象上的一组动作，可以直接连写而无须重复获取对象。
- **隐式迭代：** jQuery里的方法都被设计成自动操作对象集合，该操作可以去除大量的循环结构，减少代码量。
- **行为层与结构层的分离：** 将行为层与结构层完全分离，使开发人员和其他设计人员的工作职能相分离，可以更好地协同操作。

- **丰富的插件支持：** jQuery有着庞大的插件库，几乎可以找到任何所需的功能扩展。
- **开源：** jQuery是一个开源的产品，允许所有用户自由使用和修改。

10.3.3　jQuery常用插件

jQuery插件是以jQuery的核心代码为基础，编写出的符合一定规范的应用程序。jQuery Mobile和jQuery UI是jQuery常用的两个插件。

1. jQuery Mobile

jQuery是非常流行的JavaScript类库，一般用于Web浏览器，jQuery Mobile则填补了jQuery在移动设备应用上的空白。它专注于提供一致的用户体验，通过简化HTML 5、CSS 3和JavaScript的使用，使得开发响应式和触控友好的Web应用变得更加容易。

jQuery Mobile提供了非常友好的UI组件集和一个强有力的AJAX导航系统，以支持动画页面转换。jQuery Mobile的最新版本可在其官网下载获得。

2. jQuery UI

jQuery UI是一个以jQuery为基础的代码库，它提供了一整套丰富的交互式UI组件和图形特效，可以帮助开发者快速创建出高质量的Web应用程序。jQuery侧重于用户界面的体验，根据体验角度的不同，主要分为以下三部分。

- **交互：** 包括增强HTML元素与用户的交互能力，如拖曳、放置、缩放、复选、排序等，这些交互功能使得用户能够直观地动态操作网页元素。
- **组件：** jQuery UI提供了许多预先封装的界面组件，如折叠面板、日历、对话框、进度条等，这些组件可以实现丰富的功能。
- **效果库：** jQuery UI包括动画和视觉效果库，使得动画不再拘泥于animate()方法，实现复杂的UI动效，从而提升用户体验。

jQuery UI的最新版本可在其官网下载获得。

10.4　jQuery Mobile基础应用

Dreamweaver“插入”面板中提供了“jQuery Mobile”选项卡，如图10-45所示。在下载jQuery Mobile的情况下，用户可以直接在Dreamweaver调用。

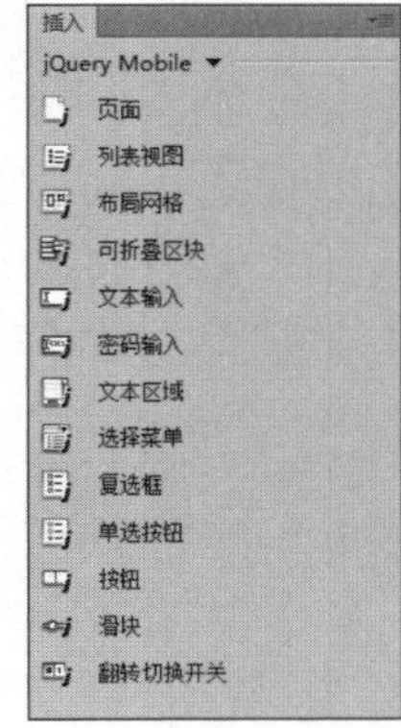

图 10-45

10.4.1 调用方法

jQuery Mobile是开源项目，使用者只需将相关“.js”和“.css”文件直接包含到Web页面中即可。将其添加至Web页面一般有以下两种方式。

1. jQuery Mobile CDN

不需要下载，根据官网中提供的jQuery CDN，将其复制至<head></head>标签之间即可。如下为jQuery Mobile1.4.5版本的引用代码：

```
<link rel="stylesheet" href="https://code.jquery.com/mobile/1.4.5/jquery.mobile-1.4.5.min.css" />
<script src="https://code.jquery.com/jquery-1.11.1.min.js"></script>
<script src="https://code.jquery.com/mobile/1.4.5/jquery.mobile-1.4.5.min.js"></script>
```

2. 下载 jQuery Mobile

用户也可以选择将jQuery Mobile库下载至自己的服务器中引用，其引用代码如下：

```
<link href="jquery.mobile-1.4.5/jquery.mobile-1.4.5.min.css" rel="stylesheet" type="text/css" />
<script src="jquery.mobile-1.4.5/jquery.js" type="text/javascript"></script>
<script src="jquery.mobile-1.4.5/jquery.mobile-1.4.5.min.js" type="text/javascript"></script>
```

注意事项 本书使用的是jQuery Mobile1.4.5版本的相关文件，并保存在jQuery Mobile文件夹中。

10.4.2 jQuery Mobile页面

在“插入”面板中，选择“jQuery Mobile”选项卡，单击“页面”按钮，打开“jQuery Mobile文件”对话框，如图10-46所示。

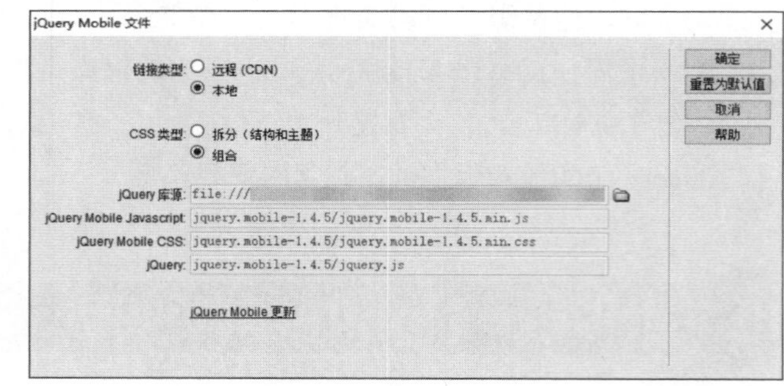

图 10-46

“jQuery Mobile文件”对话框中部分选项作用如下。

- **链接类型：** 用于设置引用方式，包括“远程（CDN）”和“本地”两种。
- **CSS类型：** 用于设置CSS存放方式，选中“拆分（结构和主题）”单选按钮，结构样式和主题样式将分别存放在两个样式表文件中；选中“组合”单选按钮，所有CSS样式存放在一个样式表文件中。

设置完成后单击“确定”按钮，打开“页面”对话框，如图10-47所示。设置内容后单击“确定”按钮，将在文档中插入一个页面，如图10-48所示。其代码如下：

```
<div data-role="page" id="page">
  <div data-role="header">
    <h1> 标题 </h1>
  </div>
  <div data-role="content"> 内容 </div>
```

```
  <div data-role="footer">
    <h4> 脚注 </h4>
  </div>
</div>
```

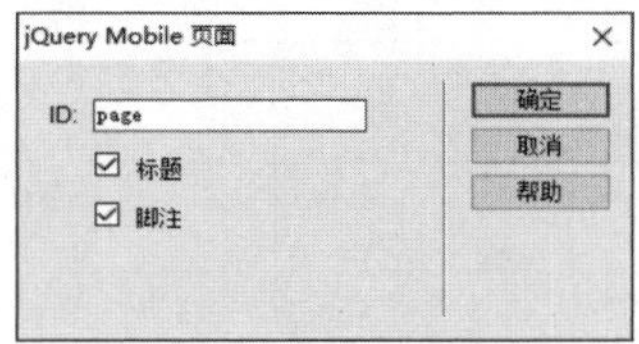

图 10-47

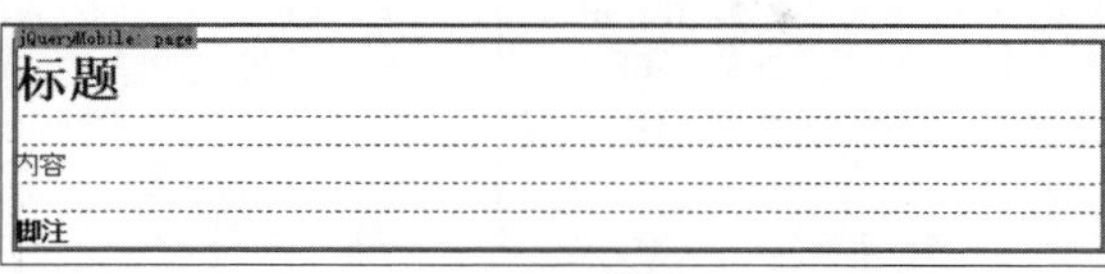

图 10-48

10.4.3 jQuery Mobile列表视图

列表视图可以在页面中插入列表。将光标置于jQuery Mobile页面中，单击“列表”视图，打开“jQuery Mobile列表视图”对话框，如图10-49所示。在该对话框中设置“列表类型”“项目”“拆分按钮图标”后单击“确定”按钮即可，如图10-50所示。其代码如下：

```
<ul data-role="listview" data-inset="true">
      <li><a href="#"> 页面 </a></li>
      <li><a href="#"> 页面 </a></li>
      <li><a href="#"> 页面 </a></li>
    </ul>
```

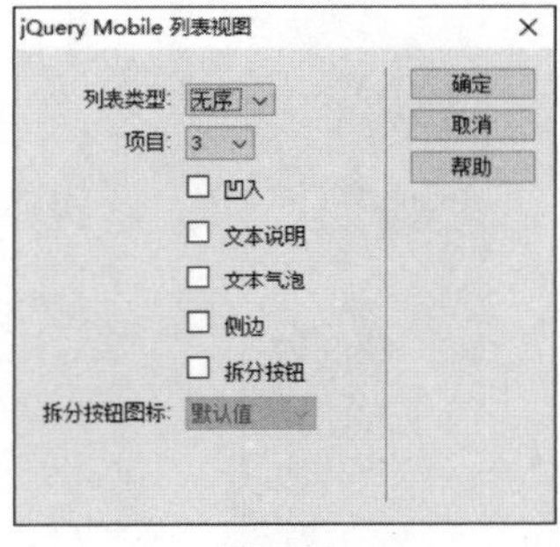

图 10-49

图 10-50

10.4.4 jQuery Mobile布局网格

布局网格可以在页面中插入网格。将光标置于jQuery Mobile页面中，单击“布局网格”按钮，打开“jQuery Mobile布局网格”对话框，如图10-51所示。在该对话框中设置“行”“列”后单击“确定”按钮即可，如图10-52所示。其代码如下：

```
<div class="ui-grid-a">
      <div class="ui-block-a"> 区块 1,1</div>
      <div class="ui-block-b"> 区块 1,2</div>
      <div class="ui-block-a"> 区块 2,1</div>
      <div class="ui-block-b"> 区块 2,2</div>
```

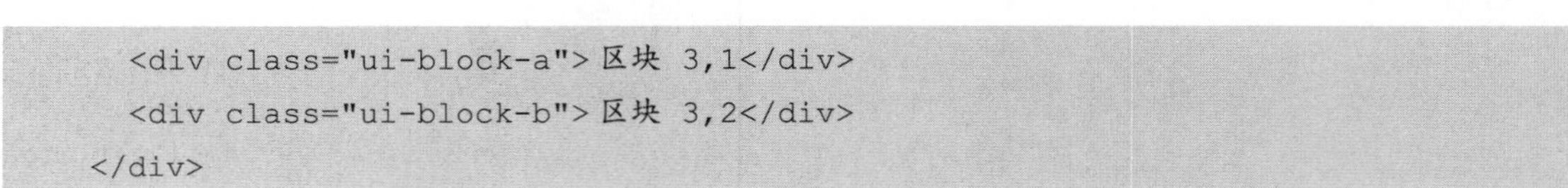

```
    <div class="ui-block-a"> 区块 3,1</div>
    <div class="ui-block-b"> 区块 3,2</div>
</div>
```

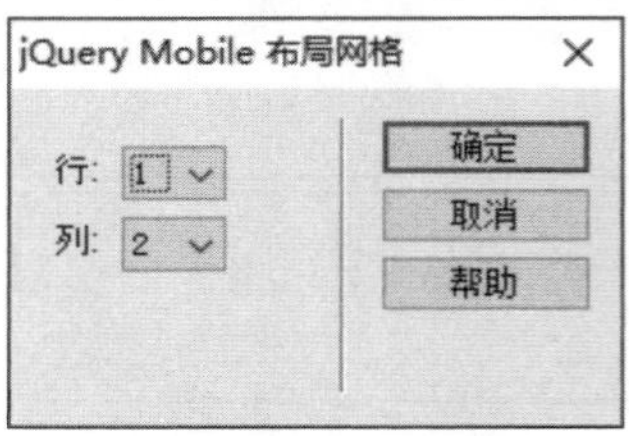

图 10-51

图 10-52

10.4.5 jQuery Mobile可折叠区块

可折叠区块是一种用于提高页面内容组织和用户体验的交互式UI元素，它允许用户通过单击来展开或折叠内容区域，常用于创建动态、节省空间的用户界面。将光标置于jQuery Mobile页面中，单击“可折叠区块”按钮，将自动添加可折叠区块代码，代码如下：

```
<div data-role="collapsible-set">
      <div data-role="collapsible">
        <h3> 标题 </h3>
        <p> 内容 </p>
      </div>
      <div data-role="collapsible" data-collapsed="true">
        <h3> 标题 </h3>
        <p> 内容 </p>
      </div>
      <div data-role="collapsible" data-collapsed="true">
        <h3> 标题 </h3>
        <p> 内容 </p>
      </div>
    </div>
```

在代码中，data-role属性值collapsible表示一个可折叠项目。若设置data-role属性值为collapsible-set，则表示一个可折叠集，其中可包括若干可折叠项目。

可折叠区块在网页中的预览效果如图10-53所示。

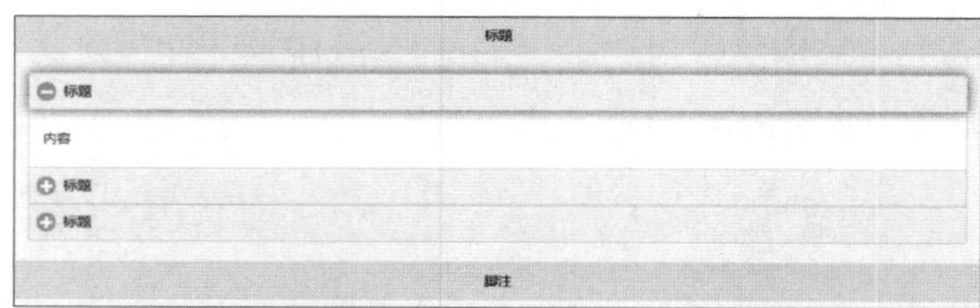

图 10-53

知识点拨 “jQuery Mobile”选项卡中还包括一些类似于表单的按钮，其功能与表单基本一致，用户可以自行添加试用。

10.5 案例实战：信息采集网页

案例素材：本书实例/第10章/案例实战/信息采集网页

本案例将以信息采集网页的制作为例，介绍表单的添加与应用，具体操作步骤如下。

步骤01 打开本章素材文件，移动光标至要插入表单的位置，如图10-54所示。

图 10-54

步骤02 执行“插入”|“表单”|“表单”命令插入表单域，如图10-55所示。

图 10-55

步骤03 将光标移到表单中，执行“插入”|“表格”命令，打开“表格”对话框设置参数，如图10-56所示。

步骤04 完成后单击“确定”按钮插入表格，如图10-57所示。

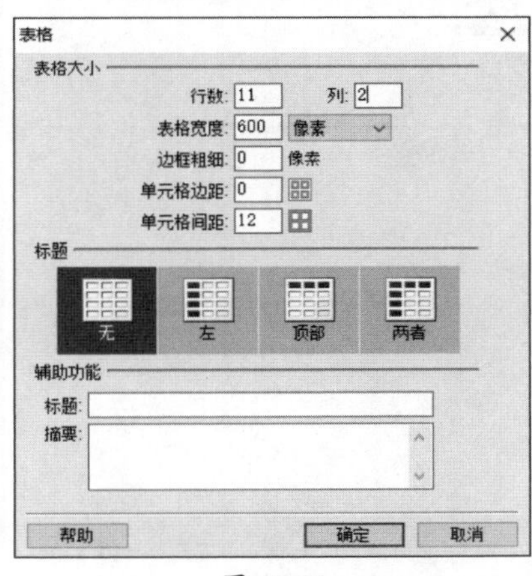

图 10-56

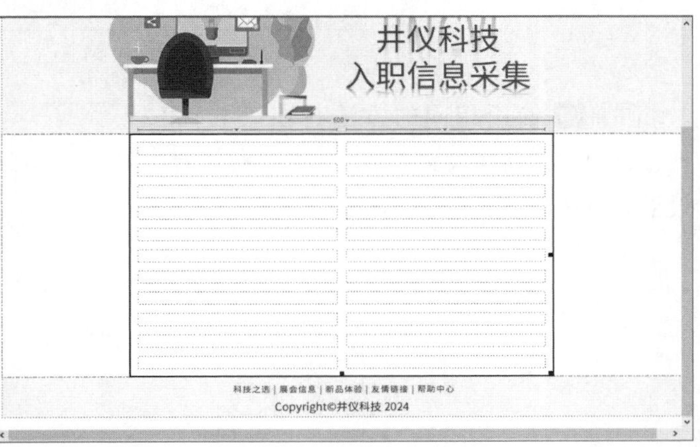

图 10-57

步骤 05 选中表格第1列，设置水平对齐方式为“左对齐”、垂直对齐方式为“居中”、宽度为200像素、高度为40。同理设置表格第2列，如图10-58所示。

步骤 06 选中表格第一行，按Ctrl+Alt+M组合键将其合并，输入文本，并设置其水平对齐方式为“居中对齐”、格式为“标题2”，效果如图10-59所示。

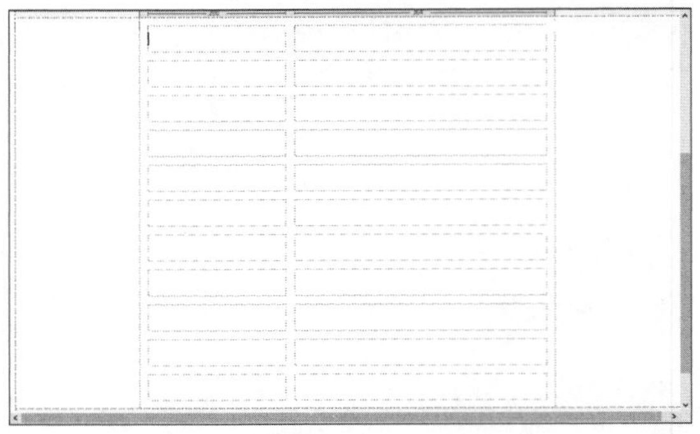

图 10-58

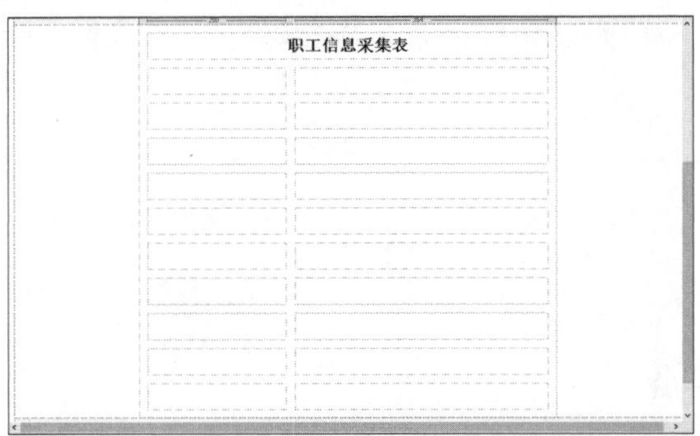

图 10-59

步骤 07 在表格第1列单元格中输入文本，并设置为格式为“标题3”，效果如图10-60所示。

图 10-60

步骤 08 移动光标至第2行第2列单元格中，单击“插入”面板中的“文本字段”按钮将其插入，在“属性”面板中设置参数，如图10-61所示。

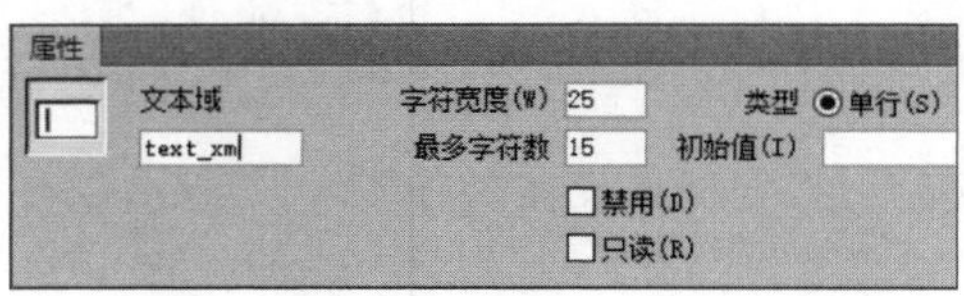

图 10-61

步骤 09 使用相同的方法，在第4行第2列、第5行第2列插入文本字段，并进行设置，效果如图10-62所示。

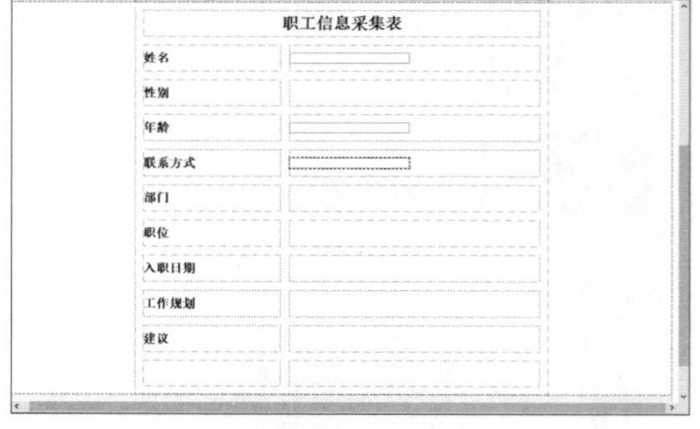

图 10-62

步骤10 移动光标至第3行第2列单元格中，单击“插入”面板中的“单选按钮组”，打开“单选按钮组”对话框设置参数，如图10-63所示。

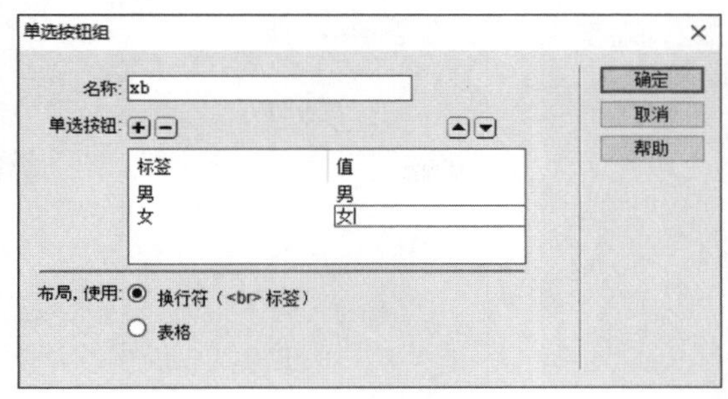

图 10-63

步骤11 完成单击“确定”按钮，将选项调整至一行，并设置其中一个选项为“已勾选”，效果如图10-64所示。

图 10-64

步骤12 移动光标至第6行第2列单元格中，单击“插入”面板中的“选择（列表/菜单）”按钮将其插入，在“属性”面板中单击“列表值”按钮，打开“列表值”对话框设置参数，如图10-65所示。

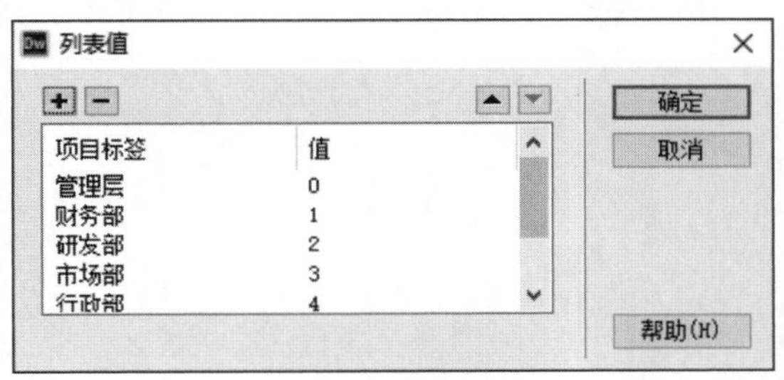

图 10-65

步骤13 完成单击“确定”按钮，效果如图10-66所示。

步骤14 使用相同的方法在第7行第2列插入“选择（列表/菜单）”表单，并设置参数，如图10-67所示。

图 10-66

图 10-67

步骤15 使用相同的方法在第8行第2列插入3个“选择（列表/菜单）”表单，并依次设置参数，制作年月日，如图10-68所示。

图 10-68

步骤16 移动光标至第9行第2列单元格中，单击“插入”面板中的“文本区域”按钮将其插入，在“属性”面板中设置参数，如图10-69所示。

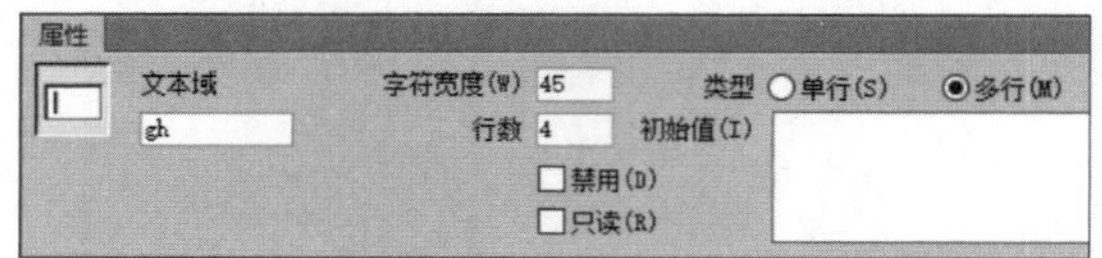

图 10-69

步骤17 使用相同的方法，在第10行第2列单元格中插入“文本区域”表单，如图10-70所示。

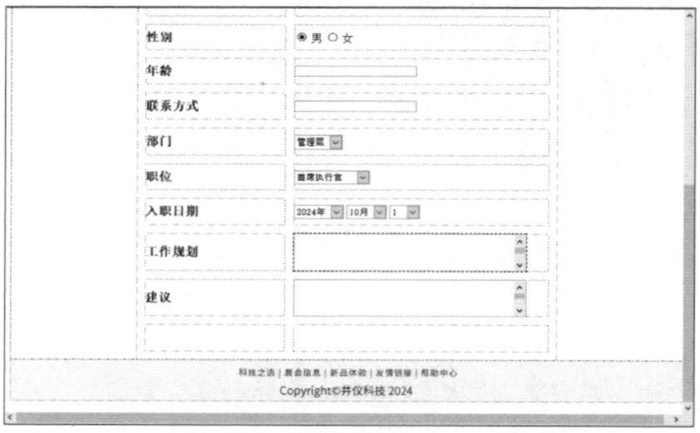

图 10-70

步骤18 在第11行第2列单元格中插入“按钮”表单，设置其“值”为“提交”，“动作”为“提交表单”，并设置单元格对齐方式为“水平右对齐”，效果如图10-71所示。

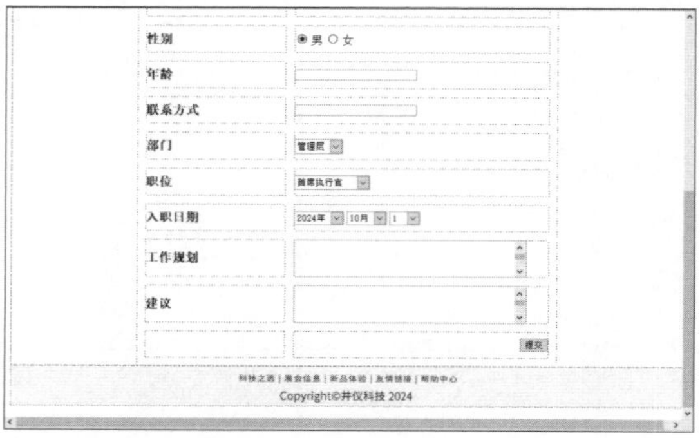

图 10-71

步骤 19 保存文件，按F12键在浏览器中预览效果，如图10-72和图10-73所示。

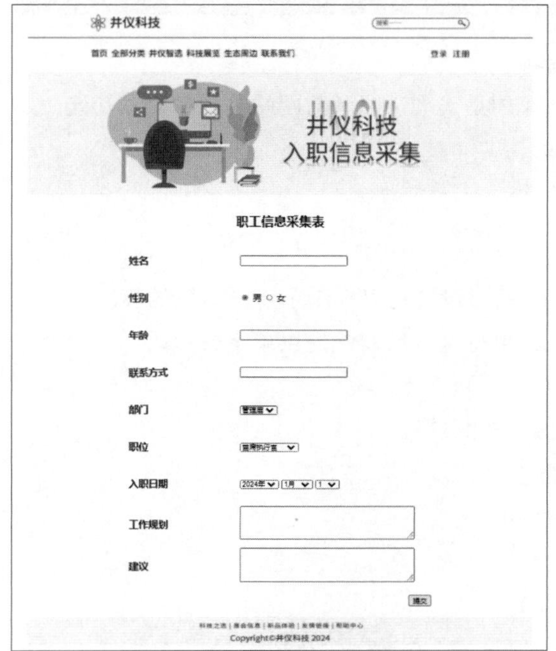

图 10-72

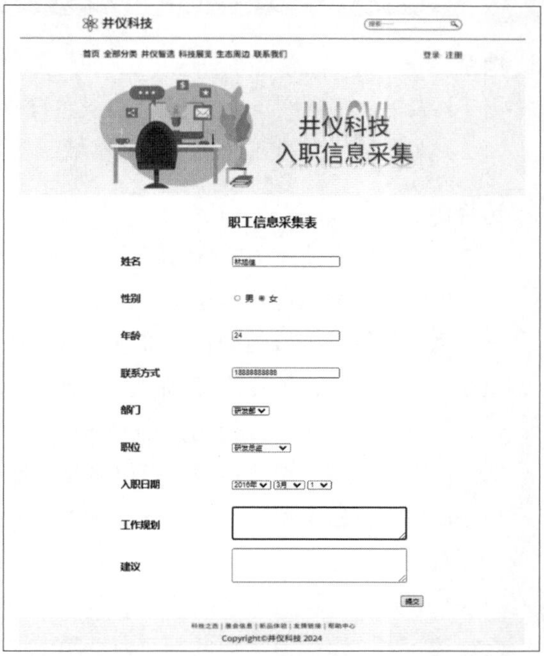

图 10-73

至此，完成信息采集网页的制作。

10.6 课后练习

1. 填空题

（1）表单是实现网页上____________的基础，作用是实现访问者与网站之间的交互功能。

（2）文本域可分为三种：单行文本域、多行文本域和____________。

2. 选择题

（1）下面关于设置文本域的属性说法错误的是（　　）。

A. 单行文本域只能输入单行的文本　　B. 通过设置可以控制单行文本域的高度

C. 输入单行文本域的最长字符数可以控制　　D. 单行文本域通常提供单字或短语

（2）下面关于制作跳转菜单的说法错误的是（　　）。

A. 利用跳转菜单可以使用很小的网页空间来做更多的链接

B. 在设置跳转菜单属性时，可以调整各链接的顺序

C. 在插入跳转菜单时，可以选择是否加上Go按钮

D. 默认是有Go按钮

（3）下面表单的工作过程说法错误的是（　　）。

A. 访问者在浏览有表单的网页时，填上必需的信息，然后按某个按钮递交

B. 这些信息通过Internet传送到服务器上

C. 服务器上有专门的程序对这些数据进行处理，如果有错误会自动修正

D. 数据完整无误后，服务器反馈一个输入完成信息

3. 操作题

请使用已学过的知识制作留言表单页面，如图10-74和图10-75所示。

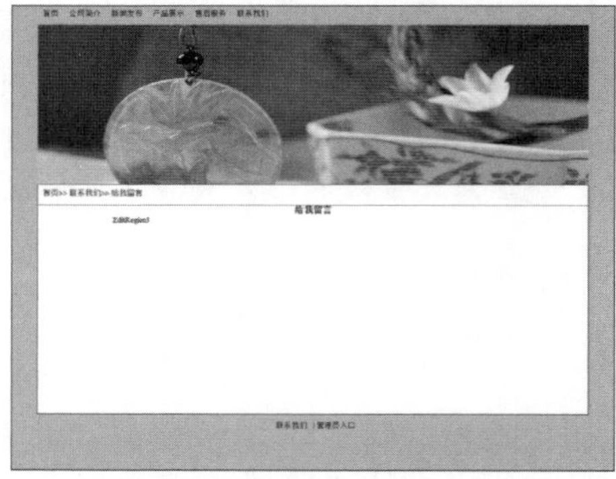

图 10-74

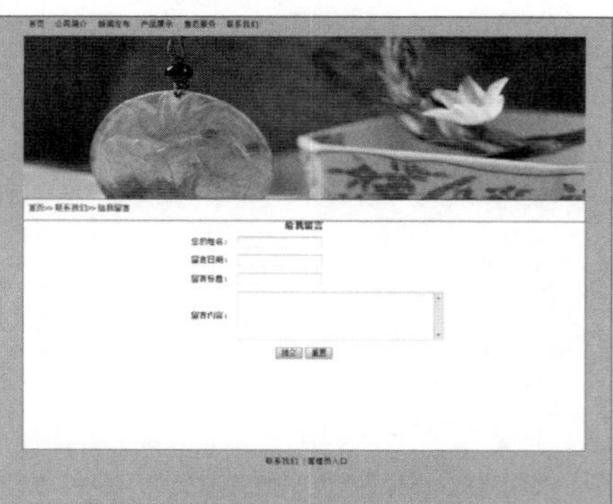

图 10-75

操作提示：

步骤 01 利用模板，创建“index.html”文件。

步骤 02 执行“窗口”|“插入”命令，打开“插入”面板。

步骤 03 在可编辑区域插入“表单”对象。

步骤 04 在“表单”对象中插入“表格”。

步骤 05 将各表单对象插入到表格中。

第11章 制作科技公司网页

网站是企业对外展示形象、文化和业务的窗口，是信息发布的载体，对公司发展起着极为重要的作用。本章将对一家科技公司的网站首页及次级页面的制作进行介绍，通过本案例，用户可以深入理解Div+CSS布局方式，对网页设计有更透彻的理解。

要点难点

- 页面结构分析
- Div布局
- CSS样式定义

11.1 网页制作准备

一个公司的网页不仅体现了公司的形象，也浓缩了公司的理念以及文化背景。要想制作好网站页面，前期准备工作必不可少。本节将对页面制作前的一些准备事项进行详细介绍。

11.1.1 规划和建立站点

在制作之前，需要先规划好站点，本例的站点结构如图11-1所示。

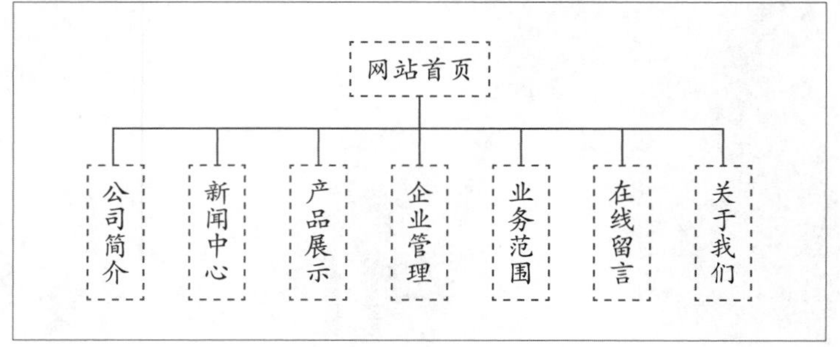

图 11-1

建立站点的步骤如下。

步骤 01 启动Dreamweaver应用程序，执行“站点”|“新建站点”命令，如图11-2所示。

步骤 02 打开“站点设置对象”对话框，在“站点名称”文本框中输入站点名称，单击“本地站点文件夹”文本框后的“浏览”按钮，选择站点文件夹，如图11-3所示。

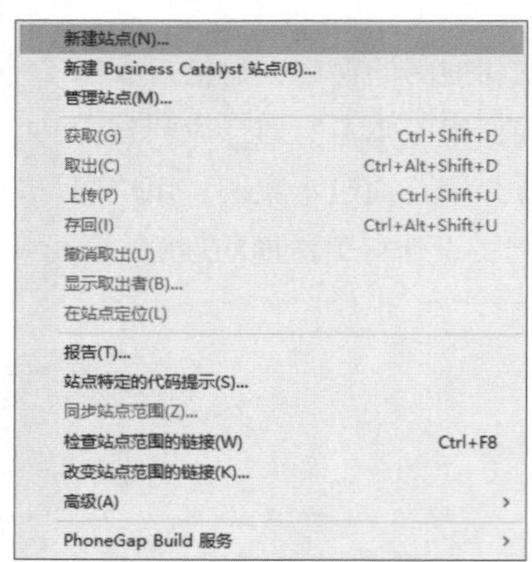

图 11-2

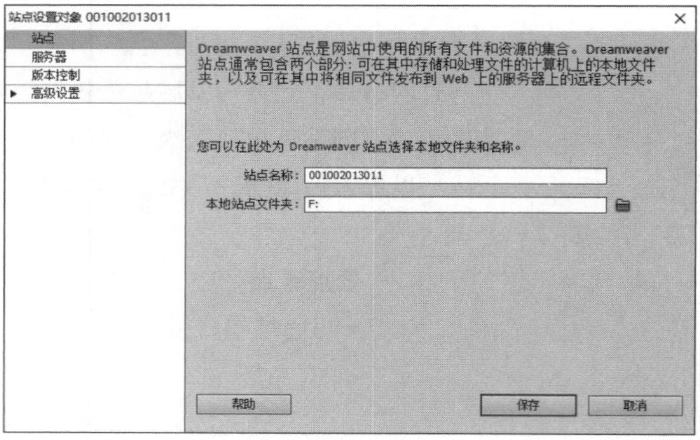

站点设置对象 001002013011
站点
服务器
版本控制
高级设置
Dreamweaver 站点是网站中使用的所有文件和资源的集合。Dreamweaver 站点通常包含两个部分：可在其中存储和处理文件的计算机上的本地文件夹，以及可在其中将相同文件发布到 Web 上的服务器上的远程文件夹。
您可以在此处为 Dreamweaver 站点选择本地文件夹和名称。
站点名称：001002013011
本地站点文件夹：F:
帮助
保存
取消

图 11-3

步骤 03 单击“保存”按钮，建立站点，如图11-4所示。

步骤 04 在该站点中创建所需的文件夹和文件，并将素材文件放入站点中，如图11-5所示。

图 11-4

图 11-5

11.1.2 页面结构分析

在着手制作网站之前，要先对效果图进行分析，对页面的各功能区进行划分。首页页面效果图如图11-6所示。

图 11-6

从图中可以看出整个页面分为顶部区域、主体部分和底部，主体部分又划分左侧、中间和右侧部分。整体框架如图11-7所示。

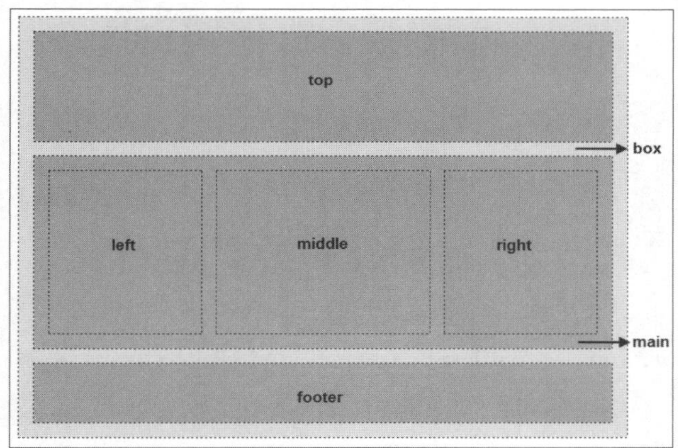

图 11-7

11.2 制作流程

案例素材：本书实例/第11章/制作公司网站页面

在整个制作过程中，主要运用到的知识包括网页元素的编辑、超链接的设置、Div+CSS布局等。

11.2.1 制作网站首页

首页是网站给观众的第一印象，影响着绝大部分观众的用户体验。本节将对公司网站的首页进行介绍，具体操作步骤如下。

步骤01 打开“index.html”文件，执行“文件”|“新建”命令新建两个CSS文件，分别保存为“css.css”和“layout.css”，如图11-8所示。

步骤02 执行“窗口”|“CSS样式”命令，在“CSS样式”面板中，单击面板底部的“附加样式表”按钮，弹出“链接外部样式表”对话框，将新建的外部样式表文件“css.css”和“layout.css”链接到页面中，如图11-9所示。

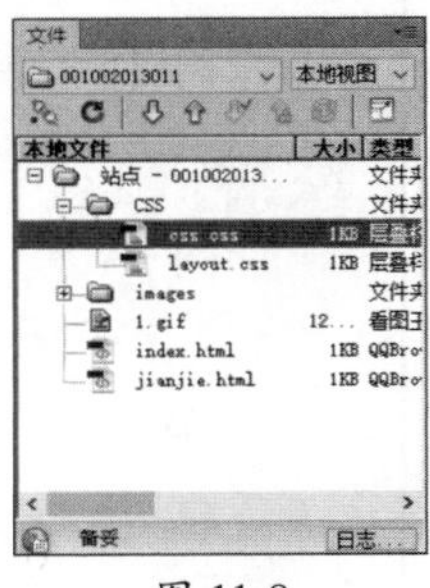

图 11-8

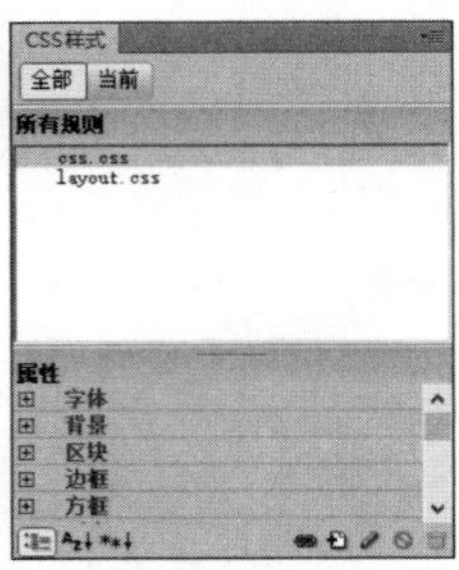

图 11-9

步骤03 切换到“css.css”文件，创建一个名为“*”和body的标签CSS规则，如图11-10所示，代码如下：

```
*{
	margin:0px;
	boder:0px;
	padding:0px;
	}
body {
	font-family: "宋体";
	font-size: 12px;
	color: #666666;
	background-image: url(../images/bg.jpg);
	background-repeat: repeat-x;
}
```

步骤04 切换到“设计”视图，将光标置于页面视图中，单击“插入”面板中的“插入Div标签”按钮，打开“插入Div标签”对话框，在ID下拉列表框中输入box，单击“确定”按钮，如图11-11所示。

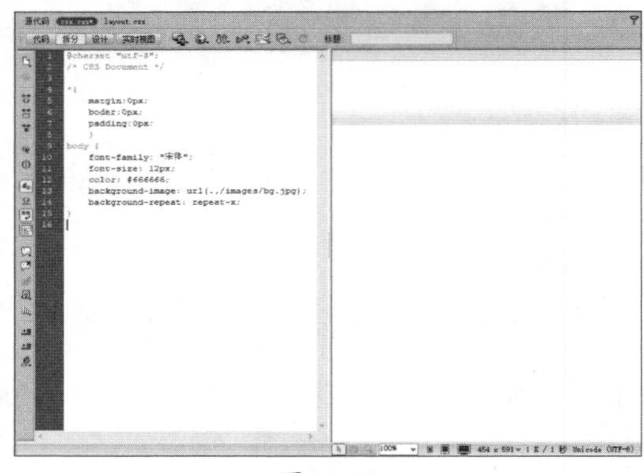

图 11-10

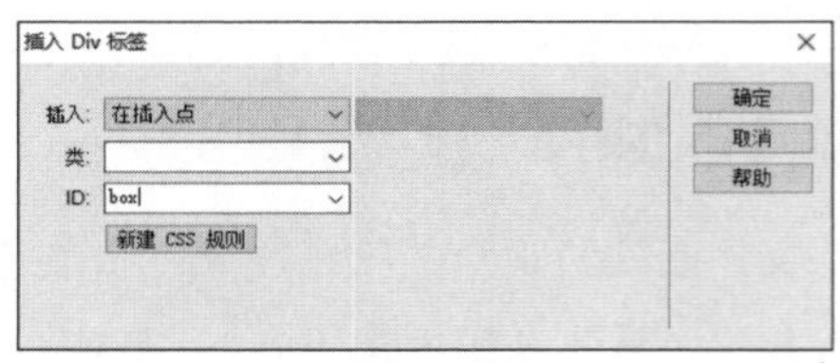

图 11-11

步骤 05 在页面中插入名为box的Div，切换到“layout.css”文件，创建一个名为“#box”的CSS规则，如图11-12所示。

```
#box {
	margin: auto;
	width: 980px;
}
```

步骤 06 将光标移至名为box的Div中，将多余的文本内容删除，然后单击“插入”面板中的“插入Div 标签”按钮，弹出“插入Div标签”对话框，在“插入”下拉列表框中选择“在开始标签之后”选项，在“标签选择器”中选择“<div id="box">”，在ID列表框中输入top，然后单击“确定”按钮，如图11-13所示。

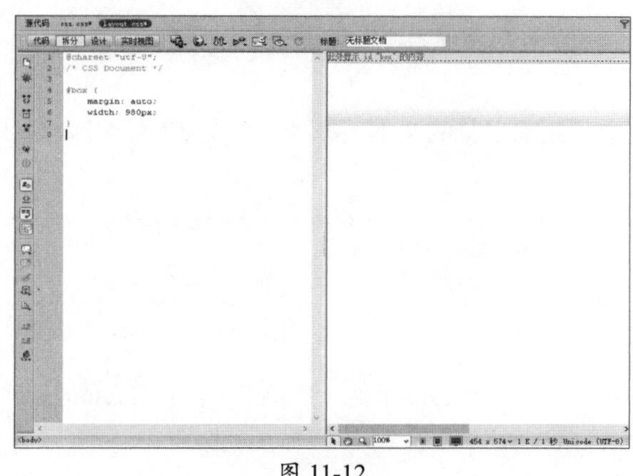

图 11-12

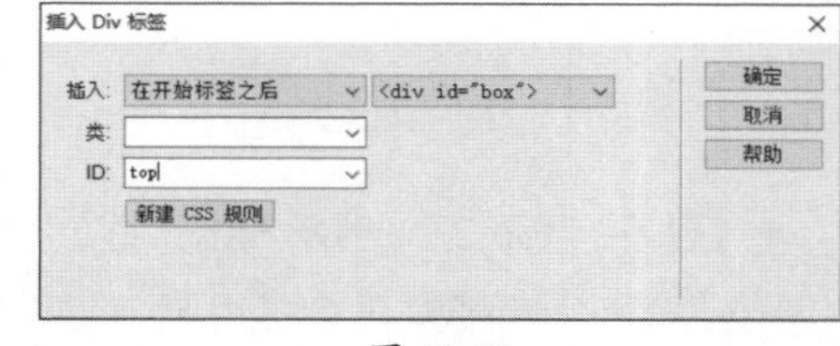

图 11-13

步骤 07 切换到“layout.css”文件，创建名为“#top”的CSS的规则，如图11-14所示，代码如下：

```
#top {
	width: 980px;
	margin-top: 15px;
}
```

步骤 08 将光标定位在名为top的Div中，删除多余的文本内容，分别插入名为“top-1”和“top-2”的Div标签，然后切换到“layout.css”文件，创建名为“#top-1”和“#top-2”的CSS 规则，如图11-15所示，代码如下：

```
#top-1 {
	height: 100px;
	float: left;
}
#top-2 {
	float: right;
	margin-top: 20px;
	margin-right: 20px;
}
```

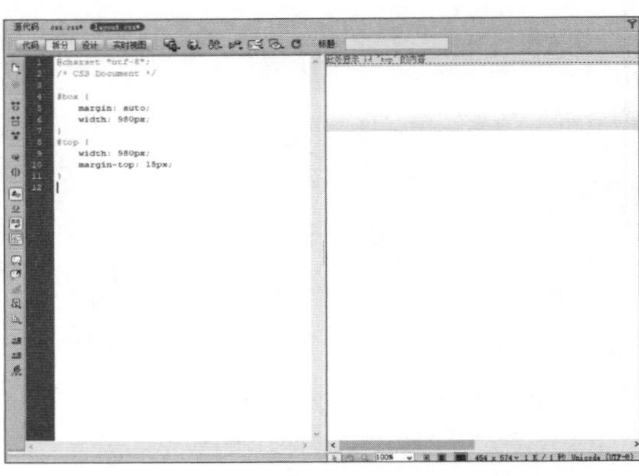

图 11-14

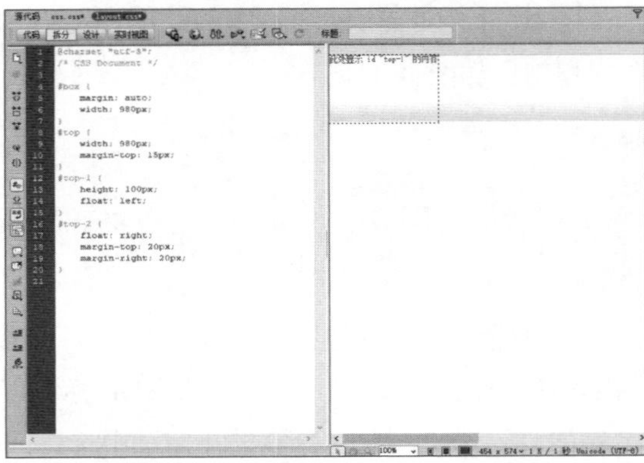

图 11-15

步骤 09 在“设计”视图中，删除名为“top-1”的Div 中的文本内容，执行“插入”|“图像”命令，插入LOGO图像，如图11-16所示。

步骤 10 将光标定位在“top-2”的Div标签中，删除多余的文本，添加新的文本内容，如图11-17所示。

图 11-16

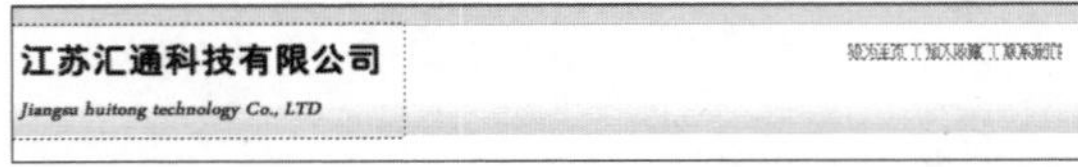

图 11-17

步骤 11 在“top-2”的Div标签后插入名为“top-3”的Div标签，然后切换到“layout.css”文件，创建名为“#top-3”的CSS规则，如图11-18所示，代码如下：

```
#top-3 {
	width: 980px;
	background-image: url(../images/dh.jpg);
	height: 35px;
	float: left;
	font-family: "宋体";
	font-size: 16px;
	color: #FFF;
	text-align: center;
	margin-top: 5px;
	margin-bottom: 5px;
}
```

步骤 12 打开“源代码”视图，在<div id="top-3"></div>标签之间添加列表代码，如图11-19所示，代码如下：

```
<ul>
		<li>网站首页</li>
		<li>公司简介</li>
		<li>新闻中心</li>
		<li>产品展示</li>
		<li>企业管理</li>
```

```
        <li> 业务范围 </li>
        <li> 在线留言 </li>
        <li> 关于我们 </li>
    </ul>
```

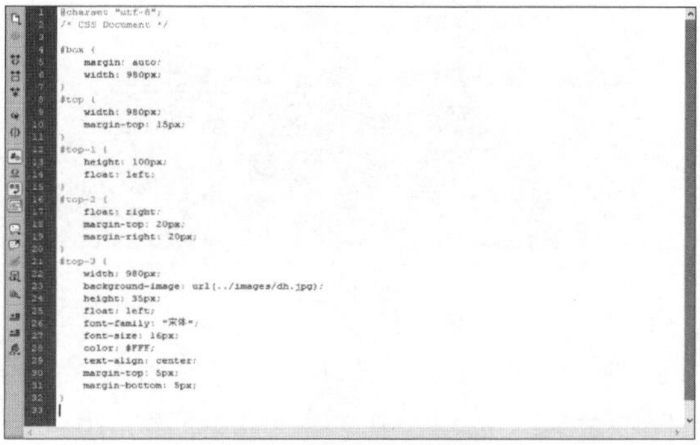

图 11-18

图 11-19

步骤13 切换到“layout.css”文件，创建名为“#top-3 ul li”的CSS规则，用来控制列表的显示，如图11-20所示，代码如下：

```
#top-3 ul li {
        text-align: center;
        float: left;
        list-style-type: none;
        height: 25px;
        width: 100px;
        margin-top: 10px;
        margin-left: 20px;
}
```

步骤14 切换到“设计”视图，在“top-3”的Div之后插入一个Div标签，删除多余的文本，执行“插入”|“图像”命令，如图11-21所示。

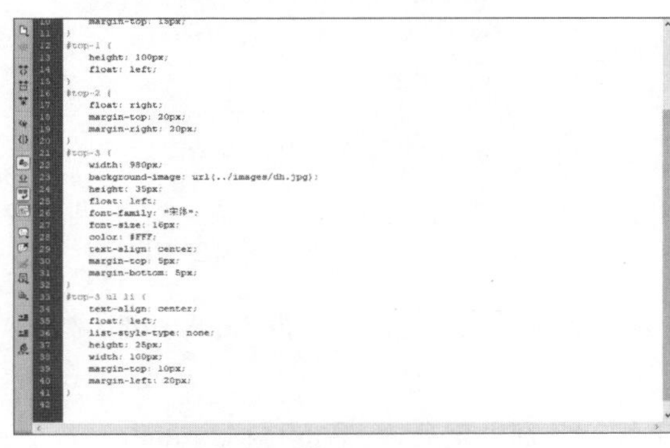

图 11-20

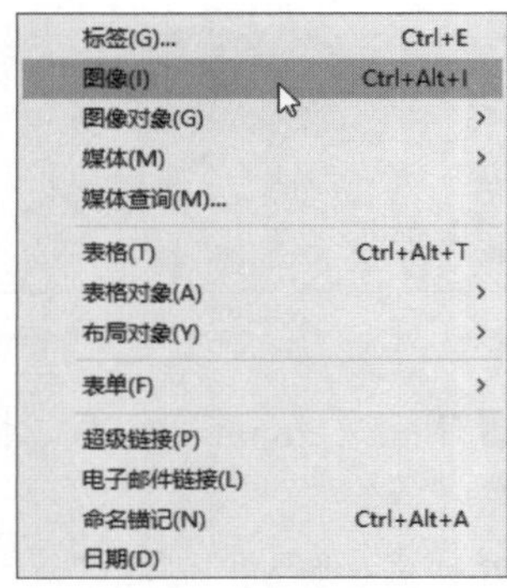

图 11-21

步骤15 在打开的“选择图像源文件 ”对话框中，选择要插入的GIF文件，如图11-22所示。

步骤16 单击“确定”按钮，在网页中插入GIF文件。保存文件，按F12键在浏览器中预览效果，如图11-23所示。

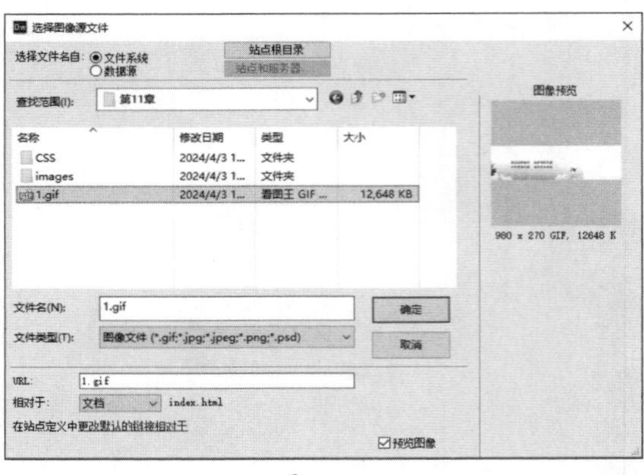

图 11-22

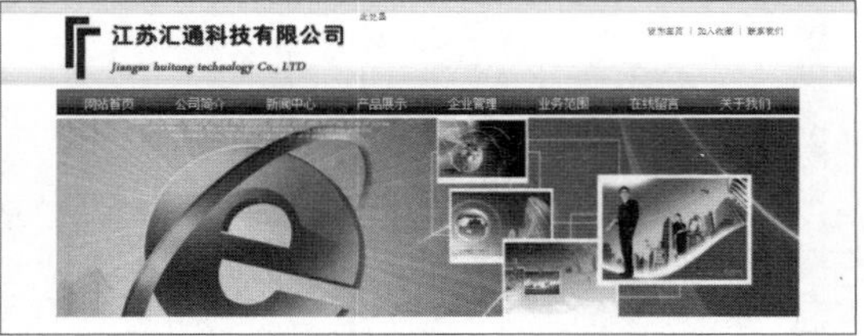

图 11-23

步骤17 在“设计”视图单击“插入”面板中的“插入Div 标签”按钮，弹出“插入Div 标签”对话框，在“插入”下拉列表框中选择“在标签之后”选项，在“标签选择器”中选择“<div id="top">”，在ID列表框中输入main，单击“确定”按钮，如图11-24所示。

步骤18 切换到“layout.css”文件，创建名为“#main”的CSS规则，如图11-25所示，代码如下：

```
#main {
        height: 220px;
        width: 980px;
        margin-top: 10px;
        background-image: url(../images/main.jpg);
        background-repeat: repeat-x;
}
```

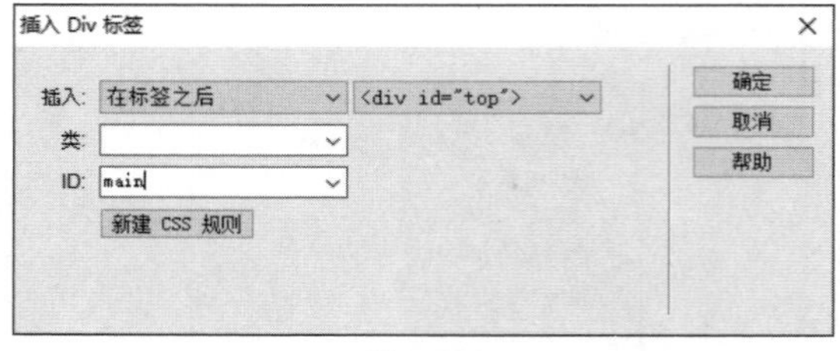

图 11-24

图 11-25

步骤19 删除“#main”中的文本内容，依次插入名为left、middle 和right 的Div 标签，如图11-26所示。

步骤20 然后切换到“layout.css”文件，分别创建名为“#left”“#middle”和“#right”的CSS规则，如图11-27所示，代码如下：

```
#left {
        margin: 10px;
```

```
        height: 200px;
        width: 260px;
        border: 1px solid #999;
        border-radius:20px;
        float: left;
        background-image: url(../images/chanpin.png);
        background-repeat: no-repeat;
}
#middle {
        height: 200px;
        width:350px;
        border: 1px solid #999;
        border-radius:20px;
        float: left;
        margin-top: 10px;
        margin-bottom: 10px;
        background-image: url(../images/jianjie.png);
        background-repeat: no-repeat;
}
#right {
        margin: 10px;
        height: 200px;
        width: 315px;
        float: right;
}
```

图 11-26

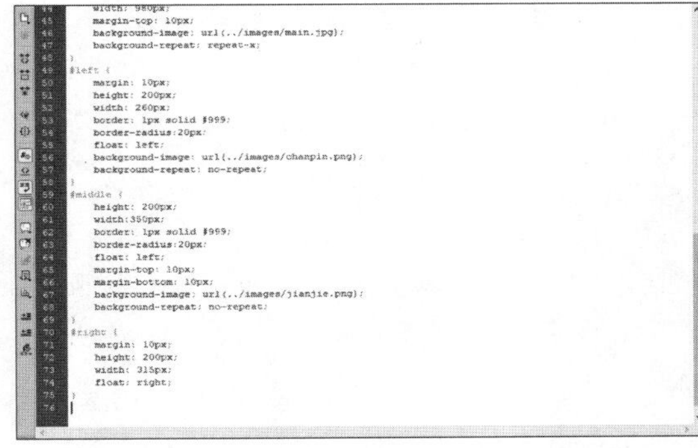

图 11-27

步骤21 删除left 标签中的文本，打开“源代码”视图，在<div id="left">和</div> 之间添加列表代码，如图11-28所示，代码如下：

```
<ul>
        <li> 固态锂电防爆强光电筒 </li>
        <li>ABS-8000-A GSM 报警器 </li>
        <li> 家庭视频安防系统 </li>
```

```
        <li>ABS-8000-GSM门窗报警器</li>
        <li>超小型带解码接收模块</li>
        <li>有线无线兼容型防盗报警器</li>
</ul>
```

步骤 22 切换到“layout.css”文件，创建名为“#left ul li”的CSS 规则，控制列表显示，如图11-29所示，代码如下：

```
#left ul li {
        list-style-image: url(../images/tubiao.jpg);
        line-height: 22px;
        margin-left: 100px;
        margin-top: 10px;
        color: #036;
}
```

图 11-28

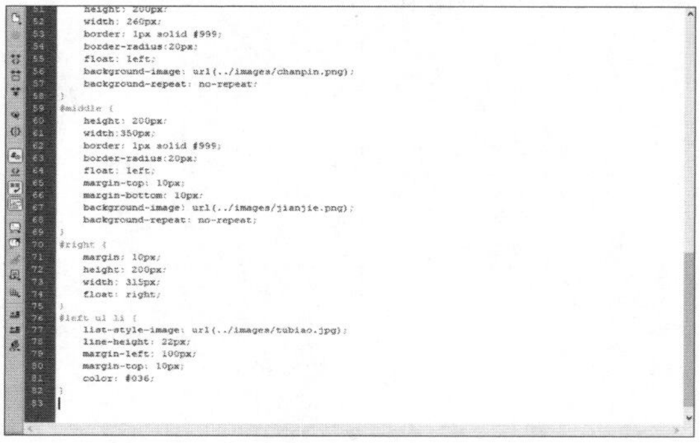

图 11-29

步骤 23 打开“源代码”视图，在<div id="middle"></div> 之间添加定义列表代码，如图11-30所示，代码如下：

```
<dl>
 <dt><img src="images/01.jpg" border="1" /></dt>
 <dd><p>江苏汇通科技有限公司是一家专注防盗报警系统安防产品研发、生产的企业。结合十余年安防生产的专业经验，利用珠江三角洲的电子集散地的生产优势，研发、生产出成熟稳定可靠的产品，并已经通过CE,RoHs和 3C等质量体系认证，成为国内外…</p></dd>
</dl>
```

步骤 24 切换到“layout.css”文件，创建名为“#middle dl”“#middle dl dt”和“#middle dl dd”的CSS规则，如图11-31所示，代码如下：

```
#middle dl{
        margin-top:15px;
}
#middle dl dt{
        width:150px;
        height:120px;
```

```
        float:left;
        margin-right:10px;
        margin-left:50px;
}
#middle dl dd{
        text-indent:24px;
        line-height:22px;
        margin-left: 10px;
        margin-right: 10px;
}
```

```
          <li>业务范围</li>
          <li>在线留言</li>
          <li>关于我们</li>
        </ul>
      </div>
      <div>此处显<img src="1.gif" width="980" height="270"></div>
    </div>
    <div id="main">
      <div id="left">
      <ul>
        <li>固态锂电防爆强光电筒</li>
        <li>ABS-8000-A GSM报警器</li>
        <li>家庭视频安防系统</li>
        <li>ABS-8000-GSM门窗报警器</li>
        <li>超小型带解码接收模块</li>
        <li>有线无线兼容型防盗报警器</li>
</ul>
</div>
      <div id="middle">
      <dl>
 <dt><img src="images/01.jpg" border="1" /></dt>
 <dd><p>江苏汇通科技有限公司是一家专注防盗报警系统安防产品研发、生产的企业。结合十余年安防生产的专业经验，利用珠江三角洲的电子集散地的生产优势，研发、生产出成熟稳定可靠的产品，并已经通过CE,RoHs和 3C等质量体系认证，成为国内外…
</p></dd>
</dl>
</div>
      <div id="right">此处显示  id "right" 的内容</div>
    </div>
</div>
</body>
</html>
```

图 11-30

```
    background-image: url(../images/jianjie.png);
    background-repeat: no-repeat;
}
#right {
    margin: 10px;
    height: 200px;
    width: 315px;
    float: right;
}
#left ul li {
    list-style-image: url(../images/tubiao.jpg);
    line-height: 22px;
    margin-left: 100px;
    margin-top: 10px;
    color: #036;
}
#middle dl{
    margin-top:15px;
}
#middle dl dt{
    width:150px;
    height:120px;
    float:left;
    margin-right:10px;
    margin-left:50px;
}
#middle dl dd{
    text-indent:24px;
    line-height:22px;
    margin-left: 10px;
    margin-right: 10px;
}
```

图 11-31

步骤25 将光标定位在right 的Div 标签中，删除多余的文本，再在其中插入两个Div标签，如图11-32所示。

图 11-32

步骤26 删除Div 标签中的文本，并分别插入图像，如图11-33所示。

图 11-33

步骤 27 打开“源代码”视图，设置第二幅图像所在的Div 的上方外边距为10像素，代码为“style="margin-top:10px"”，如图11-34所示。这样，网页的主体部分就制作完成了。下面制作网页的版权信息部分。

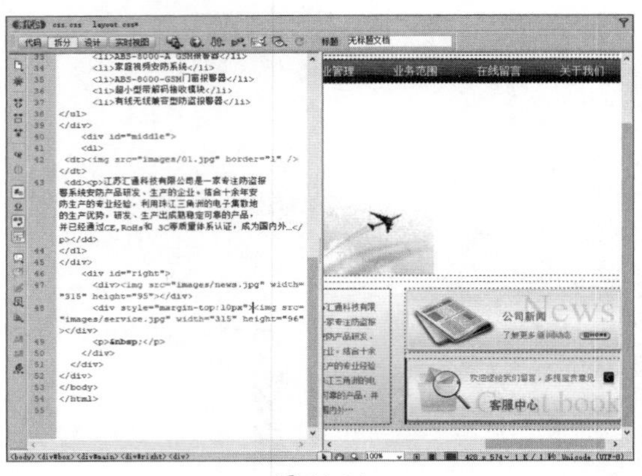

图 11-34

步骤 28 在“设计”视图单击“插入”面板中的“插入Div 标签”按钮，弹出“插入Div标签”对话框，在“插入”下拉列表框中选择“在结束标签之前”选项，在“标签选择器”中选择“<div id="box">”，在ID列表框中输入footer，然后单击“确定”按钮，如图11-35所示。

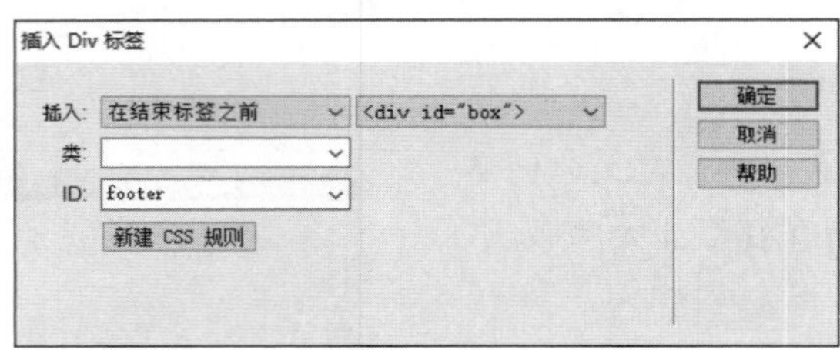

图 11-35

步骤 29 这样就插入了名为footer 的Div 标签，切换到“layout.css”文件，创建名为“#footer”的CSS 规则，如图11-36所示，代码如下：

```
#footer {
	text-align:center;
	border-top-width: 2px;
	border-top-style: solid;
	border-top-color: #559ED5;
	margin-top:15px;
}
```

步骤 30 打开“源代码”视图，在<div id="footer"></div> 之间添加定义列表代码，如图11-37所示，代码如下：

```
<dl>
    <dt>关于我们 | 版权信息 | 联系我们 | 友情链接 | 反馈问题 </dt>
    <dd>Copyright &copy;2010-2012 江苏汇通科技有限公司  苏ICP备06063727号 </dd>
   </dl>
```

```
#left ul li {
    list-style-image: url(../images/tubiao.jpg);
    line-height: 22px;
    margin-left: 100px;
    margin-top: 10px;
    color: #036;
}
#middle dl{
    margin-top:15px;
}
#middle dl dt{
    width:150px;
    height:120px;
    float:left;
    margin-right:10px;
    margin-left:50px;
}
#middle dl dd{
    text-indent:24px;
    line-height:22px;
    margin-left: 10px;
    margin-right: 10px;
}
#footer {
    text-align:center;
    border-top-width: 2px;
    border-top-style: solid;
    border-top-color: #559ED5;
    margin-top:15px;
}
```

图 11-36

```
        <li>ABS-8000-A GSM报警器</li>
        <li>家庭视频安防系统</li>
        <li>ABS-8000-GSM门窗报警器</li>
        <li>超小型带解码接收模块</li>
        <li>有线无线兼容型防盗报警器</li>
      </ul>
    </div>
    <div id="middle">
      <dl>
        <dt><img src="images/01.jpg" border="1" /></dt>
        <dd>
          <p>江苏汇通科技有限公司是一家专注防盗报警系统安防产品研发、生产的企业。结合十余年安防生产的专业经验，利用珠江三角洲的电子集散地的生产优势，研发、生产出成熟稳定可靠的产品，并已经通过CE,RoHs和3C等质量体系认证，成为国内外…</p>
        </dd>
      </dl>
    </div>
    <div id="right">
      <div><img src="images/news.jpg" width="315" height="95"></div>
      <div style="margin-top:10px"><img src="images/service.jpg" width="315" height="96"></div>
      <p> </p>
    </div>
  </div>
  <div id="footer">
  <dl>
    <dt>关于我们 | 版权信息 | 联系我们 | 友情链接 | 反馈问题</dt>
    <dd>Copyright &copy;2010-2012 江苏汇通科技有限公司 苏ICP备06063727号 </dd>
  </dl>
</div>
</div>
</body>
</html>
```

图 11-37

步骤31 切换到“layout.css”文件，创建名为“#footer dl dt”和“#footer dl dd”的CSS规则，控制列表显示，如图11-38所示，代码如下：

```
#footer dl dt {
        height:30px;
        line-height:35px;
}
#footer dl dd {
        line-height:3;
}
```

步骤32 至此，完成该页面的制作，按F12键在浏览器中预览效果，如图11-39所示。

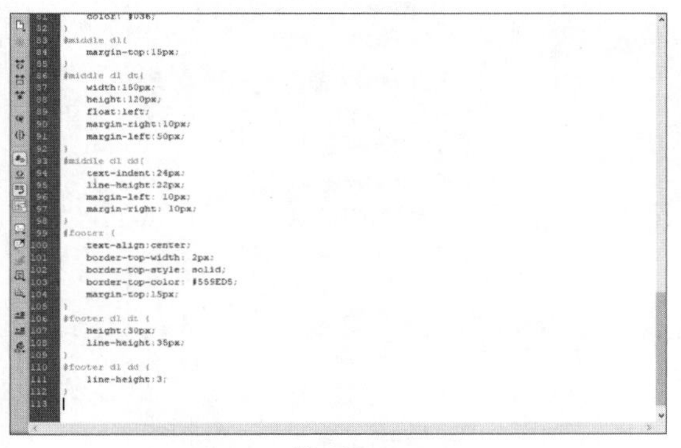

图 11-38

图 11-39

11.2.2 制作次级页面

主页面制作完成后，下面开始制作次级页面（这里仅以制作公司简介页面为例，用户可以自行尝试其他次级页面的制作），具体操作步骤如下。

步骤01 打开“index.html”文件，执行“文件”|“另存为模板”命令，如图11-40所示。

步骤02 弹出“另存模板”对话框，在“另存为”文本框中输入模板的名称，如图11-41所示。

图 11-40

图 11-41

步骤 03 单击“保存”按钮，将弹出信息提示框，提示是否更新链接，单击“是”按钮，如图11-42所示。

步骤 04 在模板文档中，选中名为main 的Div，执行“插入”|“模板对象”|“可编辑区域”命令，如图11-43所示。

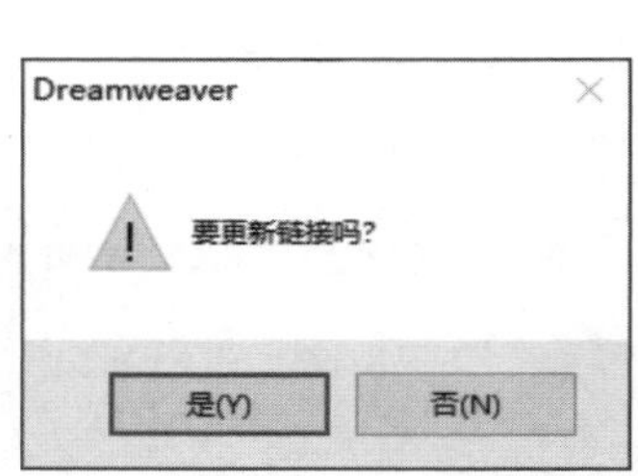

图 11-42

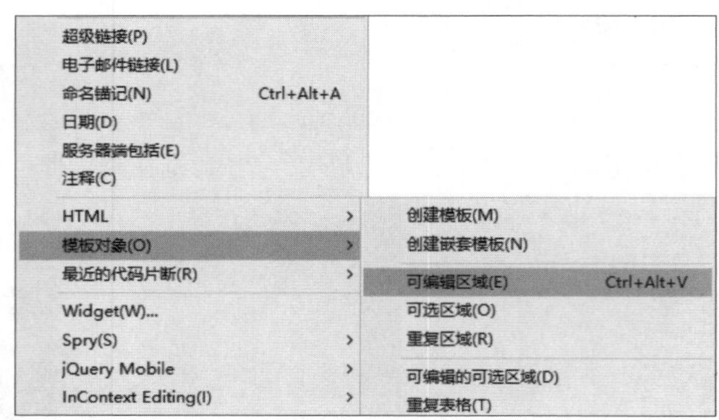

图 11-43

步骤 05 打开“新建可编辑区域”对话框，在该对话框中可以设置可编辑区域的名称，这里默认设置，然后单击“确定”按钮，如图11-44所示。

步骤 06 此时，就在模板文件中创建了可编辑区域，如图11-45所示。

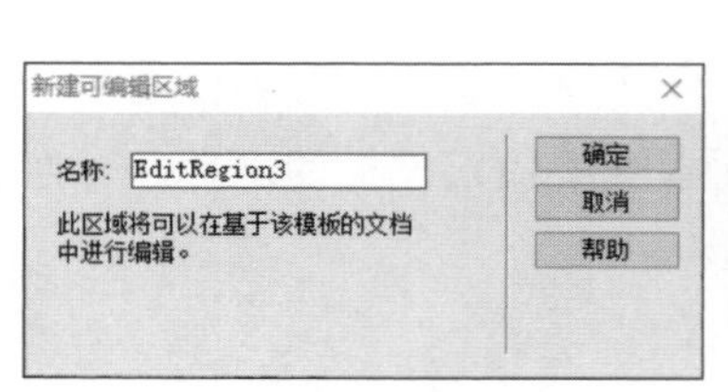

图 11-44

图 11-45

步骤07 在“文件”面板双击“jianjie.html”文件，打开其设计界面，然后打开“资源”面板，切换到“模板”选项，选中创建的模板，单击面板底部的“应用”按钮，如图11-46所示。“jianjie.html”文件就应用了模板。

步骤08 新建一个CSS 文件，并保存为“inner.css”文件，如图11-47所示。

图 11-46

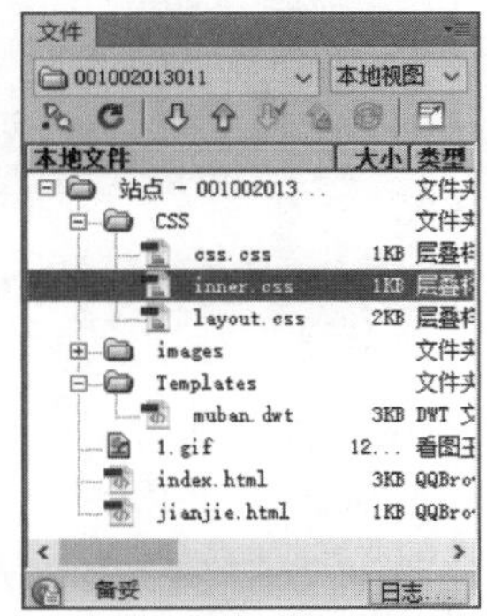

图 11-47

步骤09 选择“jianjie.html”文档，在“CSS 样式”面板中，单击面板底部的“附加样式表”按钮，将“inner.css”附加到网页文档，如图11-48所示。

步骤10 在可编辑区域中插入一个名为“main-1”的Div标签，切换到“inner.css”文件，创建名为“#main-1”的CSS 规则，如图11-49所示，代码如下：

```
#main-1 {
      height: 400px;
      width: 980px;
      margin-top: 10px;
}
```

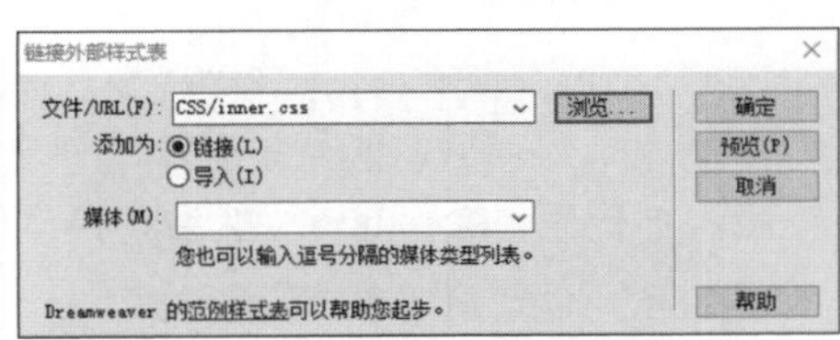

图 11-48

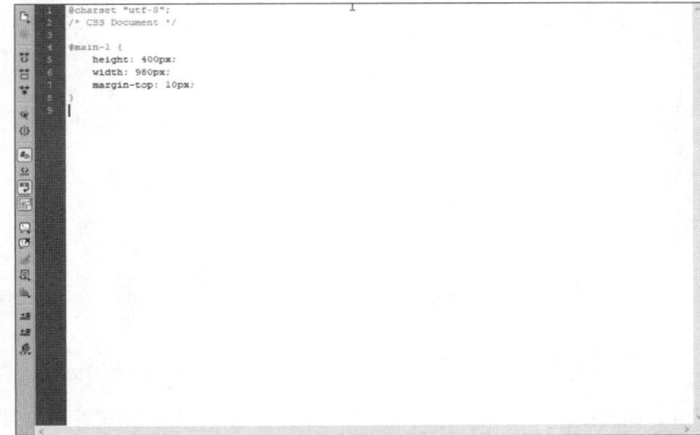

图 11-49

步骤11 删除多余文本，再分别插入名为“main-1-1”和“main-1-2”的Div标签，然后创建与其对应的CSS 规则，如图11-50所示，代码如下：

```
#main-1-1 {
      float: left;
```

```
        height: 400px;
        width: 220px;
        background-image: url(../images/main.jpg);
        background-repeat: repeat-x;
}
#main-1-2 {
        float: right;
        height: 400px;
        width: 740px;
}
```

步骤 12 删除“main-1-1”中的文本，再插入名为“main-1-1-1”和“main-1-1-2”的Div标签，然后创建与其对应的CSS规则，如图11-51所示，代码如下：

```
#main-1-1-1 {
        height: 260px;
        margin-bottom: 8px;
}
#main-1-1-2 {
        line-height: 25px;
        color: #000;
        background-image: url(../images/main.jpg);
        background-repeat: repeat-x;
}
```

图 11-50

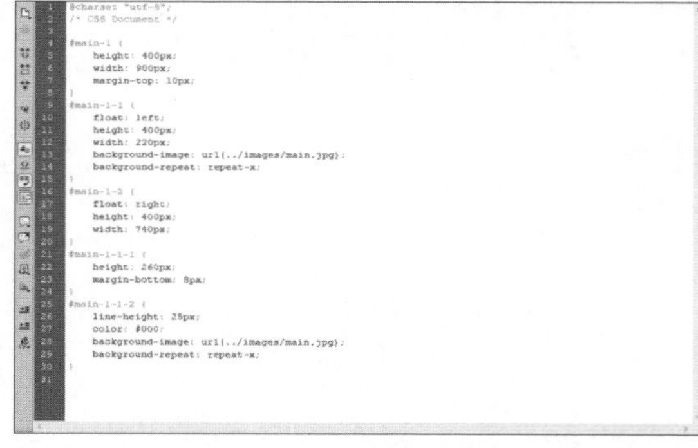

图 11-51

步骤 13 打开“源代码”视图，在<div id="main-1-1-1">后添加代码<h2></h2>，然后切换到“inner.css”文件创建名为“#main-1-1-1 h2”的CSS 规则，如图11-52所示，代码如下：

```
#main-1-1-1 h2 {
        height:28px;
        border-bottom:1px solid #dbdbdb;
        background-image: url(../images/dh_1.jpg);
        background-repeat: no-repeat;
}
```

步骤14 使用同样的方法制作“联系方式”部分，如图11-53所示，代码如下：

```
#main-1-1-2 h2 {
        height:28px;
        border-bottom:1px solid #dbdbdb;
        background-image: url(../images/dh_2.jpg);
        background-repeat: no-repeat;
}
```

图 11-52

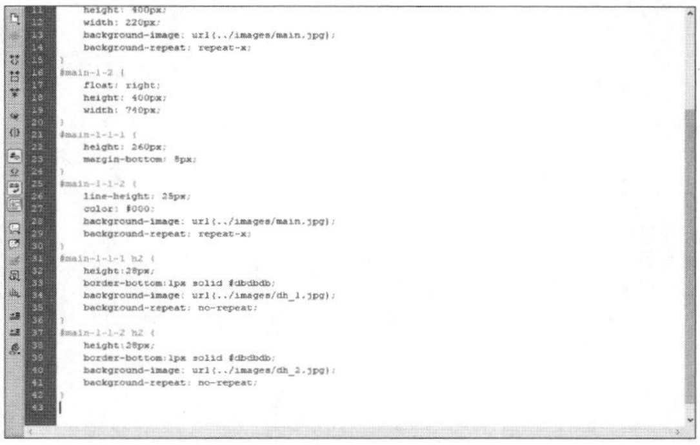

图 11-53

步骤15 打开“源代码”视图，在<div id="main-1-1-1"></div>之间、<h2></h2>之后添加列表代码，如图11-54所示，代码如下：

```
<ul>
        <li>固态锂电防爆强光电筒</li>
        <li>ABS-8000-A GSM报警器</li>
        <li>家庭视频安防系统</li>
        <li>ABS-8000-GSM门窗报警器</li>
        <li>超小型带解码接收模块</li>
        <li>有线无线兼容型防盗报警器</li>
        <li>智能有线无线兼容报警器</li>
</ul>
```

步骤16 切换到“inner.css”文件，创建名为“#main-1-1-1 ul li”的CSS规则，控制列表显示，效果如图11-55所示，代码如下：

```
#main-1-1-1 ul li {
        list-style-image: url(../images/tubiao.jpg);
        line-height: 22px;
        margin-left: 30px;
        margin-top: 10px;
        color: #036;
}
```

图 11-54

图 11-55

步骤17 在“inner.css”文件中创建一个名为“.contact”的CSS规则，如图11-56所示，代码如下：

```
.contact {
      padding-left: 15px;
      padding-top: 8px;
      padding-bottom: 8px;
}
```

步骤18 然后打开“源代码”视图，在<div id="main-1-1-2"></div>中添加代码，效果如图11-57所示，代码如下：

```
<p class="contact">地　址：扬州市莫山南路868号<br>
        电　话：0514-9876****　9876****<br>
        传　真：0514-9876**** <br>
        邮　箱：boss@mail.com </p>
```

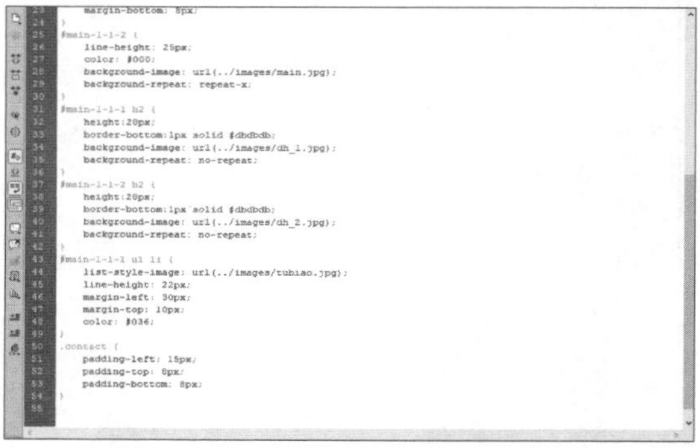

图 11-56

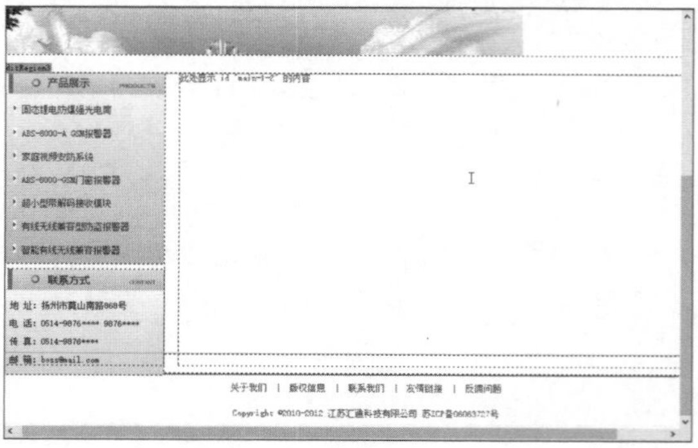

图 11-57

步骤19 删除“main-1-2”中的文本，插入名为“main-1-2-1”的Div标签，并输入新的文本内容，如图11-58所示。

步骤20 切换到“inner.css”文件，创建名为“#main-1-2-1”的CSS规则，效果如图11-59所示，代码如下：

```
#main-1-2-1 {
      height:20px;
```

```
        border-bottom:1px solid #dbdbdb;
        background-image: url(../images/jj_bg.jpg);
        text-align: right;
        padding-top: 10px;
        padding-right: 10px;
}
```

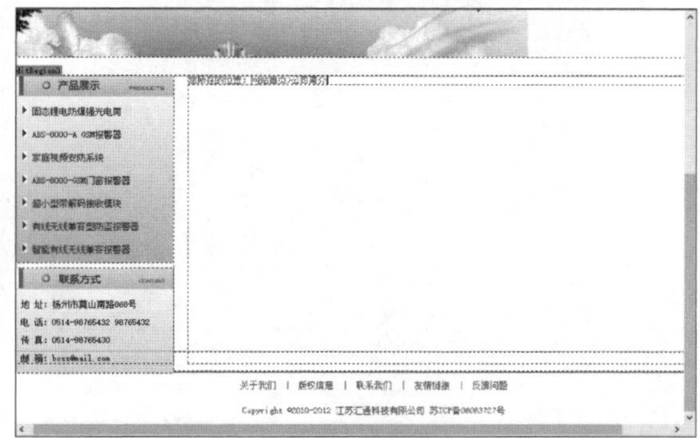

图 11-58

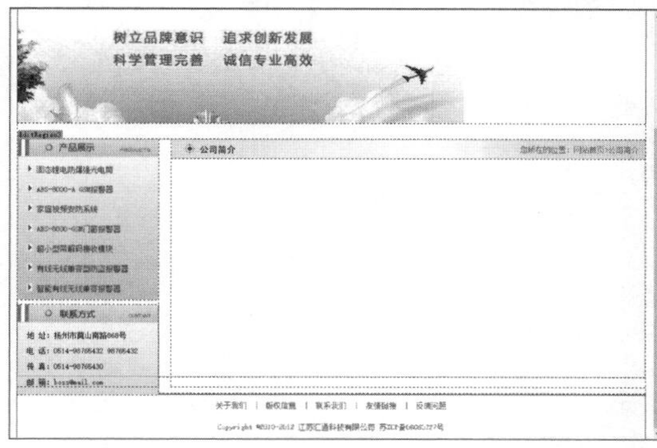

图 11-59

步骤21 切换到“inner.css”文件，创建名为“.content”的CSS规则，如图11-60所示，代码如下：

```
.content {
        font-family: "宋体";
        font-size: 13px;
        line-height: 24px;
        color: #000;
        text-indent:24px;
        padding-top: 10px;
        padding-right:10px;
        padding-left: 10px;
}
```

步骤22 打开“源代码”视图，在“main-1-2-1”结束标签后插入Div 标签，输入文本内容，并对其应用“.content”样式，效果如图11-61所示，代码如下：

```
<div class="content">
        <p>江苏汇通科技有限公司是一家专注防盗报警系统安防产品研发、生产的企业。结合十余年安防生产的专业经验，利用珠江三角洲的电子集散地的生产优势，研发、生产出成熟稳定可靠的产品，并已经通过CE,RoHs和 3C等质量体系认证,成为国内外(中国电信/网通,Phneix,中国移动等)知名企业的长期供应商。</p>
        <p>公司主要产品有：家用/商用无线智能防盗报警器、GSM无线报警系统，无线遥控器、无线接收/发射模块、无线红外对射探测器、无线门磁、无线烟雾探测、红外燃气报警器、3G彩信报警器、电力变压器防盗报警系统、基站防盗报警系统、视频监控等;还可根据客户的需要,研发专用的无线遥控发射接收控制系统。</p>
        <p>公司产品广泛应用于汽车、摩托车、商铺、重要单位、家庭。其中，无线收发模块、无线接收控制器，
```

```
广泛用于车库门、卷帘和电动门、遥感遥测、工业控制及计算机通讯等领域。</p>
        <p>公司现已拥有大型的 smt 流水线、生产及检测设备，拥有独立的研发团队，完善的售后服务；我们致力于为客户提供优质、高效的智能防盗报警系统、应用服务解决方案和技术支持，并以成为客户值得信赖的合作伙伴为荣。 </p>
        <p>多年来，公司形成的“实用，可靠”的核心文化，始终指导着产品的创新形式和发展走向。我们始终相信：只有高品质、可信赖的产品才能获得客户的认可！并适应日新月异的市场需求。我们也将继续秉持“科技提高品质，服务创造利润”的经营方针，竭诚为新老客户持续提供更优质的产品和服务。 </p>
    </div>
```

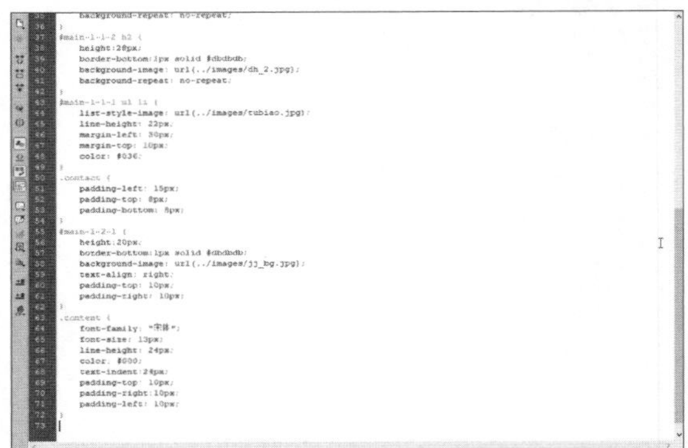

图 11-60

图 11-61

步骤 23 至此，“jianjie.html”文件制作完成。保存文件，按F12键预览网页，效果如图11-62和图11-63所示。

图 11-62

图 11-63

附录

附录A 课后练习参考答案

第1章 课后练习参考答案

1. 填空题

（1）服务器　数据库

（2）网页

（3）色相　纯度

（4）品牌信息　企业文化

2. 选择题

（1）D　（2）C　（3）D

（4）D

第2章 课后练习参考答案

1. 填空题

（1）GIF

（2）鼠标经过图像

（3）相对路径　绝对路径

（4）热点链接

2. 选择题

（1）A　（2）A　（3）C

（4）C

第3章 课后练习参考答案

1. 填空题

（1）五

（2）article

（3）figure　figcaption

（4）video　audio

2. 选择题

（1）C　（2）A　（3）A

（4）B

第4章 课后练习参考答案

1. 填空题

（1）定位　关联

（2）绝对路径　相对路径

（3）网站根目录

（4）创建链接　维护链接

2. 选择题

（1）D　（2）C　（3）B

第5章 课后练习参考答案

1. 填空题

（1）块级元素

（2）绝对定位的层　内容的布局和位置

（3）overflow: auto; 或overflow: visible; 属性

2. 选择题

（1）C　（2）D

第6章 课后练习参考答案

1. 填空题

（1）全部

（2）外部样式表

（3）选择器类型　选择器名称

（4）位置

2. 选择题

（1）A　（2）D　（3）A

第7章　课后练习参考答案

1. 填空题

（1）选择器 { 属性: 值; }

（2）body { text-align: center; }

（3）margin　padding

（4）内容（Content）　内边距（Padding）
边框（Border）　外边距（Margin）

2. 选择题

（1）D　（2）C　（3）A
（4）C

第8章　课后练习参考答案

1. 填空题

（1）模板文件

（2）可编辑区域
不可编辑区域
可编辑区域

（3）模板实例中分离　库项目

2. 选择题

（1）C　（2）B

第9章　课后练习参考答案

1. 填空题

（1）属性　样式

（2）链接

（3）对象　事件

2. 选择题

（1）B　（2）A　（3）B

第10章　课后练习参考答案

1. 填空题

（1）数据收集

（2）密码文本域

2. 选择题

（1）B　（2）D　（3）C

附录 B HTML页面元素速查

1. 页面基础元素 <html>

<html>元素是页面的基础元素，主要用来定义页面的开始和结束部分。语法结构如下：

```
<html>....</html>
```

2. 文本显示方向属性 dir

dir属性用来指定浏览器文本显示的方向，同时也决定浏览器滚条的位置。语法结构如下：

```
<html dir=" 浏览器中文本方向 ">......</html>
```

dir属性取值为ltr（left title right）和rtl（right title left），分别表示从左向右显示和从右向左显示。

3. 指定语言属性 lang

lang属性用来指定文档中所使用的语言。语法结构如下：

```
<html lang=" 指定的语言 "> 包含的内容部分 </html>
```

lang属性的取值可以使用ISO标准中的语言代码。在<html>元素中加入lang属性，使浏览器更好地显示界面，并不会更改页面的文字编码。

4. 页面头部元素 <head>

HTML的头部元素是以<head>为开始标记，以</head>为结束标记。它用于包含当前文档的相关信息，可包含<title>元素、<meta>元素等，分别用来定义页面的标题、编码。使用<head>元素可以将基本信息部分和页面主体内容区分开来。语法结构如下：

```
<head>......</head>
```

5. 页面标题元素 <title>

HTML页面的标题一般是用来说明页面用途的，它显示在浏览器的标题栏中。在HTML文档中，标题信息设置在页面的头部，也就是<head>和</head>之间。<title>元素的语法结构如下：

```
<title>......</title>
```

6. 元信息元素 <meta>

元信息元素<meta>用来定义页面的附加信息，包括页面的作者、版权、关键字等相关信息。<meta>元素的语法结构如下：

```
<meta 属性 = “属性值” >
```

<meta>元素是一个自封闭的元素，通过其中的属性来添加各种附加信息。<meta>元素在不适用任何属性时，对页面没有影响。

7. 元信息元素名称属性 name

name属性用来制定文档中附加信息的名称。例如，最常用的值keywords用来定义文档中的关键字，方便搜索引擎的搜索。name属性的语法结构如下：

```
<meta name="属性名称" content="属性内容">
```

其中content属性用来指定文档中附加信息的值，它与name属性成对出现。

8. 元信息元素的附加属性 http-equiv

http-equiv属性和name属性类似，用来指定附加信息的名称。在浏览器加载页面之前，服务器会把http-equiv属性定义的相关信息发送给浏览器，便于在浏览器中正确显示页面。http-equiv属性的语法结构如下：

```
<meta http-equiv="属性名称", content="属性内容">
```

9. 基本设置元素 <base>

在HTML中，基本设置元素<base>用来定义相对路径的根目录。使用<base>元素，可以方便地定义页面中的超级链接。语法结构如下：

```
<base 属性="属性值"/>
```

10. 链接路径属性 href

href属性用来指定文档中相对链接的根目录。文档中的所有链接（包括图片、音频等内容）都按照href属性所指定的根目录显示。href属性的语法结构如下：

```
<base href="指定路径">
```

11. 链接窗口属性 tager

target属性用来指定链接目标文件显示的窗口。其中可以指定目标文件显示在框架中，也可以指定目标文件显示在id标记的窗口中（关于框架和id标记会在后面详细讲解），同时还可以使用HTML中指定的值。语法结构如下：

```
<a href="链接的路径" target="目标窗口或指定值">链接的文本</a>
```

在target属性中指定的取值及其含义如表1所示。

表1

代码属性值	含义
_self	在当前窗口显示
_blank	在新的窗口显示
_parent	在父窗口显示
_top	取消框架并在当前窗口显示

12. 创建样式元素 <style>

创建样式元素<style>用来创建本页面中所使用的样式，使用<style>元素创建的样式内容只能够被当前页面使用。语法结构如下：

```
<style> 级联样式 </style>
```

13. 类型属性 type

type属性用来指定<style>元素中所包含内容的类型。一般情况下，不指明type属性时，浏览器是可以辨别内容类型的。但为了防止和Javascript脚本等混淆，最好定义type属性。type属性的语法结构如下：

```
<style type=" 类型 "></style>（其类型属性的值为“text/css”）
```

14. 类型属性 media

media属性用来指定<style>元素中所包含内容作用的媒体。一般情况下，制作的网页可能在不同的浏览设备中使用，指明使用的媒体将有助于页面的显示。media属性的语法结构如下：

```
<style media=" 媒体类型 "></style>
```

15. 链接元素 <link>

链接元素<link>用来指定文档与其他文档之间的关系。使用<link>元素，可以调用其他文档中的内容，如级联样式表等。<link>元素的语法结构如下：

```
<link rel="stylesheet" type="text/css" />
```

<link>元素中可以使用的属性如表2所示。

表2

属性名称	写法	属性名称	写法
文本显示方向属性	dir	源文档与目标文档关系属性	rel
指定语言属性	lang	目标文档与源文档关系属性	rev
类型属性	type	链接窗口属性	target
媒体选择属性	media	标技术型	id
标题属性	title	类属性	class
字符集名称属性	charset	定义级联样式属性	style
指定链接路径属性	href		

16. 指定链接路径属性 href

href属性用来指定<link>元素中链接文档的路径。href属性的语法结构如下

```
<link href=" 指定的路径 "/>
```

17. 制作收藏夹图标 rel

通过<link>元素及其相应的属性制作收藏夹的图标。其语法结构如下。

```
<link rel="Shortcut Icon" href=" 图标路径 " type="image/x-icon" />
```

<link>元素中rel属性的值为“Shortcut Icon”，类型为“image/x-ion”，同时图标要使用相应的icon格式图标。

18. 页面主体元素 <body>

页面主体元素<body>用来包含页面所要显示的内容，包括文本元素、图像元素、表单元素等各种页面元素，同时可以设置整个页面的背景、边界等相关属性。<body>元素的语法结构如下。

```
<body> 页面主体内容 </body>
```

知识点拨 在不定义任何属性时，<body>元素中的内容会和浏览器的边线保持一定的距离（在不同的浏览器中这个距离是不同的）。<body>元素的背景和文本属性是制作页面时常用的属性，包括bgcolor属性、background属性、bproperties属性和text属性。

19. 主体元素中使用样式属性 style

页面主体元素的样式属性用来给页面内容定义级联样式表，包括style属性、class属性。style属性用来定义页面主体元素中使用的级联样式表。语法结构如下：

```
<body style=" 级联样式表 "></body>
```

20. 调用样式属性 class

class属性用来调用级联样式表。既可以调用页面头部<style>元素中定义的样式表，也可以调用使用<link>元素链接的外部样式表。class属性的语法结构如下：

```
<body class=" 定义的类的名称 "></body>
```

21. 背景音乐的路径属性 src

src属性用来指定页面背景音乐的路径。语法结构如下：

```
<bgsound src=" 背景音乐的路径 "/>
```

附录 C CSS常用属性速查

1. 背景属性（background）

- 背景色彩background-color：颜色值。
- 背景图片background-image：url（'image-url.jpg'）。
- 背景重复background-repeat：no-repeat。
- 背景滚动/固定background-attachment：fixed；（固定）scroll；（滚动）。
- 背景位置background-position：left；（水平） top（垂直）。
- 简写方法background：#000 url（..） repeat fixed left top。
- 区块属性display：block。
- 字间距letter-spacing：normal（默认值）； 数值（自定义数值）。
- 对齐text-align：justify；（两端对齐）；left（左对齐）；right（右对齐）；center；（居中对齐）。
- 首行缩进text-indent：数值；/* 数值单位可以是px、em等 */。
- 垂直对齐vertical-align：baseline（基线）；sub；（下标）；super；（上标） top；text-top；middle；bottom；text-bottom。
- 词间距word-spacing：normal（默认值）； 数值（自定义数值）。
- 空格white-space：pre；（保留）nowrap；（不换行）。

2. 边框属性（border）

- 边框样式border-style：dotte（点线）d；dashed（虚线）；solid（实线）；double（双线）；groove（槽线）；ridge（脊状）；inset（凹陷）；outset（凸起）。
- 边框宽度border-width：宽度值。
- 边框颜色border-color：颜色值。
- 简写方法border：width style color。

3. 列表属性（list-style）

- 类型list-style-type：disc（圆点）；circle（圆圈）；square（方块）；decimal（数字）；lower-roman（小写罗马数字）；upper-roman（大写罗马数字）；lower-alpha（小写英文字母）；upper-alpha（大写英文字母）。
- 位置list-style-position：outside（外）；inside（内）。
- 图像list-style-image：url（'image-url.png'）。

4. 定位属性（position）

- 定位元素position：absolute（绝对定位）；relative（相对定位）；static（默认值）。
- 元素可见性visibility：inherit（从父元素继承）；visible（元素默认可见状态）；hidden（不可见）。
- 溢出处理overflow：visible（不剪裁，超出部分可见）；hidden（剪裁，超出部分不可见）；scroll（滚动显示）；auto（自动）。

- 裁切clip：rect（12px，auto，12px，auto）。

5. 文字属性（font Style）

- 文字颜色color：#999999。
- 文字字体font-family：宋体，sans-serif。
- 文字大小font-size：9pt。
- 文字斜体font-style：itelic。
- 小字体font-variant：small-caps。
- 字间距离letter-spacing：1pt。
- 设置行高line-height：200%。
- 文字粗体font-weight：bold。
- 下标字vertical-align：sub。
- 上标字vertical-align：super。
- 加删除线text-decoration：line-through。
- 加顶线text-decoration：overline。
- 加下画线text-decoration：underline；
- 删除链接下画线text-decoration：none。
- 首字大写text-transform：capitalize。
- 英文大写text-transform：uppercase。
- 英文小写text-transform：lowercase。
- 文字右对齐text-align：right。
- 文字左对齐text-align：left。
- 文字居中对齐text-align：center。
- 文字分散对齐text-align：justify。
- 垂直向上对齐vertical-align：top。
- 垂直向下对齐vertical-align：bottom。
- 垂直居中对齐vertical-align：middle。
- 文字垂直向上对齐vertical-align：text-top。
- 文字垂直向下对齐vertical-align：text-bottom。

6. 连接属性（a）

- 超链接文字格式a：link。
- 浏览过的链接文字格式a：visited。
- 按下链接的格式a：active。
- 鼠标转到链接a：hover。

7．鼠标光标样式（cursor）

- 链接手指cursor：pointer。
- 十字准星cursor：crosshair。
- 箭头朝下cursor：s-resize。
- 十字箭头cursor：move。
- 箭头朝右cursor：move。
- 加一问号cursor：help。
- 箭头朝左cursor：w-resize。
- 箭头朝上cursor：n-resize。
- 箭头朝右上cursor：ne-resize。
- 箭头朝左上cursor：nw-resize。
- 文字I型cursor：text。
- 箭头斜右下cursor：se-resize。
- 箭头斜左下cursor：sw-resize。
- 漏斗cursor：wait。